国家林业和草原局普通高等教育“十三五”规划教材

食品质量与安全专业综合实验指导

李祖明　高丽萍　主编

中国林业出版社

内容简介

本教材全面系统地对食品质量与安全专业常见的实验进行了阐述，突出“产教融合”特色，教材中引用了最新国家标准检测方法，有较强的实用性和先进性，并配备有典型实验操作视频，主要内容包括食品营养成分检测、化学污染物检测、生物污染物检测、食品感官检测、分子生物学技术在食品分析检测中的应用。

本教材可作为高等院校食品质量与安全专业、食品科学与工程专业和各相关专业的教材，也可供职业院校食品、生物类专业学生和食品及相关行业的生产、科研和管理工作者等参阅。

图书在版编目(CIP)数据

食品质量与安全专业综合实验指导 / 李祖明，高丽萍主编. — 北京：中国林业出版社，2021. 5
国家林业和草原局普通高等教育“十三五”规划教材
ISBN 978-7-5219-1131-2

Ⅰ. ①食… Ⅱ. ①李… ②高… Ⅲ. ①食品安全-食品检验-高等学校-教材 Ⅳ. ①TS207. 3

中国版本图书馆 CIP 数据核字(2021)第 070751 号

中国林业出版社教育分社

策划、责任编辑：高红岩　　　　责任校对：苏　梅
电　话：(010)83143554　　　　传　真：(010)83143516

出版发行　中国林业出版社(100009　北京市西城区德内大街刘海胡同 7 号)
E-mail:jiaocaipublic@163. com　电话:(010)83143500
http://www.forestry.gov.cn/lycb. html
经　销　新华书店
印　刷　三河市祥达印刷包装有限公司
版　次　2021 年 5 月第 1 版
印　次　2021 年 5 月第 1 次印刷
开　本　787mm×1092mm　1/16
印　张　14. 5
字　数　350 千字　　　视频：41 分钟
定　价　39. 00 元

《食品质量与安全专业综合实验指导》
编写人员

主　编　李祖明(北京联合大学)

　　　　　高丽萍(北京联合大学)

副主编　刘　佳(中粮营养健康研究院)

　　　　　刘　秀(中国食品发酵工业研究院)

　　　　　柯润辉(中国食品发酵工业研究院)

参　编(按姓氏笔画为序)

　　　　　丁　杰(中粮营养健康研究院)

　　　　　王　严(中粮营养健康研究院)

　　　　　王　逍(中国食品发酵工业研究院)

　　　　　王丽娟(中国食品发酵工业研究院)

　　　　　王浩淼(中粮营养健康研究院)

　　　　　尹建军(中国食品发酵工业研究院)

　　　　　刘　洋(中粮营养健康研究院)

　　　　　刘　悦(中粮营养健康研究院)

　　　　　安红梅(中国食品发酵工业研究院)

　　　　　苏晓霞(中粮营养健康研究院)

　　　　　李晓斌(中国食品发酵工业研究院)

　　　　　李嘉禹(中粮营养健康研究院)

　　　　　杨春艳(中国食品发酵工业研究院)

　　　　　时　超(中粮营养健康研究院)

　　　　　吴弈萱(中国食品发酵工业研究院)

张　森（中粮营养健康研究院）
张瑞刚（中粮营养健康研究院）
陈万达（中粮营养健康研究院）
武志超（中粮营养健康研究院）
周鹏飞（中国食品发酵工业研究院）
钟其顶（中国食品发酵工业研究院）
姜德铭（中粮营养健康研究院）
夏　然（中粮营养健康研究院）
倪志尧（中国食品发酵工业研究院）
徐　倩（中粮营养健康研究院）
徐文文（中国食品发酵工业研究院）
郭　斐（中粮营养健康研究院）
常　冬（中粮营养健康研究院）
梁玉林（中国食品发酵工业研究院）
靳安文（中粮营养健康研究院）
甄洪建（中粮营养健康研究院）

前　言

食品质量安全关系到人民健康和国计民生，是目前全球普遍关注的问题，也是世界各国政治经济发展的核心政策目标之一。因此，加大培养能生产出高质量的安全食品且具有食品质量安全检测和监控能力的食品质量与安全专业人才，提高我国食品及相关产业的质量与安全水平，提升我国农产品、食品在国际市场上的竞争力和国际形象，保持农业和食品产业的持续、健康发展，显得尤为重要。

北京联合大学人才培养突出应用型办学定位。我校食品质量与安全专业在教学中极其重视实践教学，尤其是多年致力于校企合作和产教融合，加强校外实习基地的建设，提升学生的实践应用能力。目前已与中粮营养健康研究院和中国食品发酵工业研究院等多家知名企业共建校外大学生实践教学基地，多年来一直保持着良好的运行状态和可持续发展态势，在双方的共同努力下，真正实现了校企合作和人才培养双方互利共赢的目标。

本教材是我校食品质量与安全专业多年来校企合作和产教融合经验的总结。本教材全面系统地对食品质量与安全专业常见的实验进行了阐述，突出产教融合特色，引用了最新国家标准中的检测方法，有较强的实用性和先进性，并配备有典型实验操作视频。本教材由北京联合大学李祖明教授、高丽萍教授主编，中粮营养健康研究院和中国食品发酵工业研究院专业技术人员参加编写。本教材共分为五章，包括食品营养成分检测、化学污染物检测、生物污染物检测、食品感官检测、分子生物学技术在食品分析检测中的应用。具体编写分工如下：第一章由李祖明、刘佳、柯润辉、时超、张森、常冬、杨春艳、吴弈萱编写；第二章由李祖明、刘佳、柯润辉、尹建军、李晓斌、王丽娟、王逍、安红梅、时超、张瑞刚、张森、常冬、倪志尧编写；第三章由高丽萍、刘佳、姜德铭、常冬编写；第四章由李祖明、刘佳、苏晓霞、郭斐编写；第五章由高丽萍、刘秀、钟其顶、周鹏飞、徐文文、梁玉林编写；典型实验操作视频由李祖明、高丽萍、刘佳、徐倩、丁杰、王严、王浩淼、刘洋、刘悦、苏晓霞、夏然、武志超、靳安文、甄洪建、李嘉禹、陈万达参与制作。北京联合大学食品科学与工程专业研究生牛晓辉、李悦洋参与了资料收集和部分内容的编写。

本教材的编写得到了北京联合大学教务处、生物化学工程学院和食品科学系的大力支持，在此一并表示衷心的感谢！

本教材由“北京联合大学‘十三五’产学合作规划教材建设项目”经费资助出版。

由于食品质量与安全的实验技术发展迅速，数据资料丰富，虽然编者力求内容全面，但是由于国家标准不断发展变化，以及限于编者的水平，书中难免存在疏漏之处，恳请读者提出宝贵的批评和建议，编者感激不尽。

编 者

2020 年 10 月

目　录

视频资源

1. 食品中苯甲酸、山梨酸和糖精钠的测定(HPLC)
2. 动物源性食品中氯霉素类药物残留的检测
3. 植物性食品中有机磷和氨基甲酸酯类农药多种残留的测定
4. 食品中蛋白质的测定(凯氏定氮法)
5. 食品感官检测(三点检验)
6. 食品中菌落总数检验

第1章　食品营养成分检测

实验1　食品中水分的测定——直接干燥法

一、实验目的

熟练掌握直接干燥法的原理、操作及注意事项。

二、实验原理

利用食品中水分的物理性质，在101.3kPa(一个大气压)、温度101~105℃下采用挥发方法测定样品中干燥减失的质量，包括吸湿水、部分结晶水和该条件下能挥发的物质，再通过干燥前后的称量数值计算出水分的含量。

三、试剂和材料

除非另有规定，本方法中所用试剂均为分析纯。

(1)盐酸：优级纯。

(2)氢氧化钠：优级纯。

(3)盐酸溶液(6mol/L)：量取50mL盐酸，加水稀释至100mL。

(4)氢氧化钠溶液(6mol/L)：称取24g氢氧化钠，加水溶解并稀释100mL。

(5)海砂：取用水洗去泥土的海砂或河砂，先用盐酸煮沸0.5h，用水洗至中性，再用氢氧化钠溶液煮沸0.5h，用水洗至中性，经105℃干燥备用。

四、仪器和设备

(1)扁形铝制或玻璃制称量瓶。

(2)电热恒温干燥箱。

(3)干燥器：内附有效干燥剂。

(4)天平：感量为0.1mg。

五、实验步骤

1. 固体试样

取洁净铝制或玻璃制的扁形称量瓶，置于101~105℃干燥箱中，瓶盖斜支于瓶边，加热1.0h，取出盖好，置干燥器内冷却0.5h，称量，并重复干燥至前后两次质量差不超过2mg，即为恒重。将混合均匀的试样迅速磨细至颗粒小于2mm，不易研磨的样品应尽可能切碎，称取 2～10g 试样(精确至 0.000 1g)，放入此称量瓶中，试样厚度不超过 5mm，如为疏松试样，厚度不超过 10mm，加盖，精密称量后，置 101～105℃干燥箱中，瓶盖斜支于瓶边，干燥 2～4h 后，盖好取出，放入干燥器内冷却 0.5h 后称量。然后再放入 101～105℃干燥箱中干燥 1h 左右，取出，放入干燥器内冷却 0.5h 后再称量。并重复以上操作至前后两次质量差不超过 2mg，即为恒重。

注：两次恒重值在最后计算中，取最后一次的称量值。

2. 半固体或液体试样

取洁净的称量瓶，内加 10g 海砂及一根小玻棒，置于 101～105℃干燥箱中，干燥 1.0h 后取出，放入干燥器内冷却 0.5h 后称量，并重复干燥至恒重。然后称取 5～10g 试样(精确至 0.000 1g)，置于蒸发皿中，用小玻棒搅匀放在沸水浴上蒸干，并随时搅拌，擦去皿底的水滴，置 101～105℃干燥箱中干燥 4h 后盖好取出，放入干燥器内冷却 0.5h 后称量。以下按固体试样自“然后再放入 101～105℃干燥箱中干燥 1h 左右……”起依法操作。

六、结果处理

试样中的水分含量计算如下：

$$X=\frac{m_1-m_2}{m_1-m_3}\times100\% \tag{1-1}$$

式中 X——试样中水分的含量；

m_1——量瓶(加海砂、玻棒)和试样的质量，g；

m_2——称量瓶(加海砂、玻棒)和试样干燥后的质量，g；

m_3——称量瓶(加海砂、玻棒)的质量，g。

水分含量≥1g/100g 时，计算结果保留三位有效数字；水分含量<1g/100g 时，结果保留两位有效数字。在重复性条件下获得的两次独立测定结果的绝对差值不得超过算术平均值的 5%。

七、注意事项

实验中用到鼓风干燥箱，应避免高温造成伤害。

思考题

简述两次恒重值在最后计算中，取最后一次的称量值的目的。

实验 2　食品中灰分的测定

一、实验目的

1. 学习食品中灰分测定的方法和原理。

2. 掌握称重法测定灰分的基本操作技术。

二、实验原理

食品炭化后置于高温马弗炉内灼烧后残留的无机物质即为灰分，称重残留物的质量即可计算出样品中灰分的含量。

三、试剂

（1）乙酸镁[$(CH_3COO)_2Mg \cdot 4H_2O$]：分析纯。

（2）乙酸镁溶液（80g/L）：称取8.0g乙酸镁加水溶解并定容至100mL，混匀。

（3）乙酸镁溶液（240g/L）：称取24.0g乙酸镁加水溶解并定容至100mL，混匀。

四、仪器和设备

（1）马弗炉：温度≥600℃。

（2）天平：感量为0.1mg。

（3）石英坩埚或瓷坩埚。

（4）干燥器（内有干燥剂）。

（5）电热板。

（6）水浴锅。

五、实验步骤

1. 坩埚的灼烧

取大小适宜的石英坩埚或瓷坩埚置马弗炉中，在（550±25）℃下灼烧0.5h，冷却至200℃左右，取出，放入干燥器中冷却30min，准确称量。重复灼烧至前后两次称量相差不超过0.5mg为恒重。

灰分大于10g/100g的试样称取2～3g（精确至0.000 1g）；灰分小于10g/100g的试样称取3～10g（精确至0.000 1g）。

2. 测定

（1）一般食品：液体和半固体试样应先在沸水浴上蒸干。固体或蒸干后的试样，先在电热板上以小火加热使试样充分炭化至无烟，然后置于马弗炉中，在（550±25）℃灼烧4h。冷却至200℃左右，取出，放入干燥器中冷却30min，称量前如发现灼烧残渣有炭粒，应向试样中滴入少许水湿润，使结块松散，蒸干水分再次灼烧至无炭粒即表示灰化完全，方可称量。重复灼烧至前后两次称量相差不超过0.5mg为恒重。按式（1-2）计算。

（2）含磷量较高的豆类及其制品、肉禽制品、蛋制品、水产品、乳及乳制品：称取试样后，加入1.00mL 240g/L乙酸镁溶液或3.00mL 80g/L乙酸镁溶液，使试样完全润湿。放置10min后，在水浴上将水分蒸干，以下步骤按（1）一般食品自“先在电热板上以小火加热……”起依法操作。按式（1-3）计算。

吸取3份与上述相同浓度和体积的乙酸镁溶液，做3次试剂空白试验。当3次试验结果的标准偏差小于 0.003g 时，取算术平均值作为空白值。当标准偏差超过 0.003g 时，应重新做空白试验。

六、结果处理

试样中灰分计算：

$$X_1=\frac{m_1-m_2}{m_3-m_2}\times 100 \tag{1-2}$$

$$X_2=\frac{m_1-m_2-m_0}{m_3-m_2}\times 100 \tag{1-3}$$

式中 X_1(测定时未加乙酸镁溶液)——试样中灰分的含量，g/100g；

X_2(测定时加入乙酸镁溶液)——试样中灰分的含量，g/100g；

m_0——氧化镁(乙酸镁灼烧后生成物)的质量，g；

m_1——坩埚和灰分的质量，g；

m_2——坩埚的质量，g；

m_3——坩埚和试样的质量，g。

试样中灰分含量≥10g/100g 时，保留三位有效数字；试样中灰分含量<10g/100g 时，结果保留二位有效数字。在重复性条件下获得的两次独立测定结果的绝对差值不得超过算术平均值的 5%。

七、注意事项

实验中炭化过程应尽量在通风橱中完成，注意安全，避免烫伤。

思考题

1. 样品经长时间灼烧后，灰分中仍有炭粒遗留的主要原因是什么？如何处理？
2. 对于含磷较高的样品如何处理？

实验 3　食品中膳食纤维的测定——酶重量法

一、实验目的

熟悉和掌握膳食纤维测定的方法、原理和注意事项。

二、实验原理

总膳食纤维(TDF)包括不溶性膳食纤维(IDF)和可溶性膳食纤维(SDF)。干燥后的试样经热稳定 α-淀粉酶、蛋白酶和淀粉葡萄糖苷酶酶解消化，酶解液通过乙醇沉淀、过滤、乙醇和丙酮洗涤残渣后干燥、称重，得到总膳食纤维(TDF)残渣；酶解液通过直接过滤、热水洗涤残渣、干燥后称重，得到不溶性膳食纤维(IDF)残渣，滤液用乙醇沉淀，过滤、干燥、称重，得到可溶性膳食纤维(SDF)残渣。TDF、IDF 和 SDF 的残渣扣除蛋白质、灰分和空白即得 TDF、IDF 和 SDF 含量。

三、试剂和溶液配制

1. 试剂

(1)热稳定 α-淀粉酶溶液，淀粉葡萄糖苷酶溶液。

(2)硅藻土。

(3)乙醇。

(4)盐酸。

(5)MES-TRIS 缓冲溶液(pH 8.2)。

(6)蛋白酶。

(7)氢氧化钠。

2. 溶液配制

(1)85%的乙醇溶液：加 895mL 95%乙醇在 1L 量筒中用水稀释至刻度。

(2)78%的乙醇溶液：加 821mL 95%乙醇在 1L 量筒中用水稀释至刻度。

(3)MES-TRIS 缓冲溶液(pH 8.2)：溶解 19.52g MES[2-(*N*-吗啉代)磺酸基乙烷]和 12.2g TRIS(三羟甲基氨基甲烷)到 1 700mL 蒸馏水中，用 6mol/L 氢氧化钠调节 pH 至 8.2，然后用水稀释到 2 000mL。

(4)盐酸溶液(0.561mol/L)：取 93.5mL 6mol/L 盐酸到 700mL 蒸馏水中，混合并用水稀释到 1L。

(5)盐酸溶液(0.325mol/L)：取 325mL 1mol/L 盐酸到 500mL 蒸馏水中，混合并用水稀释到 1L。

(6)氢氧化钠(0.275mol/L)：溶解 11.00g 氢氧化钠到 700mL 蒸馏水中，然后稀释到 1L。

四、仪器和设备

(1)天平：感量为 0.1mg。

(2)烘箱。

(3)水浴振荡器。

(4)Fibertec 纤维分析系统。

五、实验步骤

1. 步骤 I

(1)称样：充分混匀样品，然后称量(1.000±0.005)g 的平行样，两个样品之间的质量差不得超过 20mg。每次做两个空白。

(2)三步培养：

①加入 40mL MES-TRIS 缓冲液，搅拌直至样品完全分散。

②加入 100μL α-淀粉酶溶液，低速搅拌。用铝箔封盖后放入 95～100℃水浴中培

养 30min。

③将酶解瓶从水浴中取出，冷却到 60℃。

2. 步骤Ⅱ

(1)移走铝箔，将瓶壁上的残留物刮到溶液中，并用橡胶铲将瓶内的胶状物分散。用 10mL 蒸馏水冲洗瓶壁和橡胶铲。

(2)加入 100μL 蛋白酶到每个酶解瓶中。用铝箔封盖后放入(60±1)℃振荡水浴中培养 30min。瓶内溶液温度达到 60℃时开始计时。

3. 步骤Ⅲ

(1)移走铝箔，在搅拌过程中加入 5mL 0.561mol/L HCl，在 60℃下调节 pH 至 4.0~4.7。

(2)在搅拌过程中加入 200μL 淀粉葡糖苷酶。用铝箔封盖后放入(60±1)℃振荡水浴中培养 30min。瓶内溶液温度达到 60℃时开始计时。

4. IDF 测定

(1)在恒重的带有硅藻土的坩埚中加入少量蒸馏水润湿硅藻土滤床。对坩埚施加抽力使硅藻土形成平整的滤床。

(2)将坩埚和酶解瓶放入纤维分析系统的过滤装置中。

(3)将坩埚中的酶解液过滤，并用接受瓶收集滤液。用 10mL 70℃的蒸馏水冲洗酶解瓶和残留物。合并滤液和洗涤水，一起用于 SDF 的分析。

(4)分别用 15mL 78%的乙醇和 95%乙醇各冲洗残留物一次。

(5)将坩埚移到上面的抽滤装置中，用 15mL 丙酮洗涤两次。

(6)将坩埚置于 105℃条件下过夜烘干。

(7)将坩埚放在干燥器中冷却 1h。

(8)称重，此质量包括膳食纤维和硅藻土，减去干燥的硅藻土质量就得到膳食纤维的质量。

(9)用平行样中的一份做蛋白质测定。把样品、硅藻土和纤维滤饼刮到一个 250mL 的消化管中做蛋白分析。

(10)把平行样中的另一份在 525℃下灰化 5h。在干燥器中冷却并称重，准确至接近于 0.1mg。减去坩埚和硅藻土的质量，得到灰分。

5. SDF 测定

(1)对 IDF 测定中收集的滤液和洗涤液进行测定。

(2)称量含有收集的滤液和洗涤液的酶解瓶，估计体积。

(3)加入 4 倍体积的预热到 60℃的乙醇。并用适量预热乙醇淋洗做 IDF 测定的过滤瓶。或者，通过在合并的滤液中加水将质量调整到 80g，然后加入 320mL 预热到 60℃的乙醇。

(4)室温下沉淀 1h。

(5)在恒重的带有硅藻土的坩埚中加入少量 78%乙醇润湿硅藻土滤床。对坩埚施加抽力使硅藻土形成平整的滤床。

(6)将坩埚和酶解瓶放入纤维分析系统的过滤装置中。

(7)过滤乙醇处理过的酶解液。用 78%的乙醇和橡皮铲转移所有的残留物到坩埚中。

(8)分别用 15mL 78%的乙醇和 95%乙醇各冲洗残留物两次。

(9)将坩埚移到上面的抽滤装置中，用 15mL 丙酮洗涤两次。

(10)将坩埚置于 105℃条件下过夜烘干。

(11)将坩埚放在干燥器中冷却 1h。

(12)称重，此质量包括膳食纤维和硅藻土，减去干燥的硅藻土质量就得到膳食纤维的质量。

6. TDF 测定

(1)在每个酶解瓶中加入 225mL 预热到 60℃的 95%乙醇。乙醇和样液的体积比应该是 4∶1。从水浴中取出酶解瓶并用铝箔盖上。在室温下沉淀 1h。

(2)在恒重的带有硅藻土的坩埚中加入 15mL 78%的乙醇润湿硅藻土滤床。对坩埚施加抽力使硅藻土形成平整的滤床。

(3)将坩埚和酶解瓶放入纤维分析系统的过滤装置中。

(4)过滤乙醇处理过的酶解液。用 78%的乙醇和橡皮铲转移所有的残留物到坩埚中。

(5)分别用 15mL 78%的乙醇和 95%乙醇各冲洗残留物一次。

(6)将坩埚移到上面的抽滤装置中，用 1mL 丙酮洗涤两次。

(7)将坩埚置于 105℃条件下过夜烘干。

(8)将坩埚放在干燥器中冷却 1h。

(9)称重，此质量包括膳食纤维和硅藻土，减去干燥的硅藻土质量就得到膳食纤维的质量。

(10)用平行样中的一份做蛋白质测定。把样品、硅藻土和纤维滤饼刮到一个 250mL 的消化管中做蛋白分析。

六、结果处理

$$Df=\frac{\frac{m_{R1}+m_{R2}}{2}-m_P-m_A-m_B}{\frac{m_{S1}+m_{S2}}{2}} \tag{1-4}$$

$$m_B=\frac{m_{BR1}+m_{BR2}}{2}-m_{PB}-m_{AB} \tag{1-5}$$

式中　Df——试样中膳食纤维的含量(TDF、IDF、SDF)，g/100g；

m_{R1}和m_{R2}——双份试样残渣的质量，mg；

m_P和m_A——分别为试样残渣中蛋白质和灰分的质量，mg；

m_B——空白的质量，mg；

m_{S1}和m_{S2}——试样的质量，mg；

m_{BR1}和m_{BR2}——双份空白测定的残渣质量，mg；

m_{PB}——残渣中蛋白质的质量，mg；

m_{AB}——残渣中灰分的质量，mg。

在重复性条件下获得的两次独立测定结果的绝对差值不得超过算术平均值的10%。

七、注意事项

本实验方法中使用的部分试剂具有毒害性或腐蚀性，按相关规定操作，使用时应小心谨慎。若溅到皮肤上应立即用水冲洗，严重者应立即治疗。在使用挥发性酸时，要在通风橱中进行。

思考题

在检测过程中没有错误操作情况下，无法检测出结果，最大可能性是什么？

实验4 食品中蛋白质的测定——凯氏定氮法

一、实验目的

掌握凯氏定氮法测定蛋白质的原理、操作方法、注意事项。

二、实验原理

食品中的蛋白质在催化加热条件下被分解，产生的氨与硫酸结合生成硫酸铵。碱化蒸馏使氨游离，用硼酸吸收后以硫酸或盐酸标准滴定溶液滴定，根据酸的消耗量乘以换算系数，即为蛋白质的含量。

三、试剂和溶液配制

除非另有规定，本方法中所用试剂均为分析纯，水为GB/T 6682—2016中规定的三级水。

1. 试剂

(1)硫酸(密度为1.84g/L)。

(2)硫酸铜($CuSO_4 \cdot 5H_2O$)。

(3)硫酸钾。

(4)氢氧化钠。

(5)硼酸。

(6)95%乙醇。

(7)溴甲酚绿。

(8)甲基红。

2. 溶液配制

(1)氢氧化钠溶液(400g/L)：称取40g氢氧化钠加水溶解后，放冷，并稀释至100mL。

(2)硼酸溶液：将100g硼酸溶于10L蒸馏水配成1%硼酸溶液。

（3）盐酸标准滴定溶液：0.1mol/L。

（4）甲基红乙醇溶液（1g/L）：称取 0.1g 甲基红，溶于 95%乙醇，用 95%乙醇稀释至 100mL。

（5）溴甲酚绿乙醇溶液（1g/L）：称取 0.1g 溴甲酚绿，溶于 95%乙醇，用 95%乙醇稀释至 100mL。

四、仪器和设备

（1）天平：感量为 0.1mg。

（2）全自动凯氏定氮仪：FOSS 8400。

五、实验步骤

1. 样品消化

谷物和豆类用研磨机磨碎，完全通过 0.8mm 的筛子；其他食品酌情处理。称取固体试样 0.2~2g、半固体试样 2~5g 或液体试样 10~25g（相当于 30~40mg 氮最佳），精确至 0.001g 于消化管中，加入消化剂 2 片及 12mL 硫酸，在 420℃消化 1.5h。每批样品做 2 个空白平行（操作步骤除不称取样品外，其余步骤与试样相同）。消化直至全部样品变为透明的蓝绿色澄清液体，消化完毕后，将消化管连同消化管架一起从消化器中取出，冷却 10~20min。

2. 蒸馏和滴定

按照仪器 SOP 流程进行操作。

六、结果处理

试样中蛋白质的含量按式（1-6）计算：

$$X=\frac{(V_1-V_0)\times c\times 0.0140\times 100}{m}\times F \tag{1-6}$$

式中　X——试样中蛋白质的含量，g/100g；

V_1——试液消耗硫酸或盐酸标准滴定液的体积，mL；

V_0——试剂空白消耗硫酸或盐酸标准滴定液的体积，mL；

c——硫酸或盐酸标准滴定溶液浓度，mol/L；

0.0140——1.0mL 硫酸[$c(1/2H_2SO_4)$=1.000mol/L]或盐酸[$c(HCl)$=1.000mol/L]标准滴定溶液相当的氮的质量，g；

m——试样的质量，g；

F——氮换算为蛋白质的系数。

FOSS 8400 自动计算结果给出数据。

在重复性条件下获得的两次独立测定结果的绝对差值不得超过算术平均值的 10%。

凯氏常数：玉米、荞麦、青豆、鸡蛋等为 6.25，花生为 5.46，大米为 5.95，大豆及其制品为 5.71，小麦粉为 5.70，牛乳及其制品为 6.38。

备注：牛肉中蛋白质含量约为 20.0%，猪肉中约为 9.5%，兔肉中约为 21%，鸡肉中约为20%，牛乳中约为3.5%，黄鱼中约为17.0%，带鱼中约为18.0%，大豆中约为40%，稻米中约为8.5%，面粉中约为9.9%，菠菜中约为2.4%，黄瓜中约为1.0%，桃中约为0.8%，柑橘中约为0.9%，苹果中约为0.4%，油菜中约为1.5%。

七、注意事项

(1)工作场所要通风，保持环境空气新鲜干燥，严防潮湿。

(2)实验过程中注意酸、碱不要接触皮肤。

思考题

甲基红的作用是什么？

实验5　食品中还原糖的测定——直接滴定法

一、实验目的

掌握直接滴定法测定还原糖的原理、操作方法及注意事项。

二、实验原理

试样除去蛋白质后，在加热条件下，以次甲基蓝作指示剂，滴定标定过的碱性酒石酸铜溶液(用还原糖标准溶液标定碱性酒石酸铜溶液)，根据样品液消耗体积计算还原糖量。

三、试剂和溶液配制

1. 试剂

(1)盐酸。

(2)硫酸铜。

(3)次甲基蓝。

(4)酒石酸钾钠。

(5)氢氧化钠。

(6)乙酸锌。

(7)冰乙酸。

(8)亚铁氰化钾。

(9)纯葡萄糖。

(10)纯果糖。

(11)纯乳糖。

(12)纯蔗糖。

2. 溶液配制

(1)碱性酒石酸铜甲液：称取15g硫酸铜($CuSO_4 \cdot 5H_2O$)及0.05g次甲基蓝，溶于水中并稀释至1 000mL。

(2)碱性酒石酸铜乙液：称取50g酒石酸钾钠、75g氢氧化钠，溶于水中，再加入4g亚铁氰化钾，完全溶解后，用水稀释至1 000mL，贮存于橡胶塞玻璃瓶内。

(3)乙酸锌溶液：称取21.9g乙酸锌，加3mL冰乙酸，加水溶解并稀释至100mL。

(4)亚铁氰化钾溶液：称取10.6g亚铁氰化钾，加水溶解并稀释至100mL。

(5)葡萄糖标准溶液：准确称取1.000 0g经过(96±2)℃干燥2h的纯葡萄糖，加水溶解后加入5mL盐酸，并以水稀释至1 000mL。此溶液每毫升相当于1.0mg葡萄糖。

(6)果糖标准溶液：操作同上，配制每毫升标准溶液相当于1.0mg的果糖。

(7)乳糖标准溶液：操作同上，配制每毫升标准溶液相当于1.0mg的乳糖(含水)。

(8)转化糖标准溶液：准确称取1.052 6g纯蔗糖，用100mL水溶解，置于具塞锥形瓶中加5mL盐酸，在68~70℃水浴中加热15min，放置至室温定容至1 000mL，每毫升标准溶液相当于1.0mg转化糖。

四、仪器和设备

(1)酸式滴定管：50mL。

(2)可调电炉：带石棉板。

(3)分析天平：感量为0.1mg。

(4)锥形瓶。

(5)量筒。

(6)容量瓶。

五、实验步骤

1. 试样制备

(1)乳类、乳制品及含蛋白质的冷食：称取2.50~5.00g固体试样(吸取25.00~50.00mL液体试样)，置于250mL容量瓶中，加50mL水，慢慢加入5mL乙酸锌溶液及5mL亚铁氰化钾溶液，加水至刻度，混匀，沉淀，静置30min，用干燥滤纸过滤，弃去初滤液，滤液备用。

(2)酒精性饮料：吸取100.0mL试样，置于蒸发皿中，用40g/L氢氧化钠溶液中和至中性，在水浴上蒸发至原体积的1/4后，移入250mL容量瓶中，加水至刻度。

(3)含大量淀粉的食品：称取10.00~20.00g试样置于250mL容量瓶中，加200mL水，在45℃水浴中加热1h，并时时振摇。冷后加水至刻度，混匀，静置，沉淀。吸取200mL上清液于另一250mL容量瓶中，以下按(1)自“慢慢加入5mL乙酸锌溶液……”起依法操作。

(4)碳酸饮料：吸取100.0mL试样置于蒸发皿中，在水浴上除去二氧化碳后，移入250mL容量瓶中，并用水洗涤蒸发皿，洗液并入容量瓶中，再加水至刻度，混匀后备用。

2. 操作步骤

(1)标定碱性酒石酸铜溶液：吸取5.0mL碱性酒石酸铜甲液及5.0mL乙液，置于150mL锥形瓶中，加水10mL，加入玻璃珠2粒，从滴定管滴加约9mL葡萄糖或其他还原糖标准溶液，控制在2min内加热至沸，趁热以每两秒1滴的速度继续滴加葡萄糖或其他还原糖标准溶液，直至溶液蓝色刚好褪去为终点，记录消耗葡萄糖或其他还原糖标准溶液的总体积，同时平行操作三份，取其平均值，计算每10mL(甲、乙液各5mL)碱性酒石酸铜溶液相当于葡萄糖的质量或其他还原糖的质量(mg)[也可以按上述方法标定4~20mL碱性酒石酸铜溶液(甲乙液各半)来适应试样中还原糖的浓度变化]。

(2)试样溶液预测：吸取5.0mL碱性酒石酸铜甲液及5.0mL乙液，置于150mL锥形瓶中，加水10mL，加入玻璃珠2粒，控制在2min内加热至沸，趁沸以先快后慢的速度，从滴定管中滴加试样溶液，并保持溶液沸腾状态，待溶液颜色变浅时，以每两秒1滴的速度滴定，直至溶液蓝色刚好褪去为终点，记录样液消耗体积。当样液中还原糖浓度过高时应适当稀释，再进行正式测定，使每次滴定消耗样液的体积控制在与标定碱性酒石酸铜溶液时所消耗的还原糖标准溶液的体积相近，约在10mL。当浓度过低时则采取直接加入10mL样品液，免去加水10mL，再用还原糖标准溶液滴定至终点，记录消耗的体积与标定时消耗的还原糖标准溶液体积之差相当于10mL样液中所含还原糖的量。

(3)试样溶液测定：吸取5.0mL碱性酒石酸铜甲液及5.0mL乙液，置于150mL锥形瓶中，加水10mL，加入玻璃珠2粒，从滴定管滴加比预测体积少1mL的试样溶液至锥形瓶中，使在2min内加热至沸，趁水沸继续以每两秒1滴的速度滴定，直至蓝色刚好褪去为终点，记录样液消耗体积。同法平行操作三份，得出平均消耗体积。

六、结果处理

$$X=\frac{A}{m\times V/250\times 1\,000}\times 100 \tag{1-7}$$

式中 X——试样中还原糖的含量(以某种还原糖计)，g/100g；

A——碱性酒石酸铜溶液(甲、乙液各半)相当于某种还原糖的质量，mg；

m——试样质量，g；

V——测定时平均消耗试样溶液体积，mL。

计算结果表示到小数点后一位。

在重复性条件下获得的两次独立测定结果的绝对差值不得超过算术平均值的10%。

七、注意事项

(1)工作场所要通风，保持环境空气新鲜干燥，严防潮湿。

(2)实验过程中注意酸、碱不要接触皮肤。

(3)实验过程尽量在通风橱中完成。

(4)实验滴定过程中防止爆沸。

思考题

1. 简述滴定操作要点。
2. 在滴定过程中需要注意什么？

实验 6　食品中脂肪的测定——酸水解法

一、实验目的

掌握食品中的脂肪含量的测定方法。

二、实验原理

食品中结合态脂肪必须用强酸使其游离出来，游离出的脂肪易溶于有机溶剂。试样经盐酸水解后用无水乙醚或石油醚提取，除去溶剂即得游离态和结合态脂肪的总含量。

三、试剂

(1)盐酸。

(2)乙醇。

(3)无水乙醚($C_4H_{10}O$)。

四、仪器和设备

(1)恒温水浴锅。

(2)电热板：满足 200℃高温。

(3)锥形瓶。

(4)分析天平：感量为 0.001g。

(5)电热鼓风干燥箱。

五、实验步骤

1. 称样、水解

(1)固体试样：称取 2~5g，准确至 0.001g，置于 50mL 试管内，加入 8mL 水，混匀后再加 10mL 盐酸。将试管放入 70~80℃水浴中，每隔 5~10min 以玻璃棒搅拌 1 次，至试样消化完全为止，40~50min。

(2)液体试样：称取约 10g，准确至 0.001g，置于 50mL 试管内，加 1mL 盐酸。

2. 提取

取出试管，加入 10mL 乙醇，混合。冷却后将混合物移入 100mL 具塞量筒中，以 25mL 无水乙醚分数次洗试管，一并倒入量筒中。待无水乙醚全部倒入量筒后，加塞振摇 1min，小心开塞，放出气体，再塞好，静置 12min，小心开塞，并用乙醚冲洗塞及量筒口附着的脂肪。静置 10~20min，待上部液体清晰，吸出上清液于已恒重的锥形瓶内，再加 5mL 无水乙醚于具塞量筒内，振摇，静置后，仍将上层乙醚吸出，放入原锥形瓶内。

3. 测定

取下接收瓶，回收无水乙醚或石油醚，待接收瓶内溶剂剩余 1~2mL 时在水浴上蒸干，再于(100±5)℃干燥1h，放干燥器内冷却0.5h后称量。重复以上操作直至恒重(直至两次称量的差不超过2mg)。

4. 空白试验

除不加试样外，按上述测定步骤进行。

六、结果处理

食品中脂肪的含量按式(1-8)进行，计算结果需扣除空白值。

$$X=\frac{m_1-m_0}{m_2}\times 100 \tag{1-8}$$

式中 X ——试样中脂肪的含量，g/100g；

m_1——恒重后接收瓶和脂肪的含量，g；

m_0——接收瓶的质量，g；

m_2——试样的质量，g；

100——换算系数。

计算结果表示到小数点后一位。

在重复性条件下获得的两次独立测定结果的绝对差值不得超过算术平均值的10%。测定低限为0.1g/100g。

七、注意事项

(1)测定的样品需充分磨细，液体样品需充分混合均匀，以使消化完全。

(2)挥干溶剂后，残留物中若有黑色焦油状杂质，是分解物与水一同混入所致，会使测定值增大，造成误差，可用等量的乙醚及石油醚溶解后过滤，再次进行挥干溶剂的操作。

思考题

样品酸水解后加入乙醇的目的是什么？

实验7 食品中脂肪酸的检测方法——气相色谱法

一、实验目的

掌握食品中脂肪酸含量的检测方法。

二、实验原理

加入内标物的试样经水解处理，用乙醚溶液提取其中的脂肪后，在碱性条件下皂化和甲酯化，生成脂肪酸甲酯，经毛细管柱气相色谱分离测定，内标法定量测定脂肪酸甲酯含量。依据各种脂肪酸甲酯含量和转换系数计算出总脂肪、饱和脂肪(酸)、单不饱和脂肪(酸)、多不饱和脂肪(酸)含量。

三、试剂和溶液配制

1. 试剂

除非另有说明，本方法所用试剂均为分析纯，水为GB/T 6682—2016规定的一级水。

(1)盐酸。

(2)氨水。

(3)焦性没食子酸。

(4)乙醚。

(5)石油醚：沸程30~60℃。

(6)乙醇(95%)。

(7)甲醇：色谱纯。

(8)氢氧化钠。

(9)正庚烷：色谱纯。

(10)三氟化硼甲醇溶液：浓度为15%。

(11)无水硫酸钠。

(12)氯化钠。

(13)异辛烷：色谱纯。

(14)硫酸氢钠。

(15)氢氧化钾。

2. 溶液配制

(1)盐酸溶液(8.3mol/L)：量取250mL盐酸，用110mL水稀释，混匀，室温下可放置2个月。

(2)乙醚-石油醚混合液(1+1)：取等体积的乙醚和石油醚，混匀备用。

(3)氢氧化钠甲醇溶液(2%)：取2g氢氧化钠溶解在100mL甲醇中，混匀。

(4)饱和氯化钠溶液：称取360g氯化钠溶解于1.0L水中，搅拌溶解，澄清备用。

(5)氢氧化钾甲醇溶液(2mol/L)：将13.1g氢氧化钾溶于100mL无水甲醇中，可轻微加热，加入无水硫酸钠干燥，过滤，即得澄清溶液。

3. 标准品

(1)十一碳酸甘油三酯($C_{36}H_{68}O_6$，CAS号：135552-80-2)。

(2)混合脂肪酸甲酯标准品。

4. 标准溶液配制

(1)十一碳酸甘油三酯内标溶液(5.00mg/mL)：准确称取2.5g(精确至0.1mg)十一碳酸甘油三酯至烧杯中，加入甲醇溶解，移入500mL容量瓶后用甲醇定容，在冰箱中冷藏可保存1个月。

(2)混合脂肪酸甲酯标准溶液：取出适量脂肪酸甲酯混合标准溶液转移到10mL容量瓶中，用正庚烷稀释定容，贮存于-10℃以下冰箱，有效期3个月。

(3)单个脂肪酸甲酯标准溶液：将单个脂肪酸甲酯分别从安瓿中取出转移到10mL

容量瓶中，用正庚烷冲洗安瓿，再用正庚烷定容，分别得到不同脂肪酸甲酯的单标溶液，贮存于-10℃以下冰箱，有效期3个月。

四、仪器和设备

(1)气相色谱仪(GC)：具有氢火焰离子检测器(FID)。

(2)匀浆机或实验室用组织粉碎机或研磨机。

(3)毛细管色谱柱：聚二氰丙基硅氧烷强极性固定相，柱长100m，内径0.25mm，膜厚0.2μm。

(4)恒温水浴：控温范围40~100℃，控温±1℃。

(5)分析天平：感量为0.1mg。

五、实验步骤

1. 试样制备

在采样和制备过程中，应避免试样污染。固体或半固体试样使用组织粉碎机或研磨机粉碎，液体试样用匀浆机打成匀浆。

2. 试样保存

-18℃以下冷冻保存，分析时将其解冻后使用。

3. 水解

称取一定量均匀试样(含脂肪100~200mg)于平底烧瓶中，加入一定量十一碳酸甘油三酯内标溶液。加入约100mg焦性没食子酸，加入几粒沸石，再加2mL 95%乙醇和4mL水，混匀。酸水解法：食品(除乳制品和乳酪)加入盐酸溶液10mL，混匀，将烧瓶放入70~80℃水浴中水解40min，每隔10min振荡一下烧瓶；碱水解法：乳制品加入氨水5mL，混匀，将烧瓶放入70~80℃水浴中水解40min，之后如酸水解法步骤；酸碱水解法：乳酪加入氨水5mL，混匀，将烧瓶放入70~80℃水浴中水解20min，之后如酸水解法步骤。

4. 甲酯化

提取的脂肪中加入一定量氢氧化钾甲醇溶液，在80℃水浴上回流至油滴消失，再加入7mL 15%三氟化硼甲醇溶液，继续回流2min，冷至室温，然后用一定量正庚烷提取，加入10mL饱和氯化钠溶液，静置取上清液，供GC-FID测定。

5. 测定

(1)进样器温度：270℃。

(2)检测器温度：280℃。

(3)程序升温：初始温度100℃，持续13min；100~180℃，升温速率10℃/min，保持6min；180~200℃，升温速率1℃/min，保持20min；200~230℃，升温速率4℃/min，保持10.5min。

(4)载气：氮气。

(5)分流比：100∶1。

(6)进样体积：1.0μL。

(7)检测条件应满足理论塔板数(n)至少2 000/m，分离度(R)至少1.25。在上述色谱条件下将脂肪酸标准测定液及试样测定液分别注入气相色谱仪，以色谱峰峰面积定量。

六、结果处理

试样中单个脂肪酸的含量按式(1-9)计算：

$$X_i = F_i \times \frac{A_i}{A_{C11}} \times \frac{B_{C11} \times V_{C11} \times 1.0067}{m} \times F_{FAME_i-FA_i} \times 100 \quad (1-9)$$

式中　X_i——试样中单个脂肪酸的含量，g/100g；

F_i——脂肪酸甲酯 i 的响应因子；

A_i——试样中脂肪酸甲酯 i 的峰面积；

A_{C11}——试样中加入的内标物十一碳酸甲酯峰面积；

B_{C11}——十一碳酸甘油三酯浓度，mg/mL；

V_{C11}——试样中加入十一碳酸甘油三酯体积，mL；

1.006 7——十一碳酸甘油三酯转化成十一碳酸甲酯的转换系数；

m——试样的质量，mg；

100——将含量转换为每 100g 试样中含量的系数；

$F_{FAME_i-FA_i}$——脂肪酸甲酯转换为脂肪酸的系数。

结果保留三位有效数字。

在重复性条件下获得的两次独立测定结果的绝对差值不得超过算术平均值的 10%。本方法对固体类食品的检出限为 0.006 6g/100g，对液体类食品检出限为 0.002 6g/100g。

七、注意事项

(1)不同的样品应该采取不同的水解方法。

(2)样品水解后加入乙醚提取若分层不明显，可加入适当乙醇振摇。

思考题

样品水解时加入焦性没食子酸的目的是什么？

实验 8　食品中硒的测定

一、实验目的

掌握食品中硒含量的测定方法。

二、实验原理

试样经酸加热消化后，在 6mol/L 盐酸介质中，将试样中的六价硒还原成四价硒，用硼氢化钠或硼氢化钾作还原剂，将四价硒在盐酸介质中还原成硒化氢，由载气(氩气)带入原子化器中进行原子化，在硒空心阴极灯照射下，基态硒原子被激发至高能态，在去活化回到基态时，发射出特征波长的荧光，其荧光强度与硒含量成正比，与标准系列比较定量。

三、试剂和溶液配制

1. 试剂

(1)硝酸（HNO_3）：优级纯。

(2)高氯酸（$HClO_4$）：优级纯。

(3)盐酸（HCl）：优级纯。

(4)氢氧化钠（NaOH）：优级纯。

(5)过氧化氢（H_2O_2）。

(6)硼氢化钠（$NaBH_4$）：优级纯。

(7)铁氰化钾［$K_3Fe(CN)_6$］。

2. 溶液配制

(1)硝酸-高氯酸混合酸(9+1)：将900mL 硝酸与100mL 高氯酸混匀。

(2)氢氧化钠溶液(5g/L)：称取5g 氢氧化钠，溶于1 000mL 水中，混匀。

(3)硼氢化钠碱溶液(8g/L)：称取8g 硼氢化钠，溶于氢氧化钠溶液(5g/L)中，混匀。现配现用。

(4)盐酸溶液(6mol/L)：量取50mL 盐酸，缓慢加入40mL 水中，冷却后用水定容至100mL，混匀。

(5)铁氰化钾溶液(100g/L)：称取10g 铁氰化钾，溶于100mL 水中，混匀。

(6)盐酸溶液(5+95)：量取25mL 盐酸，缓慢加入475mL 水中，混匀。

(7)硒标准溶液：1 000mg/L，或经国家认证并授予标准物质证书的一定浓度的硒标准溶液。

(8)硒标准中间液(100mg/L)：准确吸取1.00mL 1 000mg/L 硒标准溶液于10mL 容量瓶中，加盐酸溶液(5+95)定容至刻度，混匀。

(9)硒标准使用液(1.00mg/L)：准确吸取硒标准中间液1.00mL 于100mL 容量瓶中，用盐酸溶液(5+95)定容至刻度，混匀。

(10)硒标准系列溶液：分别准确吸取硒标准使用液0、0.50、1.00、2.00、3.00mL 于100mL 容量瓶中，加入铁氰化钾溶液(100g/L)10mL，用盐酸溶液(5+95)定容至刻度，混匀待测。此硒标准系列溶液的质量浓度分别为0、5.00、10.0、20.0、30.0μg/L。

四、仪器和设备

(1)原子荧光光谱仪：配硒空心阴极灯。

(2)天平：感量为1mg。

(3)电热板。

(4)微波消解系统：配聚四氟乙烯消解罐。

(5)微波消解管若干。

(6)锥形瓶若干。

(7)1mL可调节移液枪一把。

(8)容量瓶：10mL、100mL、1 000mL。

五、实验步骤

(可根据实验条件选择以下任何一种方式消解)

1. 湿法消解

称取固体试样0.5~3g(精确至0.001g)或准确移取液体试样1.00~5.00mL，置于锥形瓶中，加10mL硝酸-高氯酸混合酸(9+1)及几粒玻璃珠，盖上表面皿冷消化过夜。次日于电热板上加热，并及时补加硝酸。当溶液变为清亮无色并伴有白烟产生时，再继续加热至剩余体积为2mL左右，切不可蒸干。冷却，再加5mL盐酸溶液(6mol/L)，继续加热至溶液变为清亮无色并伴有白烟出现。冷却后转移至10mL容量瓶中，加入2.5mL铁氰化钾溶液(100g/L)，用水定容，混匀待测。同时做试剂空白试验。

2. 微波消解

称取固体试样0.2~0.8g(精确至0.001g)或准确移取液体试样1.00~3.00mL，置于消化管中，加10mL硝酸、2mL过氧化氢，振摇混合均匀，于微波消解仪中消化，微波消化(可根据不同的仪器自行设定消解条件)。消解结束待冷却后，将消化液转入锥形烧瓶中，加几粒玻璃珠，在电热板上继续加热至近干，切不可蒸干。再加5mL盐酸溶液(6mol/L)，继续加热至溶液变为清亮无色并伴有白烟出现，冷却，转移至10mL容量瓶中，加入2.5mL铁氰化钾溶液(100g/L)，用水定容，混匀待测。同时做试剂空白试验。

六、结果处理

试样中硒的含量按式(1-10)计算：

$$X=\frac{(\rho-\rho_0)\times V}{m\times 1\ 000} \tag{1-10}$$

式中　X——试样中硒的含量，mg/kg或mg/L；

ρ——试样溶液中硒的质量浓度，μg/L；

ρ_0——空白溶液中硒的质量浓度，μg/L；

V——试样消化液总体积，mL；

m——试样称样量或移取体积，g或mL；

1 000——换算系数。

当硒含量≥1.00mg/kg(或mg/L)时，计算结果保留三位有效数字，当硒含量<1.00mg/kg(或mg/L)时，计算结果保留两位有效数字。

当称样量为1g(或1mL)，定容体积为10mL时，方法检出限为0.002mg/kg(或0.002mg/L)，定量限为0.006mg/kg(或0.006mg/L)。

在重复性条件下获得的两次独立测定结果的绝对差值不得超过算术平均值的20%。

七、注意事项

玻璃器皿及聚四氟乙烯消解罐均需以硝酸溶液(1+4)浸泡24h，用水反复冲洗，最后用去离子水冲洗干净。

思考题

1. 在消解的过程中加盐酸的作用是什么？
2. 仪器如何进行清洗？

第 2 章　化学污染物检测

实验 1　动物源性食品中四环素类药物残留的检测

一、实验目的

测定食品中四环素类药物残留。

二、实验原理

依据《动物源性食品中四环素类兽药残留量检测方法 液相色谱-质谱/质谱法》(GB/T 21317—2007)，含有四环素类药物的动物源性食品样品经过 0.1mol/L EDTA-Mcllvainc 缓存液均质、超声提取其中的四环素类药物残留，经过滤和离心后，上清液用 HLB 固相萃取柱净化。高效液相色谱-质谱检测，用阴性样品基质加外标法定量。

三、试剂

(1) EDTA-Mcllvaine 提取液(0.1mol/L)：称取 13g 柠檬酸和 44.1g $Na_2HPO_4 \cdot 12H_2O$，混合后用水定容至 1L，用盐酸调节 pH=4(±0.05)，加入 37.23g EDTA-2Na，混匀即得。

(2)5%甲醇(淋洗液)。

(3)甲醇：乙酸乙酯=1：9(洗脱液)：10mL 甲醇+90mL 乙酸乙酯，混匀即得。

(4)流动相：A：乙腈；B：0.1%甲酸-水。

(5)初始混和流动相：5mL 乙腈+45mL 水+50μL 甲酸，混匀即得。

(6)标准物质工作液及标准物质储备液。

四、仪器和设备

(1)液质联用仪器：沃特世 UPLC I-Class-MS/MS(Xevo-TQ)。

(2)高效液相色谱仪：配二极管阵列检测器或紫外检测器。

(3)分析天平：感量为 0.1mg，0.01g。

(4)旋涡混合器。

(5)低温离心机：最高转速 5 000r/min，控温范围为-40℃至室温。

(6)吹氮浓缩仪。

(7)固相萃取真空装置。

(8)pH 计：测量精度±0.02。

(9)组织捣碎机。
(10)超声提取仪。
(11)离心管(50mL)。
(12)HLB 固相萃取柱(20mg、3mL)。
(13)定性滤纸(快速)。
(14)注射器(1mL)。
(15)注射器(30mL)。
(16)0.22μm 滤膜(有机系)。

五、实验步骤

1. 仪器条件

液质联用仪器：沃特世 UPLC I-Class-MS/MS(Xevo-TQ)。
色谱柱：BEH C_{18}反相色谱柱(100mm×2.1mm，1.7μm)或相当者。
流动相：A：乙腈；B：0.1%甲酸-水。
柱温：30℃
流速：0.4mL/min。
进样体积：10μL。
流动相梯度及质谱参数见表 2-1 和表 2-2。

表 2-1 流动相梯度

时间/min	A：乙腈/%	B：0.1%甲酸-水/%	时间/min	A：乙腈/%	B：0.1%甲酸-水/%
0	10	90	5.00	100	0
3.50	20	80	5.50	100	0
4.50	50	50	5.75	10	90
4.75	90	10	7.00	10	90

表 2-2 质谱参数

化合物	母离子(m/z)	子离子(m/z)	碰撞电压/eV	锥孔电压/V
二甲胺四环素	458	352	30	28
		441	19	28
差向土霉素	461	426	19	19
		444	16	19
土霉素	461	426	19	22
		443	13	22
差向四环素	445	410	19	25
		427	15	25
四环素	445	410	20	22
		154	26	22

（续）

化合物	母离子(m/z)	子离子(m/z)	碰撞电压/eV	锥孔电压/V
去甲基金霉素	465	430	25	27
		448	18	27
差向金霉素	479	444	22	31
		462	15	31
金霉素	479	444	20	27
		462	18	27
甲烯土霉素	443	201	31	25
		426	16	25
强力霉素	445	154	28	25
		428	20	25

注：不同品牌或型号的仪器会有各自不同的响应参数、特征离子及其丰度比，请在实验室使用的仪器上参考上述条件各自建立实验室适用的仪器方法。

2. 样品检测

(1)称取 5g 绞碎后的样品至 50mL 离心管，精确到 0.1g。

(2)加入 20mL EDTA-Mcllvaine 提取液。

(3)涡旋 1min，均质提取 30s。用适量 EDTA 提取液清洗均质器刀头，清洗液并入提取液。

(4)涡旋 30s 后再超声提取 10min。

(5)9 000r/min，2℃下离心 20min。

(6)取上清液至另一离心管(50mL)中。

(7)向肉样残渣中加入 EDTA-Mcllvaine 提取液，涡旋 2min，9 000r/min，2℃下离心 20min。

(8)将上清液合并至离心管中，涡旋混匀 1min。

(9)用定性滤纸(快速)于过滤混匀后的提取液至另一离心管。

(10)平衡活化 HLB 固相萃取柱：依次用 3mL 甲醇、3mL 水润洗固相萃取柱。

(11)取 20mL 过滤后的提取液通过固相萃取柱，流速不快于每秒 2 滴。

(12)待提取液完全通过固相萃取柱后依次用 3mL 水和 3mL 5%甲醇溶液淋洗弃去淋洗液，抽干。

(13)用 3×3mL 洗脱液(甲醇：乙酸乙酯=1：9)洗脱萃取柱，收集洗脱液；38℃下氮气吹干。

(14)用 1mL 初始流动相复溶，过 0.22μm 滤膜后上机测定。

3. 基质加标工作曲线

将混合标准物质工作液用初始混合流动相逐级稀释成合适浓度的标准系列溶液。取阴性基质样品 5g，按照步骤 2 中(1)~(14)与试样同时进行提取和净化后加入 1.0mL 标准系列溶液溶解空白基质，按照步骤 1 所示仪器条件进行检测并建立工作曲线(表 2-3、表 2-4)。

表 2-3 标准曲线配制示例

浓度/(ng/mL)	加标浓度/(mg/L)	加标体积/μL	定容体积/mL
75	0.1	75	1
125	0.1	125	1
250	10	25	1
500	10	50	1
1 000	10	100	1

表 2-4 加标回收样品制备示例(5g 阴性样品)

质量浓度/(ng/g)	加标浓度/(mg/L)	加标体积/μL	上机浓度/(ng/mL)
25	0.1	125	62.5
50	10	25	125
100	10	50	250
200	10	100	500
500	10	25	750

六、结果处理

按照式(2-1)计算样品中氯霉素类药物残留量：

$$X=(c_1-c_0)\times f \tag{2-1}$$

式中 X——样品中待测组分的含量，μg/kg；

c_1——测定液中待测组份的浓度，ng/mL；

c_0——空白样中目标物浓度，ng/mL；

f——稀释倍数(0.4)。

10 种化合物的检出限均为 50μg/kg(表 2-5)。

表 2-5 实验室仪器实测检出限及定量限

序号	名称	信噪比(50μg/L，S/N)	检出限(S/N=3，μg/L)	定量限(S/N=10，μg/L)
1	二甲胺四环素	17.44	8.60	28.67
2	差向土霉素	19.44	7.71	25.72
3	土霉素	15.84	9.47	31.56
4	差向四环素	14.48	10.36	34.53
5	四环素	13.92	10.77	35.92
6	去甲基金霉素	12.89	11.63	38.79
7	差向金霉素	16.12	9.30	31.01
8	金霉素	15.04	9.97	33.24
9	甲烯土霉素	17.21	8.71	29.05
10	强力霉素	15.7	9.55	31.84

七、注意事项

(1)仪器室电源要求相对稳定，电压变化要小，最好配备不间断稳压电源，防止意外停电。

(2)仪器室温度应相对稳定，一般应控制在 20~25℃，保持恒温；相对湿度最好为 50%~70%，室内应备有温度计和毛发湿度计，一般采用空调和吸湿机调节温度和湿度。

思考题

《动物源性食品中四环素类兽药残留量检测方法　液相色谱-质谱/质谱法》(GB/T 21317—2007)还适用于哪些样品?

实验 2　动物源性食品中硝基呋喃类药物代谢物残留量检测

一、实验目的

掌握测定动物源性食品中硝基呋喃类药物代谢物残留量。

二、实验原理

样品经盐酸水解，邻硝基苯甲醛过夜衍生，调 pH 值至 7.4 后，用乙酸乙酯提取，正己烷净化。分析物采用高效液相色谱/串联质谱定性检测，采用稳定同位素内标法进行定量测定。

三、试剂和溶液配制

1. 试剂

(1)甲醇：高效液相色谱级。

(2)乙腈：高效液相色谱级。

(3)乙酸铵。

(4)甲酸：高效液相色谱级。

(5)浓盐酸。

(6)氢氧化钠。

(7)邻硝基苯甲醛。

(8)三水合磷酸钾。

(9)正己烷：高效液相色谱级。

(10)乙酸乙酯：高效液相色谱级。

2. 溶液配制

(1)标准物质：3-氨基-2-恶唑酮、5-吗啉甲基-3-氨基-2-恶唑烷基酮、1-氨基-1-乙内酰脲、氨基脲，纯度≥99%。

(2)内标物质：3-氨基-2-恶唑酮的内标物，D4-AOZ、5-吗啉甲基-3-氨基-2-恶唑烷基酮的内标物，D3-AMOZ、1-氨基-1-乙内酰脲的内标物，^{13}C-AHD、氨基脲的内标物，$^{13}C^{13}N$-SEM，纯度≥99%。

(3)0.2mol/L 盐酸溶液：准确量取 17mL 浓盐酸，用水稀释并定容至 1L。

(4)2.0mol/L 氢氧化钠溶液：准确称取 20g 氢氧化钠，用水溶解并定容至 250mL。

(5)0.1mol/L 邻硝基苯甲醛溶液：准确称取 1.5g 邻硝基苯甲醛，用甲醇溶解并定容至 100mL。

(6)0.3mol/L 磷酸钾溶液：准确称取 39.915g 三水合磷酸钾，用水溶解并定容至 500mL。

(7)乙腈饱和的正己烷：量取 400mL 正己烷于 500mL 分液漏斗中，加入适量乙腈后，剧烈振摇，待分配平衡后，弃去乙腈层即可。

(8)0.1%甲酸水溶液(含 0.000 5mol/L 乙酸铵)：准确量取 0.5mL 甲酸、准确称取 0.019 3g 乙酸铵于 500mL 容量瓶中，用水定容至 500mL。

(9)初始流动相：0.1%甲酸水溶液(含 0.000 5mol/L 乙酸铵)：乙腈=9：1。

四、仪器和设备

(1)液相色谱/中联质谱仪：配备电喷雾离子源(ESI)。

(2)组织捣碎机。

(3)分析天平：感量为 0.000 1g，0.01g。

(4)均质器：10 000r/min。

(5)振荡器。

(6)恒温箱。

(7)pH 计：测量精度是 0.02pH 单位。

(8)离心机：10 000r/min。

(9)氮吹仪。

(10)旋涡混合器。

(11)容量瓶：1L、100mL、10mL。

(12)具塞塑料离心管：50mL。

(13)刻度试管：10mL。

(14)移液枪：5mL、1mL、100μL。

(15)0.2μL 微孔滤膜。

(16)1mL 注射器若干。

(17)1L 容量瓶、500mL 容量瓶、储备瓶若干。

五、实验步骤

1. 水解和衍生(全程避光)

(1)准确称取 2g 试样(精确至 0.01g)于 50mL 塑料离心管中。

(2)分别加入合适浓度的内标物质。

(3)加入 10mL 的 0.2mol/L 盐酸溶液进行提取。

(4)涡旋振荡后，用均质器以10 000r/min高速均质2min；用少量0.2mol/L盐酸清洗均质器刀头，合并清洗液至样品提取液。

(5)加入100μL的0.1mol/L邻硝基苯甲醛溶液，涡旋混合30s。

(6)摇床300r/min，37℃振摇30min后，37℃静置过夜反应。

2. 提取与净化

(1)取出反应后的样品，冷却至室温。

(2)加入1mL的0.3mol/L磷酸钾溶液（每加入1mL盐酸，此处加入0.1mL的0.3mol/L磷酸钾溶液）。

(3)用2.0mol/L氢氧化钠溶液调节pH至7.4(±0.2)。

(4)加入10~15mL乙酸乙酯，高速涡旋振荡5min，再以10 000r/min离心10min。

(5)小心吸取转移乙酸乙酯层至另一离心管，残留物再重复步骤(4)，合并乙酸乙酯层。

(6)40℃，氮气保护下吹干。

(7)残渣用1mL初始流动相溶解。

(8)用3mL乙腈饱和的正己烷充分涡旋萃取复溶液1~2次以除去脂肪，弃去上层有机相。

(9)下层水相经0.20μm微孔滤膜过滤后，上机(HPLC-MS)检测。

3. 仪器条件

色谱柱：XTerra MS Cu(150mm×2.1mm，3.5μm)或相当者。

柱温：30℃。

流速：0.2mL/min。

进样量：10μL。

流动相：A：乙腈；B：0.1%甲酸水溶液(含0.000 5mol/L乙酸铵)。

洗脱条件见表2-6。

表2-6　洗脱条件

时间 t/min	流动相A(乙腈)	流动相B(2.6)	时间 t/min	流动相A(乙腈)	流动相B(2.6)
0	10%	90%	10.01	10%	90%
7.00	90%	10%	20.00	10%	90%
10.00	90%	10%			

4. 混合基质标准曲线的配制

取阴性样品2g，加入合适浓度(最终定容浓度)的标准物质和内标，按照步骤2.(3)~(4)进行提取净化，同时建立标准工作曲线(表2-7、表2-8)。

表2-7　标准曲线配制示例(2g阴性样品，前加标做标准曲线)

质量浓度/(ng/g)	外标加标浓度/(ng/mL)	外标加标体积/μL	内标加标浓度/(ng/mL)	内标加标体积/μL
0.25	10	50	100	20
0.5	10	100	100	20
1	100	20	100	20

（续）

质量浓度/(ng/g)	外标加标浓度/(ng/mL)	外标加标体积/μL	内标加标浓度/(ng/mL)	内标加标体积/μL
5	100	100	100	20
10	1 000	20	100	20
20	1 000	40	100	20

表 2-8 加标回收样品制备示例(2g 阴性样品)

质量浓度/(ng/g)	外标加标浓度/(ng/mL)	外标加标体积/μL	内标加标浓度/(ng/mL)	内标加标体积/μL	上机浓度/(ng/mL)
0. 25	10	50	100	20	0. 25
0. 5	10	100	100	20	0. 5
1	100	20	100	20	1
5	100	100	100	20	5
10	1 000	20	100	20	10
20	1 000	40	100	20	20

5. 质谱条件

毛细管电压：3. 5kV。

离子源温度：120℃。

去溶剂温度：350℃。

锥孔气流：氮气，流速 100L/h。

去溶剂气流：氮气，流速 600L/h。

碰撞气：氩气，碰撞气压 2. 60×10^{-4}Pa。

扫描方式：正离子扫描。

检测方式：多反应监测(MRM)(表 2-9)。

表 2-9 多反应监测(MRM)的条件

化合物	母离子(m/z)	子离子(m/z)	驻留时间/s	锥孔电压/V	碰撞能量/eV
AMOZ	335	262	0. 1	60	13
		291	0. 1	60	9
D3-AMOZ	340	296	0. 1	60	9
SEM	209	166	0. 1	50	8
		192	0. 1	50	8
13C13N-SEM	212	168	0. 1	50	8
AHD	249	104	0. 1	80	15
		134	0. 1	80	10
13C-AHD	252	134	0. 1	80	10

（续）

化合物	母离子（m/z）	子离子（m/z）	驻留时间/s	锥孔电压/V	碰撞能量/eV
AOZ	236	104	0.1	77	14
		134	0.1	77	10
D4-AOZ	240	134	0.1	77	10

注：不同品牌或型号的仪器会有各自不同的响应参数、特征离子及其丰度比，请在实验室使用的仪器上参考上述条件各自建立实验室适用的仪器方法。

六、结果处理

按照式（2-2）进行计算：

$$X=\frac{R\times c\times V}{K\times m} \tag{2-2}$$

式中　X——试样中分析物残留量，μg/kg；

R——上机样液中的分析物与内标物峰面积比值；

c——混合基质标准溶液中分析物的浓度，ng/mL；

V——样液最终定容体积，mL；

K——混合基质标准溶液中的分析物与内标物峰面积比值；

m——试样的质量，g。

本方法的测定低限（LOD）均为：0.5μg/kg。

思考题

呋喃类的别称是什么？

实验3　动物源性食品中氯霉素类药物残留的检测

一、实验目的

掌握动物源性食品中氯霉素类药物残留的检测方法。

二、实验原理

针对不同动物源性食品中氯霉素残留分析，样品中加入同位素内标后，分别采用乙腈、乙酸乙酯-乙醚或乙酸乙酯提取，提取液用固相萃取柱净化去除基质干扰，液相色谱-质谱/质谱仪测定，内标法定量。

三、试剂和材料

除特殊规定外，分析中仅使用确认为分析纯的试剂和二次去离子水或相当纯度的水。

(1)甲醇、乙腈、丙酮、正丙醇、正己烷、乙酸乙酯均为液相色谱纯。

(2)乙醚、乙酸钠、乙酸铵。

(3)β-葡萄糖醛酸酶：约 40 000 活性单位。

(4)丙酮-正己烷(1+9)、丙酮-正己烷(6+4)、乙酸乙酯-乙醚(75+25)。

(5)乙酸钠缓冲液(0.1mol/L)、乙酸铵溶液(10mmol/L)。

(6)氯霉素标准物质：纯度≥99.0%；氯霉素氘代内标(氯霉素-D_5)物质：纯度≥99.0%。

(7)标准储备液：用乙腈配成 500μg/mL(4℃避光，6 个月)。

(8)标准中间液：用乙腈稀释标准储备液至 50μg/mL(4℃避光，3 个月)。

(9)标准工作液：用流动相稀释标准中间液成合适的标准工作溶液。

(10)氯霉素-D_5储备液：用乙腈配成 100μg/mL(4℃避光，12 个月)。

(11)氯霉素-D_5中间液：用乙腈稀释储备液至 50μg/mL(4℃避光，6 个月)。

(12)氯霉素-D_5工作液：用乙腈配成 0.1μg/mL 内标工作溶液(4℃避光，2 周)。

(13)3LC-Si 固相萃取柱或相当者：200mg、3mL；一次性注射过滤滤膜。

四、仪器和设备

(1)液相色谱-质谱/质谱仪：配有电喷雾离子源。

(2)高速捣碎器、均质器、涡旋混合仪。

(3)分析天平、旋转蒸发仪、离心机。

(4)移液枪：200μL、1mL。

(5)心形瓶(100mL，棕色)、分液漏斗(200mL)、离心管(50mL)、具刻度比色管(10mL)。

(6)固相萃取装置。

五、实验步骤

1. 试样制备

取有代表性样品 500g，用粉碎机粉碎并通过 2.0mm 圆孔筛。混匀，均分成两份作为试样，分装入洁净的盛样容器内，密封并标明标记。

2. 试样保存

将试样放在-20℃保存。

在制样的操作过程中，应防止样品受到污染或发生残留物含量的变化。

3. 提取

(1)动物组织与水产品(肝肾除外)：称取 5g(精确至 0.01g)试样于离心管中，加入一定量氯霉素内标溶液，加入 30mL 乙腈，匀浆，离心 5min。将上清液移入 200mL 分液漏斗中，加入 15mL 乙腈饱和正己烷振摇，分层，取乙腈层，重复操作，合并两次乙腈溶液于棕色心形瓶中，加入 5mL 正丙醇，避光旋转蒸干，用 5mL 丙酮-正己烷(1+9)溶液溶解，待净化。

(2)动物肝、肾组织：称取 5g(精确至 0.01g)试样于离心管中，加入 30mL 乙酸钠缓冲液，均质，加入 300μL β-葡萄糖醛酸酶，37℃水浴过夜。消解产品中加入一定量氯霉素内标溶液，20mL 乙酸乙酯-乙醚(75+25)，振摇，离心，取上清液旋转蒸干，用 5mL 丙酮-正己烷(1+9)溶液溶解，待净化。

4. 净化

LC-Si 小柱用 5mL 丙酮-正己烷(1+9)淋洗，样液过硅胶小柱，弃出流出液，用 5mL 丙酮-正己烷(6+4)洗脱，接收于 10mL 比色管中，氮吹干，用 1mL 水定容，过膜，用液相色谱-质谱/质谱仪测定。

5. 测定

液相色谱-质谱/质谱仪测定。

(1)色谱条件：

色谱柱：BEH C_{18}柱(50mm×2.1mm，1.7μm)或相当者。

流动相：A：甲醇；B：水。

梯度洗脱条件：0min，水的体积分数为 80%；0~0.5min，甲醇的体积分数从 20% 升至 90%；0.5~2min，甲醇的体积分数保持 90%；2.01min，甲醇的体积分数降至 20%；2.01~3min，甲醇的体积分数保持 20%。

流速：0.35mL/min。

进样量：1μL。

柱温：35℃。

(2)质谱条件：见表 2-10。

表 2-10 氯霉素的保留时间和质谱条件

化合物	保留时间/min	母离子(*m/z*)	子离子(*m/z*)	Q1 预四极杆电压/V	碰撞能量/V	Q3 预四极杆电压/V
氯霉素	1.48	321.00	152.00	15	16	30
			257.00	15	11	27

分析仪器：LCMS-8050。

离子源：电喷雾离子源(ESI)。

扫描方式：正离子模式扫描。

雾化气：氮气 3L/min。

干燥气：氮气 10L/min。

碰撞气：氩气。

DL 温度：250℃

加热模块温度：400℃。

扫描模式：多反应监测(MRM)。

驻留时间：97s。

6. 空白试验

除不加试样外，按上述测定步骤进行。

7. 定性测定

按照上述条件测定样品和建立标准工作曲线，如果样品中化合物质量色谱峰的保留时间和标准溶液的保留时间相比在允许偏差±2.5%以内；待测化合物定性离子对的重构离子色谱峰的信噪比≥3，定量离子对的重构离子色谱峰的信噪比≥10，定性离子对的相对丰度与标准溶液相比不超过表2-11的规定，可判断样品中存在化合物。

表2-11 相对离子丰度和允许的相对偏差

相对离子丰度/%	允许的相对偏差/%	相对离子丰度/%	允许的相对偏差/%
>50	±20	>10~20	±30
>20~50	±25	≤10	±50

8. 定量测定

氯霉素使用内标法定量。

六、结果处理

用色谱数据处理机或按式(2-3)计算试样中氯霉素残留量，计算结果需扣除空白值。

$$X=\frac{c\times c_i\times A\times A_{si}\times V}{c_{si}\times A_i\times A_s\times W}\times\frac{1\ 000}{1\ 000}=\frac{C\times V}{W}\times\frac{1\ 000}{1\ 000} \quad (2-3)$$

式中 X——试样中待测组分含量，μg/kg；

c——标准工作溶液中待测组分浓度，ng/mL；

c_{si}——标准工作溶液中内标浓度，ng/mL；

c_i——样液中内标浓度，ng/mL；

A_s——标准工作溶液待测组分的峰面积；

A——样液待测组分的峰面积；

A_{si}——标准工作溶液内标的峰面积；

A_i——样液内标的峰面积；

C——通过色谱工作站得到的样液中待测组分浓度，ng/mL；

V——试样定容体积，mL；

W——样品称样量，g。

氯霉素测定低限为0.1μg/kg。

本实验的准确度与精密度要求见表2-12。

表2-12 本方法在不同样品中不同添加浓度回收率

名称	添加浓度/(μg/kg)	动物肝、肾		禽畜肉与水产品	
		回收率范围/%	*RSD*/%	回收率范围/%	*RSD*/%
氯霉素	0.1	80.5~107.0	11.5	88.0~109.1	13.5
	1.0	84.4~98.0	5.1	92.8~108.6	8.8
	5.0	89.1~105.6	5.3	80.7~97.7	9.2

七、注意事项

(1)处理动物肝、肾组织时，注意要酶解过夜。

(2)提取液用固相萃取小柱净化时要注意控制流速1~2滴/s，以免影响回收率。

思考题

氟甲砜霉素和甲砜霉素的低限为多少?

实验4　动物源性食品中14种喹诺酮类药物残留的检测

一、实验目的

掌握动物源性食品中14种喹诺酮类药物残留的测定方法。

二、实验原理

均质过的样品用0.1mol/L EDTA-Mcllvaine提取液提取其中的喹诺酮类药物残留，经过滤和离心后，上清液用HLB固相萃取柱净化。高效液相色谱-质谱检测，用阴性样品基质加外标法定量。

三、试剂

(1)EDTA-Mcllvaine提取溶液：取1 000mL 0.1mol/L柠檬酸溶液(取21.01g柠檬酸用水定容至1L即成)与625mL 0.2mol/L磷酸氢二钠溶液(取71.63g磷酸氢二钠加水定容至1L即成)混匀，用氢氧化钠调节pH=4.0±0.05后加入60.5g乙二胺四乙酸二钠固体，溶解混匀后既得。

(2)甲醇。

(3)5%甲醇-水溶液(体积分数)。

(4)流动相：A：甲醇：乙腈=40：60；B：0.1%甲酸-水溶液。

(5)初始混和流动相：1.8-A：1.8-B=10：90混合。

(6)标准物质工作液及标准物质储备液。

四、仪器和设备

(1)液质联用仪器：(超)高效液相色谱仪-电喷雾电离源-三重四级杆质谱。

(2)组织匀浆机。

(3)电子天平：感量为0.000 1g，0.01g。

(4)涡旋混合器。

(5)冷冻离心机。

(6)酸度计。

(7)氮吹仪。

(8)固相萃取仪。

(9)漏斗。

(10)定性量滤纸(快速)。

(11)离心管(50mL、10mL)。

(12)注射器(1mL)。

(13)0.22μm 滤膜(有机系)。

五、实验步骤

(1)称取 5g 均质后的样品至 50mL 离心管，精确到 0.1g。

(2)加入 20mL EDTA-Mcllvaine 提取溶液。

(3)涡旋混合 2min。

(4)超声提取 20min。

(5)10 000r/min，4℃离心 5min。

(6)重复(1)~(5)步骤，合并两次上清液于另一离心管(50mL)，涡旋混匀 1min。

(7)用定性滤纸过滤步骤(6)所得上清液，收集全部滤液于离心管(50mL)。

(8)取步骤(7)所得滤液 20mL 以 1~3mL/min 的流速(1~2 滴/s)通过 HLB 固相萃取柱，固相萃取柱使用前依次用 6mL 甲醇和 6mL 水活化、平衡。

(9)吹干。

(10)用 2mL 5%甲醇溶液淋洗固相萃取柱，弃去流出的淋洗液。

(11)吹干。

(12)用 6mL 甲醇洗脱固相萃取柱，收集全部洗脱液于 10mL 离心管，40℃下氮气吹干。

(13)用 1mL 初始混和流动相复溶，涡旋混匀 30s 后过 0.22μm 滤膜，上机测定。

六、结果处理

按照式(2-4)计算样品中喹诺酮类药物残留量：

$$X=\frac{c \times V}{m} \times 2 \tag{2-4}$$

式中 X——待测样品中喹诺酮类药物的残留量，μg/kg；

c——待测液中喹诺酮类药物的含量，ng/mL；

V——上机待测液定容体积，mL；

m——样品称样量，g。

动物组织中检出限($S/N=3$)：氟甲喹、萘啶酸、奥索利酸、西诺沙星、恩诺沙星、单诺沙星、洛美沙星、氧氟沙星均为 1.0μg/kg；环丙沙星为 2.5μg/kg；沙拉沙星、诺氟沙星、培氟沙星、吡哌酸为 2.0μg/kg；依诺沙星为 3.0μg/kg。

动物组织中定量限($S/N=10$)：氟甲喹、萘啶酸、奥索利酸、西诺沙星、恩诺沙星、单诺沙星、洛美沙星、氧氟沙星均为 3.0μg/kg；环丙沙星为 8μg/kg；沙拉沙星、诺氟沙星、培氟沙星、吡哌酸为 6μg/kg；依诺沙星为 10μg/kg。

猪肉中 14 种喹诺酮的加标回收率应在 86.8%~116.9%；相对标准偏差(RSD)在 1.9%~15.1%。

七、注意事项

1. 仪器条件

色谱柱：C_{18}柱或相当者。

流动相：A：甲醇∶乙腈=40∶60；B：0.1%甲酸-水溶液。

柱温：40℃。

流速：0.3mL/min。

进样体积：5μL。

流动相梯度见表 2-13。

表 2-13　流动相梯度

时间/min	甲醇-乙腈/%	0.2%甲酸-水/%	时间/min	甲醇-乙腈/%	0.2%甲酸-水/%
0	10	90	10.5	100	0
6	30	70	11	10	90
9	50	50	15	10	90
9.5	100	0			

2. 质谱条件

电离源：电喷雾式电离源（ESI 源）。

毛细管电压：2.0kV。

离子源温度：110℃。

脱溶剂气温度：350℃。

脱溶剂气流量：500L/h。

电子倍增电压：650V。

碰撞室压力：0.28Pa。

离子对信息见表 2-14。

表 2-14　离子对信息

化合物	母离子（m/z）	子离子（m/z）	碰撞能量/eV	锥孔电压/V
吡哌酸	304.3	271.1	21	38
		189.0	32	38
培氟沙星	334.3	290.3	17	38
		233.2	25	38
氧氟沙星	362.2	318.3	18	38
		261.2	27	38
依诺沙星	321.4	303.3	19	50
		233.9	22	50
诺氟沙星	320.3	302.3	19	50
		276.3	17	50
环丙沙星	332.3	314.3	19	36
		288.3	17	36

（续）

化合物	母离子(m/z)	子离子(m/z)	碰撞能量/eV	锥孔电压/V
恩诺沙星	360.3	316.4	19	38
		342.3	23	38
单诺沙星	358.3	340.3	25	38
		82	42	38
洛美沙星	352.3	265.2	23	36
		308.3	17	36
沙拉沙星	386.3	342.3	18	40
		299.3	28	40
西诺沙星	263.1	244.1	16	35
		188.8	28	35
奥索利酸	262.1	244.1	16	50
		155.9	28	50
萘啶酸	233.1	215.1	15	26
		187.0	28	26
氟甲喹	262.2	244.1	17	50
		202.1	28	50

注：不同品牌或型号的仪器会有各自不同的响应参数、特征离子及其丰度比，请在实验室使用的仪器上参考上述条件各自建立实验室适用的仪器方法。

2. 基质加标工作曲线

将混合标准物质工作液用初始混合流动相稀释逐级成合适浓度的标准系列溶液。取阴性基质样品5g，加入1.0mL标准系列溶液，按照实验步骤与试样同时进行提取和净化，按照确定的仪器条件进行检测并建立工作曲线(表2-15、表2-16)。

表2-15 标准曲线配制示例

浓度/(ng/mL)	加标浓度/(ng/mL)	加标体积/μL	定容体积/mL
0.5	20	25	1
1	20	50	1
2	20	100	1
5	100	50	1
10	100	100	1
20	1 000	20	1

表2-16 加标回收样品制备示例(5g阴性样品)

质量浓度/(ng/g)	加标浓度/(mg/mL)	加标体积/μL	上机浓度/(ng/mL)
1	0.1	50	5
2	0.1	100	10

（续）

质量浓度/(ng/g)	加标浓度/(mg/mL)	加标体积/μL	上机浓度/(ng/mL)
5	1	25	25
10	1	50	50
20	1	100	100
50	10	25	250

思考题

制样时在保存以及处理样品时，需要注意什么？

实验 5　猪肉中 β-受体激动剂残留量的检测方法——液相色谱-质谱/质谱法

一、实验目的

掌握猪肉中 β-受体激动剂残留量的检测方法。

二、实验原理

样品中残留药物经酶解，用高氯酸调 pH 后高速离心沉淀蛋白，上清液调 pH 后分别用乙酸乙酯和叔丁基甲醚提取，再用 MCX 固相萃取柱净化，液相色谱-质谱法测定。

三、试剂和溶液配制

除特殊规定外，所有试剂均为分析纯，水为 GB/T 6682—2016 中规定的一级水。

(1) 沙丁胺醇、莱克多巴胺、克伦特罗对照品(纯度≥98.0%)。

(2) 乙酸铵缓冲液(0.2moL/L)：称取 15.4g 乙酸铵，溶解于 1 000mL 水中，用适量乙酸调 pH 至 5.2。

(3) 高氯酸(70%~72%)。

(4) 高氯酸溶液(0.1moL/L)。

(5) 氢氧化钠溶液(10moL/L)。

(6) 乙酸乙酯、叔丁基甲醚。

(7) 甲醇：色谱纯。

(8) 甲酸水溶液(2%)。

(9) 氨水甲醇溶液(3%)。

(10) 甲醇-0.1%甲酸溶液(10+90)。

(11) β-盐酸葡萄糖醛苷酶/芳基硫酸酯酶。

(12) 标准储备液(100μg/mL)：准确称取适量的沙丁胺醇、莱克多巴胺、克伦特罗对照品，用甲醇分别配制成 100μg/mL 的标准储备液，-20℃冰箱保存，有效期 6 个月。

(13)混合标准储备液：分别准确称取 1.0mL 的沙丁胺醇、莱克多巴胺、克伦特罗标准储备液至 100mL 容量瓶中，用甲醇稀释至刻度，-20℃冰箱保存，有效期 6 个月。

四、仪器和设备

(1)液相色谱-质谱/质谱仪：配电喷雾离子源。

(2)涡旋振荡器。

(3)高速离心机。

(4)电热恒温振荡水槽。

(5)pH 计。

(6)固相萃取装置。

(7)MCX 固相萃取柱：60mg/3mL。

(8)氮吹仪。

五、实验步骤

1. 试料的制备

试料的制备包括：取均质的供试料品，作为供试试料；取均质的空白样品，作为空白试料；取均质的空白样品，添加适宜的标准工作液，作为空白添加试料。

2. 酶解

准确称取 2g 样品(精确至 0.01g)于 50mL 离心管中，加入 0.2moL/L 乙酸钠缓冲液 8mL，再加入 β-盐酸葡萄糖醛苷酶/芳基硫酸酯酶 40μL，涡旋混匀，于 37℃下避光水浴振荡 16h。

3. 提取

酶解后放置至室温，涡旋混匀，10 000r/min 离心 10min，倾出上清液于另一个 50mL 试管中，加入 0.1moL/L 高氯酸溶液 5mL，涡旋混匀，用高氯酸调 pH=1.0±0.2，10 000r/min 离心 10min，取上清液至另一个 50mL 离心管中，用 10moL/L 氢氧化钠溶液调 pH=9.5±0.2，加入 15mL 乙酸乙酯，涡旋混合，并振荡 10min，5 000r/min 离心 5min，取上层有机相至另一个 50mL 离心管中，再在下层水相中加入叔丁基甲醚 10mL，涡旋混匀，振荡 10min，5 000r/min 离心 5min，合并有机相，40℃下氮气吹干，用 2%甲酸水溶液 5mL 溶解，备用。

4. 净化

MCX 固相萃取柱依次用甲醇、水、2%甲酸溶液各 3mL 活化，取备用液全部过柱，再依次用 2%甲酸溶液、甲醇各 3mL 淋洗，抽干，用 3mL 3%的氨水甲醇溶液洗脱，收集洗脱液于 5mL 具塞刻度离心管中，于 40℃下用氮气流吹干，残余物用甲醇-0.1%甲酸溶液(10+90)1mL 溶解，涡旋混匀，10 000r/min 离心 10min，取上清液，供液相色谱-质谱仪分析。

5. 测定

(1)液相色谱参考条件：

色谱柱：BEH C_{18} 柱(50mm×2.1mm，1.7μm)或相当者。

流动相：A 相：甲醇；B 相：0.1%甲酸水溶液。

梯度洗脱：0min，甲醇的体积分数为 20 %；0~2min，甲醇的体积分数从 20% 升至 90%；2~2.5min，甲醇的体积分数保持 90%；2.5~2.7min，甲醇的体积分数从 90% 降至 20%；2.7~3.5min，甲醇的体积分数保持 20%。

流速：0.35mL/min。

柱温：35℃。

进样量：1μL。

(2)质谱参考条件(表 2-17)：

分析仪器：LCMS-8050。

离子源：电喷雾离子源(ESI)。

扫描方式：正离子模式扫描。

雾化气：氮气 2.0L/min。

干燥气：氮气 10L/min。

碰撞气：氩气。

DL 温度：250℃。

加热模块温度：400℃。

扫描模式：多反应监测(MRM)。

驻留时间：80s。

表 2-17　3 种 β-受体激动剂的保留时间和质谱条件

序号	化合物	保留时间/min	母离子 (m/z)	子离子 (m/z)	Q1 预四极杆电压/V	碰撞能量/V	Q3 预四极杆电压/V
1	克伦特罗	2.35	277.00	202.95*	-19	-16	-14
				259	-16	-11	-18
2	沙丁胺醇	0.82	240.10	148*	-16	-18	-29
				222.05	-16	-10	-24
3	莱克多巴胺	1.95	302.10	284.15	-20	-12	-20
				163.95*	-20	-16	-17

注：* 定量离子。

(3)测定法：取试料溶液和空白添加溶液，做单点或多点校准，即得。试料溶液、空白添加溶液及标准溶液中待测组分峰面积均应在仪器检测的线性范围之内。

(4)空白试验：取空白试料，按上述测定步骤进行。

六、结果处理

单点校准：

$$X=\frac{X_s A m_s}{A_s m} \tag{2-5}$$

式中 X——供试试料中β-受体激动剂残留量，μg/kg；

X_s——空白添加试料中相应β-受体激动剂浓度，μg/kg；

A——供试试料中相应β-受体激动剂的峰面积；

A_s——空白添加试料溶液中相应β-受体激动剂的峰面积；

m_s———空白添加试料质量，g；

m——供试试料质量，g。

沙丁胺醇、莱克多巴胺、克伦特罗的检测限为0.25μg/kg，定量限0.5μg/kg。

本方法在0.5~2μg/kg添加浓度范围内，用空白添加标准校正，其回收率范围为70%~120%。

本方法批内相对标准偏差≤20%，批间相对标准偏差≤20%。

七、注意事项

(1)处理样品时，注意要酶解过夜。

(2)提取液用固相萃取小柱净化时要注意控制流速1~2滴/s，以免影响回收率。

思考题

简述样品提取时酶解过夜的目的。

实验6　水产品中孔雀石绿和结晶紫残留量的检测

一、实验目的

测定水产品中孔雀石绿和结晶紫残留量。

二、实验原理

样品中残留的孔雀石绿或结晶紫用硼氢化钾还原为其相应的代谢产物隐色孔雀石绿或隐色结晶紫，使用乙腈-乙酸铵缓冲混合液提取，再使用二氯甲烷液液萃取，固相萃取柱净化，反相色谱柱分离，荧光检测器检测，外标法定量。

三、试剂和溶液配制

1. 试剂

(1)乙腈：色谱纯。

(2)二氯甲烷。

(3)酸性氧化铝：分析纯，粒度0.071~0.150mm。

(4)二甘醇。

(5)硼氢化钾。

(6)无水乙酸铵。

(7)冰乙酸。

(8)氨水。

2. 溶液配制

(1)硼氢化钾溶液(0.03mol/L)：称0.405g硼氢化钾于烧杯中，加250mL水溶解，现配现用。

(2)硼氢化钾溶液(0.2mol/L)：称0.54g硼氢化钾于烧杯中，加50mL水溶解，现配现用。

(3)20%盐酸羟胺溶液：溶解12.5g盐酸羟胺在50mL水中。

(4)对-甲苯磺酸溶液：称取0.95g对-甲苯磺酸，用水稀释至100mL。

(5)乙酸铵缓冲溶液：称取7.71g无水乙酸铵溶解于1 000mL水中，氨水调pH到10.0。

(6)乙酸铵缓冲溶液：称取9.64g无水乙酸铵溶解于1 000mL水中，冰乙酸调pH到4.5。

(7)标准品：孔雀石绿、结晶紫，纯度大于98%。

(8)标准储备溶液：准确称取适量的孔雀石绿、结晶紫标准品，用乙腈分别配制成100μg/mL的标准储备液。

(9)混合标准中间液(1μg/mL)：分别准确吸取1.00mL孔雀石绿和结晶紫的标准储备溶液至100mL容量瓶中，用乙腈稀释至刻度，配制成1μg/mL的混合标准中间溶液。-18℃避光保存。

(10)混合标准工作溶液：根据需要，临用时准确吸取一定量的混合标准中间溶液，加入硼氢化钾溶液0.40mL，用乙腈准确稀释至2.00mL，配制适当浓度的混合标准工作液。

四、仪器和设备

(1)酸性氧化铝固相萃取柱：500mg，3mL，使用前用5mL乙腈活化。

(2)Varian PRS柱或相当者：500mg，3mL，使用前用5mL乙腈活化。

(3)高效液相色谱仪：配荧光检测器。

(4)匀浆机。

(5)离心机。

(6)涡旋振荡器。

(7)旋转蒸发仪。

五、实验步骤

(1)称取5.00g样品至50mL离心管，加入10mL乙腈，10 000r/min匀浆提取30s，加入5g酸性氧化铝，振荡2min，4 000r/min离心10min，上清液转移至125mL分液漏斗中，在分液漏斗中加入2mL二甘醇、3mL硼氢化钾溶液，振摇2min。

(2)另取50mL离心管加入10mL乙腈，洗涤匀浆机刀头10s，洗涤液移入前一离心管中，加入3mL硼氢化钾溶液，用玻璃棒捣散离心管中的沉淀并搅匀，漩涡混匀器上振荡1min，静置20min，4 000r/min离心10min，上清液并入125mL分液漏斗中。

(3)在50mL离心管中继续加入1.5mL盐酸羟胺溶液、2.5mL对-甲苯磺酸溶液、

5. 0mL 乙酸铵缓冲溶液，振荡 2min，再加入 10mL 乙腈，继续振荡 2min，4 000r/min 离心 10min，上清液并入 125mL 分液漏斗中，重复上述操作一次。

(4)在分液漏斗中加入 20mL 二氯甲烷，具塞，剧烈振摇 2min，静置分层，将下层溶液转移至 250mL 茄形瓶中，继续在分液漏斗中加入 5mL 乙腈、10mL 二氯甲烷，振摇 2min，把全部溶液转移至 50mL 离心管，4 000r/min，离心 10min，下层溶液合并至 250mL 茄形瓶，45℃旋转蒸发至近干，用 2. 5mL 乙腈溶解残渣。

(5)将 PRS 柱安装在固相萃取装置上，上端连接酸性氧化铝固相萃取柱，用 5mL 乙腈活化，转移提取液到柱上，再用乙腈洗茄形瓶两次，每次 2. 5mL，依次过柱，弃去酸性氧化铝柱，吹 PRS 柱近干，在不抽真空的情况下，加入 3mL 等体积混合的乙腈和乙酸铵溶液，收集洗脱液，乙腈定容至 3mL，过 0. 45μm 滤膜，供液相色谱测定。

(6)色谱条件

色谱柱：ODS-C_{18}柱，250mm×4. 6mm(内径)，粒度 5μm。

流动相：乙腈-乙酸铵缓冲溶液(0. 125mol/ L，pH 4. 5)= 80+20。

流速：1. 3mL/min。

柱温：35℃。

激发波长：265nm。

发射波长：360nm。

进样量：20μL。

六、结果处理

按照式(2-6)计算样品中孔雀石绿和结晶紫残留量：

$$X=\frac{A\times c_s\times V}{A_s\times m} \tag{2-6}$$

式中 X——样品中待测组分的含量，mg/kg；

c_s——待测组分标准工作液的浓度，μg/mL；

A——样品中待测组分的峰面积；

A_s——待测组分标准工作液的峰面积；

V——样液最终定容体积，mL；

m——样品质量，g。

思考题

孔雀石绿在水产养殖上有什么作用?

实验 7 饮用天然矿泉水中溴酸盐的检测

一、实验目的

掌握饮用天然矿泉水中溴酸盐含量检测方法。

二、实验原理

本实验采用离子色谱电导检测器进行检测，优化淋洗液条件，准确真实地检测矿泉水中的溴酸盐含量，测定灵敏度高、误差小，在实际样品分析中得到较好的应用。

三、试剂

除非另有说明，本方法所用试剂均为分析纯，水为 GB/T 6682—2016 规定的一级水。

(1)乙二胺(EDA)。

(2)溴酸盐标准溶液[$\rho(BrO_3^-)$ = 1 000mg/L]。

(3)溴酸盐标准中间溶液[$\rho(BrO_3^-)$ = 10.0mg/L]：吸取 1.00mL 溴酸盐标准溶液，置于 100mL 容量瓶中，用水稀释至刻度。置于 4℃ 冰箱下避光密封保存，可保存 2 周。

(4)溴酸盐标准工作溶液[$\rho(BrO_3^-)$ = 1.00mg/L]：吸取 10.0mL 溴酸盐标准中间溶液，置于 100mL 容量瓶中，用水稀释至刻度，此标准工作溶液需当天新配。

(5)乙二胺储备溶液[ρ(EDA) = 100mg/mL]：吸取 2.8mL 乙二胺，用水稀释至 25mL，可保存 1 个月。

(6)氢氧化钾淋洗液：由淋洗液自动电解发生器(或其他能自动电解产生淋洗液的设备)在线产生或手工配置氢氧化钾淋洗液。

四、仪器和设备

(1)离子色谱仪：配备有电导检测器。

(2)色谱工作站。

(3)辅助气体：高纯氮气，纯度≥99.99%。

(4)进样器：2.5~10mL 注射器。

(5)0.45μm 微孔滤膜过滤器。

(6)离子色谱仪参数：

阴离子分离柱：DionexIonPac™　AS19，4×250mm。

阴离子保护柱：DionexIonPac™　AG19，4×50mm。

淋洗液流量：1.0mL/min；柱温：30℃。

淋洗液浓度见表 2-18。

表 2-18　淋洗液梯度淋洗参考程序

时间/min	氢氧化钾浓度/(mmol/L)	时间/min	氢氧化钾浓度/(mmol/L)
0.0	10.0	18.0	35.0
10.0	10.0	18.1	10.0
10.1	35.0	23.0	10.0

五、实验步骤

1. 水样采集与预处理

用玻璃或塑料采样瓶采集水样，对于用二氧化氯和臭氧消毒的水样需通入惰性气体(如高纯氮气)5min(1.0L/min)以除去二氧化氯和臭氧等活性气体。加氯消毒的水样则可省略此步骤。

2. 试样保存

水样采集后密封，置4℃冰箱保存，需在1周内完成分析。采集水样后加入乙二胺储备溶液至水样中浓度为50mg/L，密封，摇匀，置4℃冰箱可保存28d。

3. 校准曲线的绘制

取6个100mL容量瓶，分别加入溴酸盐标准工作溶液0.50、1.00、2.50、5.00、7.50、10.00mL，用水稀释至刻度。此系列标准溶液浓度为5.00、10.0、25.0、50.0、75.0、100.0μg/L，当天新配。将标准系列溶液分别进样，以峰高或峰面积对溶液的浓度绘制标准曲线，计算回归方程。

4. 试样测定

将水样经0.45μm微孔滤膜过滤器过滤，对含有机物的水先经过C_{18}柱过滤。

将预处理后的水样直接进样，进样体积为500μL，记录保留时间、峰高或峰面积。

六、结果处理

溴酸盐的含量(μg/L)可以直接在校准曲线上查得。

在重复性条件下，获得的两次独立测定结果的绝对差值不得超过算是平均值的10%。

本法定量限为5μg/L。

七、注意事项

如果样品中含有亚氯酸盐，需要将淋洗液浓度略微降低，保证亚氯酸盐和溴酸盐能够分离。

思考题

用二氧化氯和臭氧消毒的水样需要何种预处理?

实验8 饮料中乙酰磺胺酸钾的测定

一、实验目的

掌握饮料中乙酰磺胺酸钾的检测方法。

二、实验原理

样品中乙酰磺胺酸钾经高效液相反相柱 C_{18} 分离后，以保留时间定性，峰面积定量。

三、试剂

除特殊规定外，所有试剂均为分析纯，水为符合 GB/T 6682—2016 中规定的一级水。

(1)甲醇：分析纯。

(2)乙腈：分析纯。

(3)硫酸铵溶液(0.02mol/L)：称取硫酸铵 2.642g，溶解 1 000.0mL 水中。

(4)10%硫酸溶液。

(5)中性氧化铝：层析用，100~200 目。

(6)标准储备液：精密称取乙酰磺胺酸钾 0.100 0g 分别用流动相溶解后移入 10.00mL 容量瓶中，并分别用流动相稀释至刻度，即含乙酰磺胺酸钾的浓度为 10.0mg/mL，有效期一年。

(7)标准中间液：准确吸取乙酰磺胺酸钾标准储备液 0.4mL 于 10.00mL 容量瓶，加流动相至刻度，配制成含乙酰磺胺酸钾 400.0μg/mL 的标准中间溶液。有效期八个月。

(8)标准工作液：分别吸取混合标准中间液 0.10、0.20、0.30、0.40、0.50mL 于 10.00mL 容量瓶中，加流动相至刻度，配制成乙酰磺胺酸钾 4、8、12、16、20μg/mL 的乙酰磺胺酸钾标准工作液。有效期六个月。

(9)流动相：0.02mol/L 硫酸铵(800mL)+甲醇(150mL)+乙腈(50mL)+10% H_2SO_4 (1mL)。

四、仪器和设备

(1)液相色谱仪：配紫外检测器。

(2)超声清洗仪(溶剂脱气用)。

(3)电子天平：感量为 0.1mg。

(4)电热鼓风干燥箱。

(5)层析柱管：1cm(内径)×5cm(高)的注射器管。

(6)离心机。

(7)抽滤瓶。

(8)G3 耐酸漏斗。

(9)移液管：5.00mL、2.00mL、1.00mL。

(10)微孔滤膜：0.45μm。

(11)层析柱，用 10mL 注射器筒代替较好，内装 3cm 高的中性氧化铝。

五、实验步骤

1. 样品处理

(1)汽水：将样品温热，搅拌除去二氧化碳或超声脱气。吸取样品 2.50mL 于

25.00mL 容量瓶中。加流动相至刻度，摇匀后，溶液通过微孔滤膜过滤，滤液备作 HPLC 分析用。

(2)可乐型饮料：将样品温热，搅拌除去二氧化碳或超声脱气，吸取已除去二氧化碳的样品 2.50mL，通过中性氧化铝柱，待样品液流至柱表面时，用流动相洗脱，收集 25.00mL 洗脱液，摇匀后超声脱气，此液备作 HPLC 分析用。

(3)果茶、果汁类食品：吸取 2.50mL 样品，加水约 20.0mL 混匀后，4 000r/min 离心 15min，上清液全部转入中性氧化铝柱，待水溶液流至柱表面时，用流动相洗脱，收集洗脱液 25.00mL，混匀后，超声脱气，此液作 HPLC 分析用。

2. 色谱条件

(1)仪器条件：

色谱柱：SB-C_{18}(5μm，4.6mm×250mm)或性能相当的色谱柱。

流动相：0.02mol/L 硫酸铵(800mL)+甲醇(150mL)+乙腈(50mL)+10% H_2SO_4(1mL)。(用前过 0.45μm 滤膜)

流速：1.0mL/min。

柱温：30℃。

检测波长：230nm。

(2)标准曲线：进样含乙酰磺胺酸钾 4.00、8.00、12.0、16.0、20.0μg/mL 标准溶液各 10μL，进行 HPLC 分析，然后以峰面积为纵坐标，以乙酰磺胺酸钾的含量为横坐标，建立标准曲线。

(3)样品测定：进处理后的样品溶液 10μL，测定其峰面积，从标准曲线查得测定液中乙酰磺胺酸钾的浓度。

六、结果处理

样品中乙酰磺胺酸钾的含量按式(2-7)计算：

$$X=\frac{c\times V\times 1\ 000}{m\times 1\ 000} \tag{2-7}$$

式中 X——样品中乙酰磺胺酸钾的含量，mg/kg；

m——样品质量，g；

c——由目的物峰面积代入标准曲线的回归方程得出进样液中乙酰磺胺酸钾的浓度，mg/mL；

V——样品稀释液总体积，mL。

本方法检出限为 0.004mg/mL(g)。回收率为 90.0%~105%。

在重复性条件下获得的两次独立测定结果的绝对差值不得超过算术平均值的 10%。

线性范围 4~20μg/mL。

七、注意事项

(1)样品要搅拌均匀。

(2)检测完毕后，及时清洗所用玻璃器皿，打扫实验室。

(3)实验仪器用完后及时关闭。

(4)检测过程中发现安全隐患(断电、仪器故障等突发事件)，应立即中断检测，做好前处理样品的中断处理，保证在此种情况下样品中被测组分不损失，不影响检测结果，若无法中断的检测步骤应及时重做。

思考题

果汁饮料中分别加入富马酸二甲酯20、50、100μg进行回收率实验，测得其回收率分别为92.8%、101.2%、102.0%。取同样试样6份，用甲醇提取，在选定的色谱条件下测定取同样试样6份的目的和意义是什么?

实验9　乳制品中三聚氰胺的测定

一、实验目的

掌握乳制品中三聚氰胺含量的检测方法。

二、实验原理

试样用三氯乙酸溶液提取，经阳离子交换固相萃取柱净化后，经液相色谱-质谱/质谱仪分离测定，测定标准样品的标准图谱，计算回归方程，由检测数据计算样品中三聚氰胺的含量。

三、试剂

除特殊规定外，所有试剂均为分析纯，水为符合GB/T 6682—2016中规定的一级水。

(1)乙酸。

(2)乙酸铵。

(3)乙酸铵溶液(10mmol/L)：准确称取0.772g乙酸铵于1L容量瓶中，用水溶解并定容至刻度，混匀后备用。

(4)甲醇、乙腈(色谱纯)。

(5)氨水：含量为25%~28%。

(6)甲醇水溶液：准确量取50mL甲醇和50mL水，混匀后备用。

(7)三氯乙酸溶液(1%)：准确称取10g三氯乙酸于1L容量瓶中，用水溶解并定容至刻度，混匀后备用。

(8)氨化甲醇溶液(5%)：准确量取5mL氨水和95mL甲醇，混匀后备用。

(9)海砂：化学纯，粒度0.65~0.85mm，二氧化硅(SiO_2)含量为99%。

(10)氮气：纯度≥99.999%。

(11)三聚氰胺标准品(纯度≥99.0%)。

(12)三聚氰胺标准储备液：准确称取100mg(精确到0.1mg)三聚氰胺标准品于

100mL 容量瓶中，用甲醇水溶液溶解并定容至刻度，配制成浓度为 1mg/mL 的标准储备液，于 4℃避光保存。

四、仪器和设备

(1)液相色谱-质谱/质谱仪：配有电喷雾离子源(ESI)。

(2)分析天平：感量为 0.000 1g，0.01g。

(3)离心机：转速不低于 4 000r/min。

(4)超声波水浴。

(5)固相萃取装置。

(6)氮气吹干仪。

(7)涡旋混合器。

(8)具塞塑料离心管：50mL。

(9)研钵。

(10)Cleanert PCX(60mg/3mL)或相当者：使用前用 3mL 甲醇和 5mL 水活化。

(11)定性滤纸。

(12)微孔滤膜：0.2μm，有机相。

五、实验步骤

1. 试样提取

(1)液态奶、奶粉、酸奶、冰淇淋和奶糖等：称取 1g(精确至 0.01g)试样于 50mL 具塞塑料离心管中，加入 8mL 三氯乙酸溶液和 2mL 乙腈，超声提取 10min，再振荡提取 10min 后，以不低于 4 000r/min 离心 10min。上清液经三氯乙酸溶液润湿的滤纸过滤后，即为待净化液。

(2)奶酪、奶油和巧克力等：称取 1g(精确至 0.01g)试样于研钵中，加入适量海砂(试样质量的 4~6 倍)研磨成干粉状，转移至 50mL 具塞塑料离心管中，加入 8mL 三氯乙酸溶液分数次清洗研钵，清洗液转入离心管中，再加入 2mL 乙腈，超声提取 10min，再振荡提取 10min 后，以不低于 4 000r/min 离心 10min。上清液经三氯乙酸溶液润湿的滤纸过滤后，即为待净化液。

注：若样品中脂肪含量较高，可以用三氯乙酸饱和正己烷液-液分配除脂后再用固相萃取柱净化。

2. 净化

将待净化液倒入萃取柱中以不高于 1mL/min 的速度通过经过预处理的 Cleanert PCX 固相萃取柱，先用 3mL 超纯水淋洗小柱，再用 3mL 甲醇淋洗，然后用 6mL 5%氨水甲醇溶液洗脱(速度控制在 1mL/min)。将洗脱液于 45℃水浴下用氮吹仪的氮气吹干，用流动相溶液定容至 1mL，涡旋 30s，过 0.2μm 微孔滤膜后，用液相色谱-质谱/质谱仪测定。

3. 测定

(1)液相色谱-质谱/质谱条件：

色谱柱：BEH C_{18} 色谱柱，50mm×2.1mm，1.7μm。

流动相 A 组分为 10mmol/L 乙酸铵溶液(pH=3.0)，B 组分为乙腈。
进样量：10μL。
梯度洗脱程序见表 2-19。

表 2-19　梯度洗脱程序

时间/min	流速/(mL/min)	组分 A/%	组分 B/%
0	0.2	50	50
5	0.2	50	50

质谱条件：电喷雾离子源，正离子；雾化气、干燥气、碰撞气均为高纯氮气；扫描模式：多反应监测(MRM)，母离子 m/z 127，定量子离子 m/z 85，定性子离子 m/z 68；碰撞能量：m/z 127>85 为 20V，m/z 127>68 为 35V。

(2)标准曲线的绘制：取空白样品按照试样处理。所得的样品溶液将三聚氰胺标准储备液逐级稀释得到浓度为 0.01、0.05、0.1、0.2、0.5μg/mL 的标准工作液，浓度由低到高进样检测，以定量离子峰面积-浓度作图，得到标准曲线回归方程。

(3)定量测定：待测样液中三聚氰胺的响应值应在标准曲线线性范围内，超出线性范围则应稀释后再进样分析。

(4)定性测定：按照上述条件测定试样和标准工作溶液，如果试样中的质量色谱峰保留时间与标准工作溶液一致(变化范围在±2.5%以内)：样品中目标化合物的两个子离子的相对丰度与浓度相当标准溶液的相对丰度一致，相对丰度偏差不超过表 2-20 的规定，则可判断样品中存在三聚氰胺。

表 2-20　定性离子相对丰度的最大允许偏差

相对离子丰度	允许的相对偏差	相对离子丰度	允许的相对偏差
>50%	±20%	>10%~20%	±30%
>20%~50%	±25%	<10%	±50%

(5)空白试验：除不称取样品外，均按上述测定条件和步骤进行。

六、结果处理

试样中三聚氰胺的含量由色谱数据处理软件或按式(2-8)计算获得：

$$X=\frac{A\times c\times V\times 1\ 000}{A_s\times m\times 1\ 000}\times f \tag{2-8}$$

式中　X——试样中三聚氰胺的含量，mg/kg；
A——样液中三聚氰胺的峰面积；
c——标准溶液中三聚氰胺的浓度，μg/mL；
V——样液最终定容体积，mL；
A_s——标准溶液中三聚氰胺的峰面积；
m——试样的质量，g；
f——稀释倍数。

计算结果应扣除空白值，测定结果用平行测定的算术平均值表示，保留两位有效数字。

在重复性条件下获得的两次独立测定结果的绝对差值不得超过算术平均值的15%。

本方法的定量限为0.01mg/kg。在添加浓度为0.01~0.5mg/kg浓度范围内，回收率在80%~110%，相对标准偏差小于10%。

七、注意事项

(1)样品高速离心时尽量高转速，以使样品中蛋白质能尽量沉淀完全，以免堵塞后面的固相萃取柱。

(2)提取液用固相萃取小柱净化时要注意控制流速(1mL/min)，以免影响回收率。

思考题

若样品的脂肪含量较高，前处理过程该如何处理?

实验10 食品中汞的测定

一、实验目的

测定食品中汞的含量。

二、实验原理

试样经酸加热消解后，在酸性介质中，试样中汞被硼氢化钾或硼氢化钠还原成原子态汞，由载气(氩气)带入原子化器中，在汞空心阴极灯照射下，基态汞原子被激发至高能态，再由高能态回到基态时，发射出特征波长的荧光，其荧光强度与汞含量成正比，与标准系列溶液比较定量。

三、试剂和溶液配制

(1)硝酸：优级纯。

(2)氢氧化钾(KOH)。

(3)硼氢化钾(KBH_4)：优级纯。

(4)硝酸溶液(5+95)：量取50mL硝酸，缓慢加入到950mL水中，混匀。

(5)硝酸溶液(1+9)：量取50mL硝酸，缓慢加入到450mL水中，混匀。

(6)氢氧化钾溶液(5g/L)：称取5.0g氢氧化钾，纯水溶解并定容至1 000mL，混匀。

(7)硼氢化钾溶液(5g/L)：称取5.0g硼氢化钾，用5g/L的氢氧化钾溶液溶解并定容至1 000mL，混匀。现用现配。

(8)汞标准物质工作液(1ng/mL)及标准物质储备液(1 000μg/mL)。

（9）标准曲线：

a. 汞标准储备液（1 000mg/L）。

b. 汞标准中间液（4μg/L）：准确吸取汞标准储备液（1 000mg/L）1.00mL 于 100mL 容量瓶中，加硝酸溶液（5+95）至刻度，混匀，浓度为 10mg/L。准确吸取配置好的 10mg/L 汞标准溶液 1mL 于 10mL 容量瓶中，加硝酸溶液（5+95）至刻度，混匀，浓度为 1mg/L。准确吸取配置好的 1mg/L 汞标准溶液 0.4mL 于 100mL 容量瓶中，加硝酸溶液（5+95）至刻度，混匀。

c. 标准曲线的制作：按质量浓度由低到高的顺序分别将 20μL 汞标准系列溶液和 5μL 磷酸二氢铵-硝酸钯溶液（可根据所使用的仪器确定最佳进样量，根据样品基质、仪器条件、方法条件，选择加或者不加磷酸二氢铵-硝酸钯溶液）同时注入石墨炉，原子化后测其吸光度值，以质量浓度为横坐标，吸光度值为纵坐标，制作标准曲线。

四、仪器和设备

（1）原子荧光分光光度计。

（2）微波消解系统。

（3）压力消解器。

（4）恒温干燥箱（50～300℃）。

（5）控温电热板（50～200℃）。

（6）超声水浴箱。

（7）微波消解管若干。

（8）1mL 可调节移液枪。

（9）10mL 容量瓶若干。

五、实验步骤

（可根据实验条件选择以下任何一种方式消解）

1. 微波消解

称取固体试样 0.2～0.8g（精确至 0.001g）或准确移取液体试样 0.500～3.00mL 于微波消解罐中，加入 7mL 硝酸，按照微波消解的操作步骤消解试样。冷却后取出消解罐，在电热板上于 140～160℃赶酸至 1mL 左右。消解罐放冷后，将消化液转移至 10mL 容量瓶中，用少量水洗涤消解罐 2～3 次，合并洗涤液于容量瓶中并用水定容至刻度，混匀备用。同时做试剂空白试验。

2. 压力罐消解

称取固体试样 0.2～1g（精确至 0.001g）或准确移取液体试样 0.500～5.00mL 于消解内罐中，加入 5mL 硝酸。盖好内盖，旋紧不锈钢外套，放入恒温干燥箱，于 140～160℃下保持 4～5h。冷却后缓慢旋松外罐，取出消解内罐，放在可调式电热板上于 140～160℃赶酸至 1mL 左右。冷却后将消化液转移至 10mL 容量瓶中，用少量水洗涤内罐和内盖 2～3 次，合并洗涤液于容量瓶中并用水定容至刻度，混匀备用。同时做试剂空白试验。

3. 测定

分别吸取 50ng/mL 汞标准使用液 0.00、0.20、0.50、1.00、1.50、2.00、2.50mL 于 50mL 容量瓶中，用硝酸溶液(1+9)稀释至刻度，混匀。各自相当于汞浓度为 0.00、0.20、0.50、1.00、1.50、2.00、2.50ng/mL。设定好仪器最佳条件，连续用硝酸溶液(1+9)进样，待读数稳定之后，转入标准系列测定，绘制标准曲线。

转入试样测量，先用硝酸溶液(1+9)进样，使读数基本回零，再分别测定试样空白和试样消化液，每次测定不同的试样前都应清洗进样器。

仪器参考条件：光电倍增管负高压 240V；汞空心阴极灯电流 30mA；原子化器温度 300℃；载气流速 500mL/mL；屏蔽气流速 1 000mL/min。

六、结果处理

试样中汞的含量按式(2-9)计算：

$$X=\frac{(\rho-\rho_0)\times V\times 1\ 000}{m\times 1\ 000\times 1\ 000} \tag{2-9}$$

式中 X——试样中汞的含量，mg/kg 或 mg/L；

ρ——试样溶液中汞的质量浓度，μg/L；

ρ_0——空白溶液中汞的质量浓度，μg/L；

V——试样消化液的定容体积，mL；

m——试样称样量或移取体积，g 或 mL；

1 000——换算系数。

计算结果保留两位有效数字。

当称样量为 0.5g(或 0.5mL)，定容体积为 25mL 时，方法的检出限为 0.003mg/kg，定量限为 0.010mg/kg。

在重复性条件下获得的两次独立测定结果的绝对差值不得超过算术平均值的 20%。

七、注意事项

玻璃器皿及聚四氟乙烯消解罐均需以硝酸溶液(1+4)浸泡 24h，用水反复冲洗，最后用去离子水冲洗干净。

思考题

1. 简述原子荧光测汞空白偏高的原因。
2. 原子荧光测汞是否需要赶酸？

实验 11　食品中镉的测定

一、实验目的

测定食品中镉的含量。

二、实验原理

试样经灰化或酸消解后，注入一定量样品消化液于原子吸收分光光度计石墨炉中，电热原子化后吸收228.8nm共振线，在一定浓度范围内，其吸光度值与镉含量成正比，采用标准曲线法定量。

三、试剂和溶液配制

(1)硝酸：优级纯。

(2)高氯酸：优级纯。

(3)硝酸溶液(5+95)：量取50mL硝酸，缓慢加入到950mL水中，混匀。

(4)硝酸溶液(1+9)：量取50mL硝酸，缓慢加入到450mL水中，混匀。

(5)磷酸二氢铵-硝酸钯溶液：称取0.02g硝酸钯，加少量硝酸溶液(1+9)溶解后，再加入2g磷酸二氢铵，溶解后用硝酸溶液(5+95)定容至100mL，混匀。

(6)镉标准溶液(1 000μg/mL)。

(7)标准物质工作液及标准物质储备液。

(8)标准曲线：

a. 镉标准储备液(1 000mg/L)。

b. 镉标准中间液(4μg/L)：准确吸取镉标准储备液(1 000mg/L)1.0mL于100mL容量瓶中，加硝酸溶液(5+95)至刻度，混匀，浓度为10mg/L。准确吸取配置好的10mg/L镉标准溶液1mL于10mL容量瓶中，加硝酸溶液(5+95)至刻度，混匀，浓度为1mg/L。准确吸取配置好的1mg/L镉标准溶液0.4mL于100mL容量瓶中，加硝酸溶液(5+95)至刻度，混匀。

c. 标准曲线的制作：按质量浓度由低到高的顺序分别将20μL镉标准系列溶液和5μL磷酸二氢铵-硝酸钯溶液(可根据所使用的仪器确定最佳进样量，根据样品基质及仪器条件、方法条件，选择加或者不加磷酸二氢铵-硝酸钯溶液)同时注入石墨炉，原子化后测其吸光度值，以质量浓度为横坐标，吸光度值为纵坐标，制作标准曲线。

四、仪器和设备

(1)原子吸收分光光度计：附石墨炉。

(2)镉空心阴极灯。

(3)电子天平：感量为0.001g，0.000 1g。

(4)可调温式电热板、可调温式电炉。

(5)马弗炉。

(6)恒温干燥箱。

(7)压力消解器、压力消解罐。

(8)微波消解系统：配聚四氟乙烯或其他合适的压力罐。

(9)烧杯。

(10)微波消解管。

(11)1mL 可调节移液枪。

(12)样品杯。

五、实验步骤

(可根据实验条件选择以下任何一种方式消解)

1. 湿法消解

称取固体试样 0.2~3g(精确至 0.001g)或准确移取液体试样 0.500~5.00mL 于带刻度消化管中，加入 10mL 硝酸和 0.5mL 高氯酸，在可调式电热炉上消解[参考条件：120℃/(0.5~1)h，升至 180℃/(2~4)h，升至 200~220℃]。若消化液呈棕褐色，再加少量硝酸，消解至冒白烟，消化液呈无色透明或略带黄色，取出消化管，冷却后用水定容至 10mL，混匀备用。同时做试剂空白试验。也可采用锥形瓶，于可调式电热板上，按上述操作方法进行湿法消解。

2. 微波消解

称取固体试样 0.2~0.8g(精确至 0.001g)或准确移取液体试样 0.500~3.00mL 于微波消解罐中，加入 5mL 硝酸，按照微波消解的操作步骤消解试样。冷却后取出消解罐，在电热板上于 140~160℃赶酸至 1mL 左右。消解罐放冷后，将消化液转移至 10mL 容量瓶中，用少量水洗涤消解罐 2~3 次，合并洗涤液于容量瓶中并用水定容至刻度，混匀备用。同时做试剂空白试验。

3. 压力罐消解

称取固体试样 0.2~1g(精确至 0.001g)或准确移取液体试样 0.500~5.00mL 于消解内罐中，加入 5mL 硝酸。盖好内盖，旋紧不锈钢外套，放入恒温干燥箱，于 140~160℃下保持 4~5h。冷却后缓慢旋松外罐，取出消解内罐，放在可调式电热板上于 140~160℃赶酸至 1mL 左右。冷却后将消化液转移至 10mL 容量瓶中，用少量水洗涤内罐和内盖 2~3 次，合并洗涤液于容量瓶中并用水定容至刻度，混匀备用。同时做试剂空白试验。

4. 仪器参考条件

波长 228.8nm，狭缝 0.2 ~1.0nm，灯电流 2 ~10mA，干燥温度 105℃，干燥时间 20s；灰化温度 400~700℃，灰化时间 20~40s；原子化温度 1 300~2 300℃，原子化时间 3~5s；背景校正为氘灯或塞曼效应。

六、结果处理

试样中镉的含量按式(2-10)计算：

$$X=\frac{(\rho-\rho_0)\times V}{m\times 1\ 000} \tag{2-10}$$

式中 X——试样中镉的含量，mg/kg 或 mg/L；

ρ——试样溶液中镉的质量浓度，g/L；

ρ_0——空白溶液中镉的质量浓度，g/L；

V——试样消化液的定容体积，mL；

m——试样称样量或移取体积，g 或 mL；

1 000——换算系数。

当镉含量≥1.00mg/kg(或 mg/L)时，计算结果保留三位有效数字；当镉含量<1.00mg/kg(或 mg/L)时，计算结果保留两位有效数字。

方法的检出限为 0.001mg/kg，定量限为 0.003mg/kg。

在重复性条件下获得的两次独立测定结果的绝对差值不得超过算术平均值的 20%。

七、注意事项

玻璃器皿及聚四氟乙烯消解罐均需以硝酸溶液(1+4)浸泡 24h，用水反复冲洗，最后用去离子水冲洗干净。

思考题

1. 简述石墨炉测镉灵敏度变低的原因。
2. 简述石墨炉测镉标准曲线不成线性的原因。

实验 12　植物性食品中有机磷和氨基甲酸酯类农药多种残留的测定

一、实验目的

熟悉和掌握《植物性食品中有机磷和氨基甲酸酯类农药多种残留的测定》(GB/T 5009.145—2003)的操作步骤、原理和计算方法。

二、实验原理

试样中有机磷和氨基甲酸酯类农药用有机溶剂提取，再经液液分配、微型柱净化等步骤除去干扰物质，用氮磷检测器检测，根据色谱峰的保留时间定性，外标法定量。

三、试剂

(1)丙酮：重蒸。

(2)二氯甲烷：重蒸。

(3)甲醇：重蒸。

(4)正己烷：重蒸。

(5)乙酸乙酯：重蒸。

(6)磷酸。

(7)氯化钠。

(8)无水硫酸钠。

(9)氯化铵。

(10)硅胶：60~80 目 130℃烘 2h，以 5%水失活。

(11)助滤剂：celite 545。

(12)凝结液：5g 氯化铵+10mL 磷酸+100mL 水，用前稀释 5 倍。

(13)农药标准品。

四、仪器和设备

(1)组织捣碎机。

(2)离心机。

(3)超声波清洗器。

(4)旋转蒸发仪。

(5)气相色谱仪：附氮磷检测器。

五、实验步骤

1. 提取

(1)蔬菜：称取 5g 试样，置于 50mL 离心管中，加入与试样含水量之和为 5g 的水和 10mL 丙酮。置于超声波清洗器中，超声提取 30min 左右，在 5 000r/min 离心转速下离心，用移液管吸取上清液 10mL 至分液漏斗中。

(2)粮食：称取 20g 放入锥形瓶中，加入 5g 无水硫酸钠和 100mL 丙酮，振荡提取 30min，过滤后取 50mL 滤液于分液漏斗中。

2. 净化

(1)蔬菜：加入 20mL 的凝结液和 1g 助滤剂，轻摇放置 5min，经过两层滤纸布氏漏斗抽滤，并清洗漏斗，加入 3g 氯化钠，依次用 50、50、30mL 二氯甲烷提取，合并提取液，经无水氯化钠过滤到浓缩瓶中，水浴旋蒸，并氮气吹干，加入少量正己烷，过硅胶柱，再用少量正己烷和二氯甲烷(9∶1)洗涤浓缩瓶。依次以 4mL 正己烷+丙酮(7+3)、4mL 乙酸乙酯、8mL 丙酮+乙酸乙酯(1+1)、4mL 丙酮+甲醇(1+1)洗柱，旋转蒸发仪 45℃水浴蒸近干，定容 1mL。

(2)粮食：分液漏斗中加入 50mL 5%的氯化钠溶液，依次用 50、50、30mL 二氯甲烷提取三次，合并提取液，经无水硫酸钠过滤，在旋转蒸发仪 40℃水浴蒸近干，定容 1mL。

3. 气相色谱参考条件

色谱柱：BP5 或 OV-101 25m×0. 32mm(内径)石英弹性毛细管柱。

气体流速：氮气 50mL/min，尾吹气(氮气)30mL/min，氢气 0. 5kg/cm^2，空气 0. 3kg/cm^2。

色谱柱温度程序：140℃保以 50℃/min 升温至 185℃，恒温 2min 再以 2℃/min 升温至 195℃，再以 10℃/min 升温至 235℃恒温 1min。

进样口温度：240℃。

进样量：1μL。

六、结果处理

样品含量=(上机浓度×定容体积×稀释倍数)/称样质量

精密度和准确度：将16种有机磷和4种氨基甲酸酯类农药混合标准分别加入到大米、西红柿、白菜中进行方法的精密度和准确度试验，添加回收率在73.38%～108.22%，变异系数在2.17%～7.69%。

思考题

用何种检测方法对检验结果为阳性样品进行进一步的定性和定量？

实验13　水果和蔬菜中500种农药及相关化学品残留量的测定

一、实验目的

熟悉和掌握《食品安全国家标准　水果和蔬菜中500种农药及相关化学品残留量的测定　气相色谱-质谱法》(GB 23200.8—2016)的操作步骤及注意事项。

二、实验原理

试样用乙腈匀浆提取，盐析离心后，取上清液，经固相萃取柱净化，用乙腈-甲苯溶液(3+1)洗脱农药及相关化学品，用气相色谱仪-质谱仪检测。

三、试剂

(1)乙腈：色谱纯。

(2)氯化钠：优级纯。

(3)无水硫酸钠：分析纯。

(4)甲苯：优级纯。

(5)丙酮：分析纯。

(6)二氯甲烷：色谱纯。

(7)正己烷：分析纯。

(8)农药及相关化学品标准物质：纯度≥95%。

(9)试剂及标准溶液配置：依据GB 23200.8—2016中试剂和材料部分配制。

四、仪器和设备

(1)气相色谱-质谱仪：配有电子轰击源(EI)。

(2)色谱柱：TG-5MS(30m×0.25mm×0.25μm)，Envi-18柱，Envi-Carb活性碳柱，NH_2固相萃取柱。

(3)电子天平：感量为0.01g。

(4)超纯水机。

(5)均质器。

(6)离心机。

(7)氮吹仪。

(8)移液器。

五、实验步骤

1. 试样提取

称取 20g 试样(精确至 0.01g)于离心管中，加入 40mL 乙腈，用均质器在 15 000r/min匀浆提取 1min，加入 5g 氯化钠，再匀浆提取 1min，将离心管放入离心机，在3 000r/min离心 5min，取上清液 20mL(相当于 10g 试样量)，待净化。

2. 试样净化

(1)将 Envi-18 柱放入固定架上，加样前先用 10mL 乙腈预洗柱，下接鸡心瓶，移入上述 20mL 提取液，并用 15mL 乙腈洗涤柱，将收集的提取液和洗涤液在 40℃ 水浴中旋转浓缩至约 1mL，备用。

(2)在 Envi-Carb 柱中加入约 2cm 高无水硫酸钠，将该柱连接在 Sep-Pak 氨丙基柱顶部，将串联柱下接鸡心瓶放在固定架上。加样前先用 4mL 乙腈-甲苯溶液(3+1)预洗柱，当液面到达硫酸钠的顶部时，迅速将样品浓缩液转移至净化柱上，再每次用 2mL 乙腈-甲苯溶液(3+1)三次洗涤样液瓶，并将洗涤液移入柱中。在串联柱上加上 50mL 贮液器，用 25mL 乙腈-甲苯溶液(3+1)洗涤串联柱，收集所有流出物于鸡心瓶中，并在 40℃ 水浴中旋转浓缩至约 0.5mL。每次加入 5mL 正己烷在 40℃ 水浴中旋转蒸发，进行溶剂交换二次，最后使样液体积约为 1mL，加入 40μL 内标溶液，混匀，用于气相色谱-质谱测定。

3. 气相色谱-质谱参考条件

色谱柱：DB-1701(30m×0.25mm×0.25μm)石英毛细管柱或相当者。

色谱柱温度程序：40℃保持 1 min，然后以 30℃/min 程序升温至 130℃，再以 5℃/min 升温至 250℃，再以 10℃/min 升温至 300℃，保持 5min。

载气：氦气，纯度≥99.999%，流速：1.2mL/min。

进样口温度：290℃。

进样量：1μL。

进样方式：无分流进样，1.5min 后打开分流阀和隔垫吹扫阀。

电子轰击源：70eV。

离子源温度：230℃。

GC-MS 接口温度：280℃。

选择离子监测：每种化合物分别选择一个定量离子，2~3 个定性离子。每组所有需要检测的离子按照出峰顺序，分时段分别检测。

六、结果处理

气相色谱-质谱测定结果可由计算机按内标法自动计算，也可按式(2-11)计算：

$$X = C_s \times \frac{A}{A_s} \times \frac{C_i}{C_{si}} \times \frac{A_{si}}{A_i} \times \frac{V}{m} \times \frac{1\,000}{1\,000} \tag{2-11}$$

式中 X——试样中被测物残留量，mg/kg；

C_s——基质标准工作溶液中被测物的浓度，μg/mL；
A——试样溶液中被测物的色谱峰面积；
A_s——基质标准工作溶液中被测物的色谱峰面积；
C_i——试样溶液中内标物的浓度，μg/mL；
C_{si}——基质标准工作溶液中内标物的浓度，μg/mL；
A_{si}——基质标准工作溶液中内标物的色谱峰面积；
A_i——试样溶液中内标物的色谱峰面积；
V——样液最终定容体积，mL；
m——试样溶液所代表试样的质量，g。

计算结果应扣除空白值，测定结果用平行测定的算术平均值表示，保留两位有效数字。

在重复性条件下获得的两次独立测定结果的绝对差值与其算术平均值的比值，应符合实验室重复性要求。

思考题

计算结果为什么应扣除空白值？

实验 14 蔬菜和水果中有机氯类、拟除虫菊酯类农药多残留的测定

一、实验目的

熟悉和掌握《蔬菜和水果中有机磷、有机氯、拟除虫菊酯和氨基甲酸酯类农药多残留量的测定》(NY/T 761—2008) 中第二部分“蔬菜和水果中有机氯、拟除虫菊酯类农药多残留的测定”的操作步骤。

二、实验原理

试样中有机氯、拟除虫菊酯类农药用乙腈提取，提取液经过滤、浓缩后，采用固相萃取柱分离、净化。淋洗液经浓缩后，被注入气相色谱。农药组分经毛细管柱分离，用电子捕获检测器检测。保留时间定性，外标法定量。

三、试剂

除非另有说明，在分析中仅使用确认为分析纯的试剂和 GB/T 6682—2016 中规定的二级水。

(1) 乙腈。

(2) 丙酮：重蒸。

(3) 正己烷：重蒸。

(4) 氯化钠：140℃烘烤 4h。

四、仪器和设备

(1)气相色谱仪：配电子捕获检测器，毛细管进样口。

(2)分析实验室常用仪器设备。

(3)食品加工器。

(4)旋涡混合器。

(5)匀浆机。

(6)氮吹仪。

(7)固相萃取柱：弗罗里矽柱。

(8)铝箔。

五、实验步骤

1. 提取

准确称取粉碎好的试样 10.0g，置于 50mL 塑料离心管中，加入 20.0mL 乙腈和 5g 氯化钠，充分涡旋振荡 2min，超声 20min，8 000r/min 离心 5min。取出 10.0mL 上清液氮吹至干，加入 2.0mL 正己烷复溶，充分涡旋混匀后待净化。

2. 净化

分别用 5mL 正己烷、5mL 正己烷-丙酮(90：10)淋洗净化 Florisil 柱，弃掉淋洗液，柱面要留有少量液体。加入待净化的样品，分别用 5mL 正己烷-丙酮(95：5)洗脱两次，收集上样液和洗脱液于塑料管中，于氮吹仪上浓缩近干，用 5.0mL 正己烷定容，供气相色谱分析。

3. 仪器参考条件

色谱柱：预柱为 1.0m，0.25mm 内径，脱活石英毛细管柱。分析柱采用两根色谱柱，分别为：A 柱：100%聚甲基硅氧烷(DB-1 或 HP-1)[1] 柱，30m×0.25mm×0.25μm，或相当者；B 柱 50%聚苯基甲基硅氧烷(DB-17 或 HP-50+)[1] 柱，30m×0.25mm×0.25μm，或相当者。

进样口温度：200℃。

检测器温度：320℃。

柱温：150℃保持 2min，然后以 6℃/min 升温至 270℃，保持 8min，测定溴氰菊酯保持 23 min。

载气：氮气，纯度≥99.999%，流速为 1mL/min。

辅助气：氮气，纯度≥99.999%，流速为 60mL/min。

进样方式：分流进样，分流比 10：1。样品溶液一式两份，由双塔自动进样器同时进样。

进样量：1.0μL。

六、结果处理

样品含量=(上机浓度×定容体积×稀释倍数)/称样质量

精密度：本标准精密度数据是按照 GB/T 6379. 2—2016 规定确定，获得重复性和再现性的值以 95%的可信度来计算。

思考题

有机氯类、拟除虫菊酯类农药包括哪些？

实验 15　小麦粉与大米粉及其制品中甲醛次硫酸氢钠含量的测定

一、实验目的

掌握小麦粉与大米粉及其制品中甲醛次硫酸氢钠含量的检测方法。

二、实验原理

在酸性溶液中，样品中残留的甲醛次硫酸氢钠分解释放出的甲醛被水提取，提取后的甲醛与 2,4-二硝基苯肼发生加成反应，生成黄色的 2,4-二硝基苯腙，用正己烷萃取后，经高效液相色谱分离，与标准甲醛衍生物的保留时间对照定性，用标准曲线定量。

三、试剂和溶液配制

除非另有说明，本方法所用化学试剂中正己烷为色谱纯，其余为分析纯，配制溶液所用水为经高锰酸钾处理后的重蒸水。

(1)盐酸氯化钠：称取 20g 氯化钠于 1 000mL 容量瓶中，用少量水溶解，加 60mL 37%盐酸，加水至刻度。

(2)磷酸氢二钠溶液：称取 18g $Na_2HPO \cdot 12H_2O$，加水溶解并定容至 100mL。

(3)2,4 二硝基苯肼(DNPH)纯化：称取约 20g 2,4-二硝基苯肼(DNPH)于烧杯中，加 167mL 乙腈和 500mL 水，搅拌至完全溶解，放置过夜。用定性滤纸过滤结晶，分别用水和乙醇反复洗涤 5~6 次后置于干燥器中备用。

(4)衍生剂：称取经过纯化处理的 2,4 二硝基苯肼(DNPH)200mg，用乙溶解并定容至 100mL。

(5)正己烷：色谱纯。

(6)甲醛标准水溶液。

(7)甲醛标准储备液：取 1mL 36%~38%甲醛溶液，用水定容至 500mL，使用前按 GB/T 2912—2009 中的亚硫酸钠法标定甲醛浓度或用甲醛标准溶液配制成 40μg/mL 的标准储备液，此溶液放置 4℃冰箱中可保存一个月。

(8)甲醛标准使用液：准确量取一定量经标定的甲醛标准储备液，配置成 2g/mL 的甲醛标准使用液，此标准使用液必须使用当天配置。

(9)甲醛标准曲线工作液：分别量取甲醛标准使用液 0、0. 25、0. 50、1. 00、2. 00、

4.00mL 于 25mL 比色管中(相当于 0.0、0.5、1.0、2.0、4.0、8.0μg 甲醛)，分别加入 2mL 盐酸-氯化钠溶液、1mL 磷酸氢二钠溶液、0.5mL 衍生剂，然后补加水至 10mL，盖上塞子，摇匀。

四、仪器和设备

(1)高效液相色谱仪：配紫外检测器。

(2)分析天平：感量为 0.001g，0.000 1g。

(3)涡旋振荡器。

(4)离心机：转速>8 000r/min。

(5)恒温水浴锅。

(6)比色管：25mL。

(7)有机相微孔滤膜：0.22μm。

五、实验步骤

1. 试样制备

样品粉碎混匀后，用对角线法取 2/4 或 2/6，或者根据试样情况取代表性试样，密封保存。

2. 试样提取

精确称取小麦粉、大米粉样品约 5g 于 150mL 具塞锥形瓶中，加入 50mL 盐酸氯化钠溶液，置于振荡机上振荡提取 40min。对于小麦粉或大米粉制品，称取 20g 于组织捣碎机中，加 200mL 盐酸-氯化钠溶液，2 000r/min 捣碎 5min，转入 250mL 具塞锥形瓶中，置于振荡机上振荡提取 40min。将提取液倒入 20mL 离心管中，于 10 000r/min 离心 15min(或 4 000r/min 离心 30min)，上清液备用。

3. 试样的衍生

取 2mL 样品处理所得上清液于 25mL 比色管中，加入 1mL 磷酸氢二钠溶液、0.5mL 衍生剂，然后补加水至 10mL，盖上塞子，摇匀，置于 50℃水浴中加热 40min 后，取出用流水冷却至室温。准确加入 5.0mL 正己烷，将比色管横置，水平方向轻轻振摇 3~5 次后，将比色管倾斜放置，增加正己烷与水溶液的接触面积。在 1h 内，每隔 5min 轻轻振摇 3~5 次，然后再静置 30min，过 0.22m 有机系滤膜，供液相色谱测定。

4. 仪器参考条件

(1)色谱柱：C_{18}柱(柱长 250mm，内径 4.6mm，粒径 5μm)或等效色谱柱。

(2)流动相：乙腈+水=70+30。

(3)流速：1mL/min。

(4)检测波长：355nm。

(5)进样量：10μL。

5. 标准曲线的制作

将混合标准系列工作溶液分别注入液相色谱仪中，测定相应的峰面积，以混合标准系列工作溶液的质量浓度为横坐标，以峰面积为纵坐标，绘制标准曲线。

6. 试样溶液的测定

将试样溶液注入液相色谱仪中，得到峰面积，根据标准曲线得到待测液中甲醛的质量浓度。

六、结果处理

试样中甲醛次硫酸氢钠的含量按式(2-12)计算：

$$X=\frac{m\times V}{2w} \tag{2-12}$$

式中　X——试样中甲醛的含量，μg/g；

m——由标准曲线得出的试样液中待测物的质量浓度，μg/mL；

V——试样提取液定容体积，mL；

w——试样质量，g。

结果保留三位有效数字。

方法测定低限：甲醛含量计算结果不超过 10μg/g 时，报告结果为未检出。

在重复性条件下获得的两次独立测定结果的绝对差值不得超过算术平均值的 10%。

线性范围：甲醛次硫酸氢钠 0~8mg/L。

七、注意事项

(1)衍生试样时水平摇晃力度不能太大，确保样品没有水平溢漏。

(2)衍生完毕后的水平振摇萃取时，比色管倾斜角度为 30°~45°效果最佳。

(3)检测完毕后，及时清洗所用玻璃仪器，将实验室收拾干净。

(4)检测完的样品应立即作废处理。

(5)实验完毕后冲洗柱子应注意：首先用 5%水甲醇冲洗 1h，再用 50%甲醇水冲洗 1h，最后用 100%甲醇水冲洗 1h。

(6)实验中意外事件的应急处理：检测过程中发现安全隐患(断电、仪器故障等突发事件)，应立即中断检测，做好前处理样品的中断处理，保证在此种情况下样品中被测组分不损失，不影响检测结果，若无法中断的检测步骤应及时重做。

思考题

1. 简述小麦粉中甲醛次硫酸氢钠的提取过程，并比较小麦粉与馒头中甲醛次硫酸氢钠提取过程的不同。

2. 此实验中衍生剂必须要纯化么？

实验 16　食品中邻苯二甲酸酯的测定

一、实验目的

掌握食品中邻苯二甲酸酯含量的检测方法。

二、实验原理

样品中的邻苯二甲酸酯经试剂提取、净化后，采用气相色谱-质谱法分离测定。采用特征选择离子监测(SIM)扫描模式，以保留时间和定性离子碎片丰度比定性，测定标准样品的标准图谱，计算回归方程，由检测数据计算样品中邻苯二甲酸酯的含量。

三、试剂和溶液配制

除特殊规定外，所有试剂均为色谱纯，水为 GB/T 6682—2016 中规定的至少二级水。

(1)正己烷(C_6H_{14})。

(2)乙腈(C_2H_3N)。

(3)丙酮(CH_3COCH_3)。

(4)二氯甲烷(CH_2Cl_2)。

(5)邻苯二甲酸二甲酯(DMP)、邻苯二甲酸二乙酯(DEP)、邻苯二甲酸二异丁酯(DIBP)、邻苯二甲酸二正丁酯(DBP)、邻苯二甲酸二(2-甲氧基)乙酯(DMEP)、邻苯二甲酸二(4-甲基-2-戊基)酯(BMPP)、邻苯二甲酸二(2-乙氧基)乙酯(DEEP)、邻苯二甲酸二戊酯(DPP)、邻苯二甲酸二己酯(DHXP)、邻苯二甲酸丁基苄基酯(BBP)、邻苯二甲酸二(2-丁氧基)乙酯(DBEP)、邻苯二甲酸二环己酯(DCHP)、邻苯二甲酸二(2-乙基)己酯(DEHP)、邻苯二甲酸二正辛酯(DNOP)、邻苯二甲酸二壬酯(DNP)、邻苯二甲酸二苯酯(DPhP)，混合液体标准品，浓度为 1 000μg/mL。

(6)16 种邻苯二甲酸酯标准中间液(10μg/mL)：分别准确移取 16 种邻苯二甲酸酯标准品(1 000μg/mL)1mL 至 100mL 容量瓶中加入正己烷并准确定容至刻度。

(7)16 种邻苯二甲酸酯标准系列工作液：准确吸取 16 种邻苯二甲酸酯标准中间溶液(10μg/mL)，用正己烷逐级稀释，配制成浓度为 0、0.02、0.05、0.10、0.20、0.50、1.00μg/mL 的标准系列溶液，临用时配制。

四、仪器和设备

(1)气相色谱-质谱仪(GC-MS)：配有电子轰击源(EI)。

(2)分析天平：感量为 0.000 1g。

(3)氮吹仪。

(4)涡旋振荡器。

(5)超声波发生器。

(6)离心机：转速≥4 000r/min。

(7)粉碎机。

(8)固相萃取(SPE)装置。

(9)固相萃取柱：PSA/Silica 复合填料玻璃柱(1 000mg/6mL)。

注：所用玻璃器皿洗净后，用重蒸水淋洗三次，丙酮浸泡 1h，在 200℃下烘烤 2h，冷却至室温备用。

五、实验步骤

1. 试样制备

液态样品：取约200mL样品混匀后放置磨口玻璃瓶内待用。

半固态和固态样品：分别取约200g样品，经粉碎后放置磨口玻璃瓶内待用。

2. 试样处理

(1)液态试样：

①液态试样A 液体乳、饮料、酱油、食醋、白酒、蜂蜜等。

准确称取试样1.0g(精确至0.000 1g)于25mL具塞磨口离心管中，加入2~5mL蒸馏水，涡旋混匀，再准确加入10mL正己烷，涡旋1min，剧烈振摇1min，超声提取3min，1 000r/min离心5min，取上清液，供GC-MS分析。

②液态试样B 植物油等。

液态油脂混匀后准确称取0.5g(精确至0.000 1g)于10mL具塞磨口离心管中，依次加入100μL正己烷和2mL乙腈，涡旋1min，超声提取20min，4 000r/min离心5min，收集上清液。残渣中加入2mL乙腈，涡旋1min，4 000r/min离心5min。再加入2mL乙腈重复提取一次，合并三次上清液，待SPE净化。

(2)半固态试样：

①半固态试样A 果冻、甜面酱等。

准确称取混匀试样0.5g(精确至0.000 1g)于25mL具塞磨口离心管中，加入2~5mL蒸馏水，涡旋混匀，再准确加入10mL正己烷，涡旋1min，剧烈振摇1min，超声提取30min，1 000r/min离心5min，取上清液，供GC-MS分析。

②半固态试样B 芝麻酱、含油调味酱等。

将样品充分粉碎混匀后准确称取0.5g(精确至0.000 1g)于10mL具塞磨口离心管中，加入1mL正己烷，涡旋2min，再加入5mL乙腈，涡旋1min，超声提取20min，4 000r/min离心5min，收集上清液。加入5mL乙腈重复提取一次，合并上清液。40℃氮气吹干，加入6mL乙腈，涡旋混匀，待SPE净化。

(3)固态试样：

①固态试样A 乳粉、米粉、鸡精、味精、干酪、糖果、花粉、肉制品、糕点、方便面、果蔬及其制品等。

准确称取混匀试样0.5g(精确至0.000 1g)于25mL具塞磨口离心管中，加入2~5mL蒸馏水，涡旋混匀，再准确加入10mL正己烷，涡旋1min，剧烈振摇1min，超声提取30min，1 000r/min离心5min，取上清液，供GC-MS分析。

②固态试样B 黄油等。

将样品充分粉碎混匀后准确称取0.5g(精确至0.000 1g)于10mL具塞磨口离心管中，加入1mL正己烷，涡旋2min，再加入5mL乙腈，涡旋1min，超声提取20min，4 000r/min离心5min，收集上清液。加入5mL乙腈重复提取一次，合并上清液。40℃氮气吹至近干，加入6mL乙腈，涡旋混匀，待SPE净化。

注：黄油应融化为液态油脂混匀后称取，并在提取过程中保持液态。

3. 试样净化

依次加入5mL二氯甲烷、5mL乙腈活化，弃去流出液；将待净化液加入SPE小柱，收集流出液；再加入5mL乙腈，收集流出液，合并两次收集的流出液，加入1mL丙酮，40℃氮吹至近干，正己烷准确定容至2mL，涡旋混匀，供GC-MS分析。

4. 测定

(1)气相色谱-质谱条件：

色谱柱：DB-5石英毛细管柱(30m×0.25mm×0.25μm)或相当者。

升温程序：60℃保持1min，以20℃/min升至220℃，保持1min，以5℃/min升至250℃，保持1min，以20℃/min升至290℃，保持7.5min。

进样口温度：260℃。

GC-MS接口温度：280℃。

离子源温度：230℃。

载气：氦气，纯度≥99.999%，流速1.2mL/min。

进样量：1μL。

进样方式：无分流进样，溶剂延迟7min。

电子轰击源：70eV。

选择离子监测：每种化合物分别选择一个定量离子，2~3个定性离子。每种化合物的保留时间、定量离子、定性离子及定量离子与定性离子的丰度比值，参考GB 5009.271—2016附录D。

(2)标准曲线的制作：将标准系列工作液分别注入GC-MS中，测定相应的邻苯二甲酸酯的色谱峰面积，以标准工作液的质量浓度为横坐标，以相应的峰面积为纵坐标，绘制标准曲线。邻苯二甲酸二异壬酯的标准系列工作液单独进样测定。

(3)试样溶液的测定：将试样溶液注入GC-MS中，得到相应的邻苯二甲酸酯的峰面积，根据标准曲线得到待测液中邻苯二甲酸酯的浓度。

(4)定性确认：在上述仪器条件下，试样待测液和邻苯二甲酸酯标准品的目标化合物在相同保留时间处(±0.5%)出现，并且对应质谱碎片离子的质荷比与标准品的质谱图一致，可定性为目标化合物。

5. 空白试验

除不加试样外，均按5(2)(3)测定步骤进行。

注：整个操作过程中，应避免接触塑料制品。

六、结果处理

试样中邻苯二甲酸酯的含量按式(2-13)计算：

$$X=\rho\times\frac{V}{m}\times\frac{1\ 000}{1\ 000} \tag{2-13}$$

式中 X——试样中邻苯二甲酸酯的含量，mg/kg；

ρ——从标准工作曲线上查出的试样溶液中邻苯二甲酸酯的质量浓度，μg/mL；

V——试样定容体积，mL；

m——试样溶液所代表的试样的质量，g。

计算结果应扣除空白值。结果大于等于 1.0mg/kg 时，保留三位有效数字；结果小于 1.0mg/kg 时，保留两位有效数字。

在重复性条件下获得的两次独立测定结果的绝对差值不得超过算术平均值的 10%。

本方法对 16 种目标化合物定量限均为 0.5mg/kg。

七、注意事项

实验过程中全部使用玻璃器具，并统一进行清洗，包括重铬酸钾洗液的浸泡和有机溶剂的清洗，经高温烘干后封存于纸盒中待用，最大限度降低空白值，且保证样品间空白的一致性。

思考题

空白试验如何进行？空白试验测定值较高该如何解决？

实验 17　食品中铅的测定

一、实验目的

掌握石墨炉原子吸收光谱法测定食品中铅含量的方法。

二、实验原理

试样中无机铅经硝酸消解后，再经石墨炉原子化，在 283.3nm 处测定吸光度。在一定浓度范围内铅的吸光度值与铅含量成正比，与标准系列比较，计算回归方程，由检测结果计算样品中铅的含量。

三、试剂和溶液配制

除非另有说明，本方法所用试剂均为优级纯，水为 GB/T 6682—2016 规定的二级水。

(1)硝酸(HNO_3)。

(2)高氯酸($HClO_4$)。

(3)磷酸二氢铵($NH_4H_2PO_4$)。

(4)硝酸钯[$Pd(NO_3)_2$]。

(5)硝酸溶液(5+95)：量取 50mL 硝酸，缓慢加入 950mL 水中，混匀。

(6)硝酸溶液(1+9)：量取 50mL 硝酸，缓慢加入 450mL 水中，混匀。

(7)磷酸二氢铵-硝酸钯溶液：称取 0.02g 硝酸钯，加少量硝酸溶液(1+9)溶解后，再加入 2g 磷酸二氢铵，溶解后用硝酸溶液(5+95)定容至 100mL，混匀。

(8)硝酸铅[$Pb(NO_3)_2$]：纯度>99.99%。或经国家认证并授予标准物质证书的一定浓度的铅标准溶液。

(9)铅标准储备液(1 000mg/L)：准确称取1.598 5g(精确至0.000 1g)硝酸铅，用少量硝酸溶液(1+9)溶解，移入1 000mL容量瓶，加水至刻度，混匀。

(10)铅标准中间液(1.00mg/L)：准确吸取铅标准储备液(1 000mg/L)1.00mL于1 000mL容量瓶中，加硝酸溶液(5+95)至刻度，混匀。

(11)铅标准系列溶液：分别吸取铅标准中间液(1.00mg/L)0、0.500、1.00、2.00、3.00、4.00mL于100mL容量瓶中，加硝酸溶液(5+95)至刻度，混匀。此铅标准系列溶液的质量浓度分别为0、5.00、10.0、20.0、30.0、40.0μg/L。

注：可根据仪器的灵敏度及样品中铅的实际含量确定标准系列溶液中铅的质量浓度。

四、仪器和设备

(1)原子吸收光谱仪：配石墨炉原子化器，附铅空心阴极灯。

(2)分析天平：感量为0.001g，0.000 1g。

(3)可调式电热炉。

(4)可调式电热板。

(5)微波消解系统：配聚四氟乙烯消解内罐。

(6)恒温干燥箱。

(7)压力消解罐：配聚四氟乙烯消解内罐。

注：所有玻璃器皿及聚四氟乙烯消解内罐均需硝酸溶液(1+5)浸泡过夜，用自来水反复冲洗，最后用水冲洗干净。

五、实验步骤

1. 试样预处理

在采样和试样制备过程中，应避免试样污染。

粮食、豆类等样品去杂物后粉碎均匀，贮于塑料瓶中。

蔬菜、水果、鱼类、肉类等样品，用水洗净，晾干，取可食部分，制成匀浆，贮于塑料瓶中。

饮料、酒、醋、酱油、食用植物油、液态乳等液体样品摇匀即可。

2. 试样前处理

(可根据实验条件选择以下任何一种方式消解)

(1)湿法消解：称取固体试样0.2~3g(精确至0.001g)或准确移取液体试样0.500~5.00mL于带刻度消化管中，加入10mL硝酸和0.5mL高氯酸，在可调式电热炉上消解(参考条件：120℃/0.5~1h，升至180℃/2~4h，升至200~220℃)。若消化液呈棕褐色，再加少量硝酸，消解至冒白烟，消化液呈无色透明或略带黄色，取出消化管，冷却后用水定容至10mL，混匀备用。同时做试剂空白试验。也可采用锥形瓶，于可调式电热板上，按上述操作方法进行湿法消解。

(2)微波消解：称取固体试样0.2~0.8g(精确至0.001g)或准确移取液体试样0.500~3.00mL于微波消解罐中，加入5mL硝酸，按照微波消解的操作步骤消解试样，消解的升温程序为：

	设定温度	升温时间	恒温时间
a.	120℃	5min	5min
b.	160℃	5min	10min
c.	180℃	5min	10min

冷却后取出消解罐，在电热板上于140~160℃赶酸至1mL左右。消解罐放冷后，将消化液转移至10mL容量瓶中，用少量水洗涤消解罐2~3次，合并洗涤液于容量瓶中并用水定容至刻度，混匀备用。同时做试剂空白试验。

（3）压力罐消解：称取固体试样0.2~1g（精确至0.001g）或准确移取液体试样0.500~5.00mL于消解内罐中，加入5mL硝酸。盖好内盖，旋紧不锈钢外套，放入恒温干燥箱，于140~160℃下保持4~5h。冷却后缓慢旋松外罐，取出消解内罐，放在可调式电热板上于140~160℃赶酸至1mL左右。冷却后将消化液转移至10mL容量瓶中，用少量水洗涤内罐和内盖2~3次，合并洗涤液于容量瓶中并用水定容至刻度，混匀备用。同时做试剂空白试验。

3. 测定

（1）石墨炉原子吸收光谱法仪器参考条件：

a. 波长：283.3nm。

b. 狭缝：0.5nm。

c. 灯电流：8~12mA。

d. 干燥：85~120℃/40~50s。

e. 灰化：750℃/20~30s。

f. 原子化：2 300℃/4~5s。

（2）标准曲线的制作：按质量浓度由低到高的顺序分别将10μL铅标准系列溶液和5μL磷酸二氢铵-硝酸钯溶液（可根据所使用的仪器确定最佳进样量）同时注入石墨炉，原子化后测其吸光度值，以质量浓度为横坐标，吸光度值为纵坐标，制作标准曲线。

（3）试样溶液的测定：在与测定标准溶液相同的实验条件下，将10μL空白溶液或试样溶液与5μL磷酸二氢铵-硝酸钯溶液（可根据所使用的仪器确定最佳进样量）同时注入石墨炉，原子化后测其吸光度值，与标准系列比较定量。

六、结果处理

试样中铅的含量按式（2-14）计算：

$$X=\frac{(\rho-\rho_0)\times V}{m\times 1\ 000} \tag{2-14}$$

式中　X——试样中铅的含量，mg/kg或mg/L；

ρ——试样溶液中铅的质量浓度，μg/L；

ρ_0——空白溶液中铅的质量浓度，μg/L；

V——试样消化液的定容体积，mL；

m——试样称样量或移取体积，g或mL；

1 000——换算系数。

当铅含量≥1.00mg/kg(或 mg/L)时，计算结果保留三位有效数字；当铅含量<1.00mg/kg(或 mg/L)时，计算结果保留两位有效数字。

在重复性条件下获得的两次独立测定结果的绝对差值不得超过算术平均值的20%。

当称样量为0.5g(或0.5mL)，定容体积为10mL时，方法的检出限为0.02mg/kg(或0.02mg/L)，定量限为0.04mg/kg(或0.04mg/L)。

七、注意事项

(1)要求实验空白要很低，实验过程中要严格控制污染。

(2)实验试剂应使用优级纯。

(3)实验所用玻璃器皿要用酸浸泡。

思考题

加标回收率实验如何进行?

实验18　食品中无机砷的测定

一、实验目的

掌握液相色谱-原子荧光光谱法测定食品中无机砷含量的方法。

二、实验原理

食品中无机砷经稀硝酸提取后，以液相色谱进行分离，分离后的目标化合物在酸性环境下与硼氢化钾反应，生成气态砷化物，以原子荧光光谱仪进行测定。按保留时间定性，外标法定量。

三、试剂和溶液配制

除特殊规定外，所有试剂均为优级纯，水为GB/T 6682—2016中规定的一级水。

(1)磷酸二氢铵($NH_4H_2PO_4$)：分析纯。

(2)硼氢化钾(KBH_4)：分析纯。

(3)氢氧化钾。

(4)硝酸。

(5)盐酸。

(6)氨水。

(7)正己烷。

(8)盐酸溶液(20%)：量取200mL盐酸，溶于水并稀释至1 000mL。

(9)硝酸溶液(0.15mol/L)：量取10mL硝酸，溶于水并稀释至1 000mL。

(10)氢氧化钾溶液(100g/L)：称取10g氢氧化钾，溶于水并稀释至100mL。

（11）氢氧化钾溶液（5g/L）：称取5g氢氧化钾，溶于水并稀释至1 000mL。

（12）硼氢化钾溶液（30g/L）：称取30g硼氢化钾，用5g/L氢氧化钾溶液溶解并定容至1 000mL，现用现配。

（13）磷酸二氢铵溶液（20mmol/L）：称取2.3g磷酸二氢铵，溶于1 000mL水中，以氨水调节pH至8.0，经0.45μm水系滤膜过滤后，于超声水浴中超声脱气30min，备用。

（14）磷酸二氢铵溶液（1mmol/L）：量取20mmol/L磷酸二氢铵溶液50mL，水稀释至1 000mL，以氨水调节pH至9.0，经0.45μm水系滤膜过滤后，于超声水浴中超声脱气30min，备用。

（15）磷酸二氢铵溶液（15mmol/L）：称取1.7g磷酸二氢铵，溶于1 000mL水中，以氨水调节pH至6.0，经0.45μm水系滤膜过滤后，于超声水浴中超声脱气30min，备用。

（16）三氧化二砷（As_2O_3）、砷酸二氢钾（KH_2AsO_4）（纯度≥95%）。

（17）亚砷酸盐[As（Ⅲ）]标准储备液（100mg/L，按As计）：准确称取三氧化二砷0.013 2g，加100g/L氢氧化钾溶液1mL和少量水溶解，转入100mL容量瓶中，加入适量盐酸调整其酸度近中性，加水稀释至刻度。4℃保存，保存期一年。或购买经国家认证并授予标准物质证书的标准溶液物质。

（18）砷酸盐[As（Ⅴ）]标准储备液（100mg/L，按As计）：准确称取砷酸二氢钾0.024 0g，加水溶解，转入100mL容量瓶中并用手稀释至刻度。4℃保存，保存期一年。或购买经国家认证并授予标准物质证书的标准溶液物质。

（19）As（Ⅲ）、As（Ⅴ）混合标准使用液（1.00mg/L，按As计）：分别准确吸取1.0mL As（Ⅲ）标准储备液（100mg/L）、1.0mL As（Ⅴ）标准储备液（100 mg/L）于100mL容量瓶中，加水稀释并定容至刻度。现用现配。

四、仪器和设备

（1）液相色谱-原子荧光光谱联用仪（LC-AFS）：由液相色谱仪与原子荧光光谱仪组成。

（2）组织匀浆器。

（3）高速粉碎机。

（4）冷冻干燥机。

（5）离心机：转速不低于8 000r/min。

（6）pH计：精度为0.01。

（7）分析天平：感量为0.001g，0.000 1g。

（8）恒温干燥箱（50~300℃）。

（9）C_{18}净化小柱（500mg/6mL）或等效柱。

注：所用玻璃器皿均需以硝酸溶液（1+4）浸泡24h，用水反复冲洗，最后用去离子水冲洗干净。

五、实验步骤

1. 试样预处理

在采样和制备过程中，应注意不使试样污染。

粮食、豆类等样品去杂物后粉碎均匀，装入洁净聚乙烯瓶中，密封保存备用。

蔬菜、水果、鱼类、肉类及蛋类等新鲜样品，洗净晾干，取可食部分匀浆，装入洁净聚乙烯瓶中，密封，于4℃冰箱冷藏备用。

2. 试样提取

(1)稻米样品：称取约1.0g稻米试样(准确至0.001g)于50mL塑料离心管中，加入20mL 0.15mol/L硝酸溶液，放置过夜。于90℃恒温箱中热浸提2.5h，每0.5h振摇1min。提取完毕，取出冷却至室温，8 000r/min离心15min，取上层清液，经0.45μm有机滤膜过滤后进样测定。按同一操作方法做空白试验。

(2)水产动物样品：称取约1.0g水产动物湿样(准确至0.001g)，置于50mL塑料离心管中，加入20mL 0.15mol/L硝酸溶液，放置过夜。于90℃恒温箱中热浸提2.5h，每0.5h振摇1min。提取完毕，取出冷却至室温，8 000r/min离心15min。取5mL上清液置于离心管中，加入5mL正己烷，振摇1min后，8 000r/min离心15min，弃去上层正己烷。按此过程重复一次。吸取下层清液，经0.45μm有机滤膜过滤及C_{18}小柱净化后进样测定。按同一操作方法做空白试验。

(3)婴幼儿辅助食品样品：称取婴幼儿辅助食品约1.0g(准确至0.001g)于15mL塑料离心管中，加入10mL 0.15mol/L硝酸溶液，放置过夜。于90℃恒温箱中热浸提2.5h，每0.5h振摇1min。提取完毕，取出冷却至室温，8 000r/min离心15min。取5mL上清液置于离心管中，加入5mL正己烷，振摇1min后，8 000r/min离心15min，弃去上层正己烷。按此过程重复一次。吸取下层清液，经0.45μm有机滤膜过滤及C_{18}小柱净化后进样测定。按同一操作方法做空白试验。

3. 测定条件

(1)液相色谱参考条件：

①色谱柱　阴离子交换色谱柱(柱长250mm，内径4mm)或等效柱，阴离子交换色谱保护柱(柱长10mm，内径4mm)或等效柱。

②流动相组成

等度洗脱流动相：15mmol/L磷酸二氢铵溶液(pH 6.0)；流速1.0mL/min；进样体积10μL。等度洗脱适用于稻米及稻米加工食品。

梯度洗脱流动相：A为1mmol/L磷酸二氢铵溶液(pH 9.0)；B为20mmol/L磷酸二氢铵溶液(pH 8.0)；流速1.0mL/min；进样体积100μL。梯度洗脱适用于水产动物样品、含水产动物组成的样品、含藻类等海产植物的样品及婴幼儿辅助食品样品。流动相梯度洗脱程序见表2-21。

表2-21　流动相梯度洗脱程序

时间	流动相A/%	流动相B/%	时间	流动相A/%	流动相B/%
0	100	0	20	0	100
8	100	0	22	100	0
10	0	100	32	100	0

（2）原子荧光检测参考条件：

①负高压：320V；砷灯总电流：90mA；主电流/辅助电流：55/35；原子化方式：火焰原子化；原子化器温度：中温。

②载液：20%盐酸溶液，流速4mL/min；还原剂：30g/L硼氢化钾溶液，流速4mL/min；载气流速：400mL/min；辅助气流速：400mL/min。

4. 标准曲线制作

取7支10mL容量瓶，分别准确加入1.00mg/L混合标准使用液0、0.05、0.1、0.2、0.3、0.5、1.0mL，加水稀释至刻度，此标准系列溶液的浓度分别为0、5.0、10.0、20.0、30.0、50.0、100.0ng/mL。

吸取标准系列溶液100μL注入液相色谱-原子荧光光谱联用仪进行分析，得到色谱图，以保留时间定性。以标准系列溶液中目标化合物的浓度为横坐标，色谱峰面积为纵坐标，绘制标准曲线。

5. 试样溶液的测定

吸取试样溶液100μL注入液相色谱-原子荧光光谱联用仪中，得到色谱图，以保留时间定性。根据标准曲线得到试样溶液中As(Ⅲ)与As(Ⅴ)含量，As(Ⅲ)与As(Ⅴ)含量的加和为总无机砷含量，平行测定次数不少于两次。

六、结果处理

试样中无机砷的含量按式(2-15)计算：

$$X=\frac{(c-c_0)\times V\times 1\ 000}{m\times 1\ 000\times 1\ 000} \tag{2-15}$$

式中　X——样品中无机砷的含量(以As计)，mg/kg；

c_0——空白溶液中无机砷化合物浓度，ng/mL；

c——测定溶液中无机砷化合物浓度，ng/mL；

V——试样消化液体积，mL；

m——试样质量，g；

1 000——换算系数。

总无机砷含量等于含量的加和。计算结果保留两位有效数字。

在重复性条件下获得的两次独立测定结果的绝对差值不得超过算术平均值的20%。

本方法检出限：取样量为1g，定容体积为20mL时，检出限为：稻米0.02mg/kg、水产动物0.03mg/kg、婴幼儿辅助食品0.02mg/kg；定量限为：稻米0.05mg/kg、水产动物0.08mg/kg、婴幼儿辅助食品0.05mg/kg。

七、注意事项

液相色谱流动相对三价砷和五价砷的分离效果有很大影响，流动相流速过快，则色谱峰会出现重叠和峰形不对称等现象。

思考题

简述仪器检出限、方法检出限和方法定量限的区别。

实验 19 食品中呕吐毒素的测定

一、实验目的

掌握食品中脱氧雪腐镰刀菌烯醇(呕吐毒素)含量的检测方法。

二、实验原理

免疫亲和层析净化高效液相色谱法测定食品中呕吐毒素是应用范围最广且准确性较好的一种方法。该方法操作简便、精密度高，是目前检测人员最常用的一种方法。

三、试剂和溶液配制

除特殊规定外，所有试剂均为分析纯，水为 GB/T 6682—2016 中规定的一级水。

(1)甲醇(CH_3OH)：色谱纯。

(2)乙腈(CH_3CN)：色谱纯。

(3)氯化钠(NaCl)。

(4)磷酸氢二钠(Na_2HPO_4)。

(5)磷酸二氢钾(KH_2PO_4)。

(6)氯化钾(KCl)。

(7)盐酸(HCl)。

(8)聚乙二醇[相对分子质量为 8 000，$HO(CH_2CH_2O)_nH$]。

(9)乙腈-水溶液(10+90)：取 100mL 乙腈加入 900mL 水。

(10)甲醇-水溶液(20+80)：取 200mL 甲醇加入 800mL 水。

(11)磷酸盐缓冲溶液(以下简称 PBS)：称取 8.00g 氯化钠、1.20g 磷酸氢二钠、0.20g 磷酸二氢钾、0.20g 氯化钾，用 900mL 水溶解，用盐酸调节 pH 至 7.0，用水定容至 1 000mL。

(12)脱氧雪腐镰刀菌烯醇标准品($C_{15}H_{20}O_6$)：纯度≥99%，或经国家认证并授予标准物质证书的标准物质。

(13)标准储备溶液(100μg/mL)：称取脱氧雪腐镰刀菌烯醇 1mg(准确至 0.01mg)，用乙腈溶解并定容至 10mL。将溶液转移至试剂瓶中，在-20℃下密封保存，有效期一年。

(14)标准系列工作液：准确移取适量脱氧雪腐镰刀菌烯醇标准储备溶液，用初始流动相稀释，配制成 100、200、500、1 000、5 000ng/mL 的标准系列工作液，4℃保存，有效期 7d。

四、仪器和设备

(1)高速粉碎机：转速 10 000r/min。

(2)电子天平：感量为0.01g。
(3)筛网：1~2mm孔径。
(4)超声波/涡旋振荡器或摇床。
(5)氮吹仪。
(6)离心机：转速≥12 000r/min。
(7)移液器：量程10~100μL和100~1 000μL。
(8)脱氧雪腐镰刀菌烯醇免疫亲和柱：柱容量≥1 000ng。
(9)玻璃纤维滤纸：直径11cm，孔径1.5μm。
(10)水相微孔滤膜：0.45μm。
(11)聚丙烯刻度离心管：具塞，50mL。
(12)玻璃注射器：10mL。
(13)空气压力泵。
(14)高效液相色谱仪：配有紫外检测器或二极管阵列检测器。

五、实验步骤

使用不同厂商的免疫亲和柱，在样品的上样、淋洗和洗脱的操作方面可能略有不同，应该按照供应商所提供的操作说明书要求进行操作。

1. 试样制备

(1)谷物及其制品：取至少1kg样品，用高速粉碎机将其粉碎，过筛，使其粒径小于0.5~1mm孔径实验筛，混合均匀后缩分至100g，贮存于样品瓶中，密封保存，供检测用。

(2)酒类：取散装酒至少1L，对于袋装、瓶装等包装样品至少取3个包装(同一批次或号)，将所有液体试样在一个容器中用均质机混匀后，缩分至100g(mL)贮存于样品瓶中，密封保存，供检测用。含二氧化碳的酒类样品使用前应先置于4℃冰箱冷藏30min，过滤或超声脱气后方可使用。

(3)酱油、醋、酱及酱制品：取至少1L样品，对于袋装、瓶装等包装样品至少取3个包装(同一批次或号)，将所有液体样品在一个容器中用匀浆机混匀后，缩分至100g(mL)贮存于样品瓶中，密封保存，供检测用。

2. 样品提取

(1)谷物及其制品：称取25g(准确到0.1g)磨碎的试样于100mL具塞锥形瓶中加入5g聚乙二醇，加水100mL，混匀，置于超声波/涡旋振荡器或摇床中超声或振荡20min。以玻璃纤维滤纸过滤至滤液澄清(或6 000r/min下离心10min)，收集滤液A于干净的容器中。10 000r/min离心5min。

(2)酒类：取酒样20g(准确到0.1g)，加入1g聚乙二醇，用水定容至25.0mL，混匀，置于超声波/涡旋振荡器或摇床中超声或振荡20min。用玻璃纤维滤纸过滤至滤液澄清(或6 000r/min下离心10min)，收集滤液B于干净的容器中。

(3)酱油、醋、酱及酱制品：称取样品25g(准确到0.1g)，加入5g聚乙二醇，用水定容至100mL，混匀，置于超声波/涡旋振荡器或摇床中超声或振荡20min。以玻璃纤维滤纸过滤至滤液澄清(或6 000r/min下离心10min)，收集滤液C于干净的容器中。

3. 净化

事先将低温下保存的免疫亲和柱恢复至室温。待免疫亲和柱内原有液体流尽后，将上述样液移至玻璃注射器筒中，准确移取上述滤液 A 或滤液 B 或滤液 C 2.0mL，注入玻璃注射器中。将空气压力泵与玻璃注射器相连接，调节下滴速度，控制样液以每秒 1 滴的流速通过免疫亲和柱，直至空气进入亲和柱中。用 5mL PBS 缓冲盐溶液和 5mL 水先后淋洗免疫亲和柱，流速约为每秒 1~2 滴，直至空气进入亲和柱中，弃去全部流出液，抽干小柱。

4. 洗脱

准确加入 2mL 甲醇洗脱亲和柱，控制每秒 1 滴的下滴速度，收集全部洗脱液至试管中，在 50℃下用氮气缓缓地将洗脱液吹至近干，加入 1.0mL 初始流动相，涡旋 30s 溶解残留物，0.45μm 滤膜过滤，收集滤液于进样瓶中以备进样。

5. 液相色谱参考条件

流动相：甲醇+水(20+80)。

色谱柱：C_{18}柱(柱长 150mm，柱内径 4.6mm，填料粒径 5μm)或相当者。

流速：0.8mL/min。

柱温：35℃。

进样量：50μL。

检测波长：218nm。

6. 定量测定

(1)标准曲线的制作：以脱氧雪腐镰刀菌烯醇标准工作液浓度为横坐标，以峰面积积分值为纵坐标，将系列标准溶液由低到高浓度依次进样检测，得到标准曲线回归方程。

(2)试样溶液的测定：待测样液中待测化合物的响应值应在标准曲线线性范围内，浓度超过线性范围的样品则应稀释后重新进样分析。试样液中待测物的响应值应在标准曲线线性范围内，超过线性范围则应适当减少称样量，重新进行处理后再进样分析。

(3)空白试验：不称取试样，按步骤做空白试验。应确认不含有干扰待测组分的物质。

六、结果处理

试样中脱氧雪腐镰刀菌烯醇含量按式(2-16)计算：

$$X=\frac{(\rho_1-\rho_0)\times V\times 1\ 000}{m\times 1\ 000}\times f \tag{2-16}$$

式中 X——试样中脱氧雪腐镰刀菌烯醇的含量，μg/kg；

ρ_1——试样中脱氧雪腐镰刀菌烯醇的质量浓度，ng/mL；

ρ_0——空白试样中脱氧雪腐镰刀菌烯醇的质量浓度，ng/mL；

V——样品洗脱液的最终定容体积，mL；

f——样液稀释因子；

m——试样的称样量，g；

1 000——换算系数。

计算结果保留三位有效数字。

在重复性条件下获得的两次独立测定结果的绝对差值不得超过算术平均值的 23%。

当称取谷物及其制品、酱油、醋、酱及酱制品试样 25g 时，脱氧雪腐镰刀菌烯醇的检出限为 100μg/kg，定量限为 200μg/kg；当称取酒类试样 20g 时，脱氧雪腐镰刀菌烯醇的检出限为 50μg/kg，定量限为 100μg/kg。

七、注意事项

(1)使用前，免疫亲和柱需回至室温(22~25℃)。

(2)免疫亲和柱保存：在暗处 4℃ 保存。禁止冷冻及在 2℃ 以下和 40℃ 以上保存。不适宜的实验环境会影响到柱子质量(保质期 18 个月)。

(3)提取液用免疫亲和柱净化时要注意控制流速，以免影响回收率。

思考题

样品提取时加入聚乙二醇的目的是什么？

实验 20　食品中苯甲酸、山梨酸和糖精钠的测定

一、实验目的

测定食品中苯甲酸、山梨酸和糖精钠的含量。

二、实验原理

样品经水提取，高脂肪样品经正己烷脱脂，高蛋白样品经蛋白沉淀剂沉淀蛋白，采用液相色谱分离，紫外检测器检测，外标法定量。

三、试剂和溶液配制

除非另有说明，本方法所用试剂均为分析纯，水为 GB/T 6682—2016 规定的一级水。

1. 试剂

(1)氨水($NH_3 \cdot H_2O$)。

(2)亚铁氰化钾[$K_4Fe(CN)_6 \cdot 3H_2O$]。

(3)乙酸锌[$Zn(CH_3COO)_2 \cdot 2H_2O$]。

(4)无水乙醇(CH_3CH_2OH)。

(5)正己烷(C_6H_{14})。

(6)甲醇(CH_3OH)：色谱纯。

(7)乙酸铵(CH_3COONH_4):色谱纯。

(8)苯甲酸钠(C_6H_5COONa),纯度≥99.0%;或苯甲酸(C_6H_5COOH),纯度≥99.0%,或经国家认证并授予标准物质证书的标准物质。

(9)山梨酸钾($C_6H_7KO_2$),纯度≥99.0%;或山梨酸($C_6H_8O_2$),纯度≥99.0%,或经国家认证并授予标准物质证书的标准物质。

(10)糖精钠($C_6H_4CONNaSO_2$),纯度≥99%,或经国家认证并授予标准物质证书的标准物质。

2. 溶液配制

(1)氨水溶液(1+99):取氨水1mL,加到99mL水中,混匀。

(2)亚铁氰化钾溶液(92g/L):称取106g亚铁氰化钾,加入适量水溶解,用水定容至1 000mL。

(3)乙酸锌溶液(183g/L):称取220g乙酸锌溶于少量水中,加入30mL冰乙酸,用水定容至1 000mL。

(4)乙酸铵溶液(20mmol/L):称取1.54g乙酸铵,加入适量水溶解,用水定容至1 000mL,经0.22μm水相微孔滤膜过滤后备用。

(5)苯甲酸、山梨酸和糖精钠(以糖精计)标准储备溶液(1 000 mg/L):分别准确称取苯甲酸钠、山梨酸钾和糖精钠0.118g、0.134g和0.117g(精确到0.000 1g),用水溶解并分别定容至100mL。于4℃贮存,保存期为6个月。当使用苯甲酸和山梨酸标准品时,需要用甲醇溶解并定容。

注:糖精钠含结晶水,使用前需在120℃烘4h,干燥器中冷却至室温后备用。

(6)苯甲酸、山梨酸和糖精钠(以糖精计)混合标准中间溶液(200mg/L):分别准确吸取苯甲酸、山梨酸和糖精钠标准储备溶液各10.0mL于50mL容量瓶中,用水定容。于4℃贮存,保存期为3个月。

(7)苯甲酸、山梨酸和糖精钠(以糖精计)混合标准系列工作溶液:分别准确吸取苯甲酸、山梨酸和糖精钠混合标准中间溶液0、0.05、0.25、0.50、1.00、2.50、5.00、10.0mL,用水定容至10mL,配制成质量浓度分别为0、1.00、5.00、10.0、20.0、50.0、100、200mg/L的混合标准系列工作溶液。临用现配。

四、仪器和设备

(1)高效液相色谱仪:配紫外检测器。

(2)分析天平:感量为0.001g,0.000 1g。

(3)涡旋振荡器。

(4)离心机:转速>8 000r/min。

(5)匀浆机。

(6)恒温水浴锅。

(7)超声波发生器。

(8)水相微孔滤膜:0.22μm。

(9)塑料离心管:50mL。

五、实验步骤

1. 试样制备

取多个预包装的饮料、液态奶等均匀样品直接混合；非均匀的液态、半固态样品用组织匀浆机匀浆；固体样品用研磨机充分粉碎并搅拌均匀；奶酪、黄油、巧克力等采用50~60℃加热熔融，并趁热充分搅拌均匀。取其中的200g装入玻璃容器中，密封，液体试样于4℃保存，其他试样于−18℃保存。

2. 试样提取

(1)一般性试样：准确称取约2g(精确到0.001g)试样于50mL具塞离心管中，加水约25mL，涡旋混匀，于50℃水浴超声20min，冷却至室温后加亚铁氰化钾溶液2mL和乙酸锌溶液2mL，混匀，于8 000r/min离心5min，将水相转移至50mL容量瓶中，于残渣中加水20mL，涡旋混匀后超声5min，于8 000r/min离心5min，将水相转移到同一50mL容量瓶中，并用水定容至刻度，混匀。取适量上清液过0.22μm滤膜，待液相色谱测定。

注：碳酸饮料、果酒、果汁、蒸馏酒等测定时可以不加蛋白沉淀剂。

(2)含胶基的果冻、糖果等试样：准确称取约2g(精确到0.001g)试样于50mL具塞离心管中，加水约25mL，涡旋混匀，于70℃水浴加热溶解试样，于50℃水浴超声20min，之后的操作同2(1)。

(3)油脂、巧克力、奶油、油炸食品等高油脂试样：准确称取约2g(精确到0.001g)试样于50mL具塞离心管中，加正己烷10mL，于60℃水浴加热约5min，并不时轻摇以溶解脂肪，然后加氨水溶液(1+99)25mL，乙醇1mL，涡旋混匀，于50℃水浴超声20min，冷却至室温后，加亚铁氰化钾溶液2mL和乙酸锌溶液2mL，混匀，于8 000r/min离心5min，弃去有机相，水相转移至50mL容量瓶中，残渣同2(1)再提取一次后测定。

3. 仪器条件

色谱柱：C_{18}柱(柱长250mm，内径4.6mm，粒径5μm)或等效色谱柱。

流动相：甲醇+乙酸铵溶液=5+95。

流速：1mL/min。

检测波长：230nm。

进样量：10μL。

4. 标准曲线的制作

将混合标准系列工作溶液分别注入液相色谱仪中，测定相应的峰面积，以混合标准系列工作溶液的质量浓度为横坐标，以峰面积为纵坐标，绘制标准曲线。

5. 试样溶液的测定

将试样溶液注入液相色谱仪中，得到峰面积，根据标准曲线得到待测液中苯甲酸、山梨酸和糖精钠(以糖精计)的质量浓度。

六、结果处理

试样中苯甲酸、山梨酸和糖精钠(以糖精计)的含量按式(2-17)计算：

$$X=\frac{\rho\times V}{m\times 1\ 000} \tag{2-17}$$

式中 X——试样中待测组分含量，g/kg；

ρ——由标准曲线得出的试样液中待测物的质量浓度，mg/L；

V——试样定容体积，mL；

m——试样质量，g；

1 000——由 mg/kg 转换为 g/kg 的换算因子。

结果保留三位有效数字。

在重复性条件下获得的两次独立测定结果的绝对差值不得超过算术平均值的 10%。

按取样量 2g，定容 50mL 时，苯甲酸、山梨酸和糖精钠(以糖精计)的检出限均为 0.005g/kg，定量限均为 0.01g/kg。

方法回收率：苯甲酸 95%~105%，山梨酸 95%~105%，糖精钠 95%~105%。

线性范围：苯甲酸 0~200mg/L，山梨酸 0~200mg/L，糖精钠 0~200mg/L。

七、注意事项

(1)除二氧化碳时温度不宜过高并用玻璃棒不停搅拌。

(2)沉淀后再取上清液过滤，防止杂质过多撑破滤膜。

(3)检测完毕后，及时清洗所用玻璃仪器，将实验室收拾干净。

(4)检测完的样品应立即作废处理。

(5)实验完毕后冲洗柱子应注意：首先用 5%水甲醇冲洗 1h，再用 50%甲醇水冲洗 1h，最后用 100%甲醇水冲洗 1h。

思考题

样品制样需要注意什么？

实验 21　食品中纳他霉素的测定

一、实验目的

测定食品中纳他霉素的含量。

二、实验原理

样品经甲醇提取，采用加水冷冻去除样品中脂肪成分或离心的方式净化，反相液相色谱-紫外检测器测定，外标法定量。

三、试剂和溶液配制

(1)水：去离子水或相当纯度的水。

(2)甲醇：分析纯、色谱纯。

(3)冰乙酸：优级纯。

(4)纳他霉素：纯度≥95%。

(5)标准储备液：准确称取适量的纳他霉素标准品(精确到0.1mg)，用流动相溶解，配制成浓度为100μg/mL的标准储备液。

(6)标准使用液：吸取适量的纳他霉素标准储备液，用流动相稀释定容，配制成浓度为0.5、1.0、2.5、5.0、10、20μg/mL标准使用系列。

四、仪器和设备

(1)高效液相色谱仪：配紫外检测器。

(2)超声波清洗器。

(3)电子天平：感量为0.000 1g。

(4)一次性注射器。

(5)漏斗。

(6)冰箱。

(7)离心机。

(8)0.45μm、0.22μm针头式过滤器(水性)。

五、实验步骤

1. 固体及半固体样品制备

(1)乳酪、火腿、酸奶等样品：准确称取10.00g样品，加入30mL甲醇超声提取30min，加水10mL摇匀后放入冰箱中冷冻1h，取出冷冻后的样品立即过滤，滤液放置至室温后，依次过0.45μm和0.22μm针头式过滤器，收集滤液约2mL上机测定。

(2)月饼、糕点样品：准确称取5.00g月饼皮，置于离心管中，加入30mL甲醇超声提取30min，加水10mL摇匀后置于离心机中以5 000r/min离心5min，上清液依次过0.45μm和0.22μm针头式过滤器，收集滤液约2mL上机测定。

2. 果汁饮料样品制备

准确量取果汁饮料样品10.0mL，加入30mL甲醇，超声提取30min，提取液依次过0.45μm和0.22μm针头式过滤器，收集滤液约2mL上机测定。

3. 色谱条件

色谱柱：SB-C_{18}(4.6mm×250mm，5μm)或性能相当的色谱柱。

流动相：甲醇+水+冰乙酸=55+45+2。

流速：1.0mL/min。

柱温：40℃。

检测波长：305nm。

进样量：10μL。

4. 标准曲线

进样含纳他霉素0.5、1.0、2.5、5.0、10.0、20.0μg/mL标准溶液各10μL，进行

HPLC 分析，然后以峰面积为纵坐标，以纳他霉素的含量为横坐标，建立标准曲线。

5. 样品测定

进样品处理后的样品溶液 10μL，测定其峰面积，从标准曲线查得测定液中纳他霉素的浓度。

六、结果处理

（1）固体、半固体样品（乳酪、糕点、火腿、月饼、酸奶）中纳他霉素含量的计算：

$$X=\frac{c\times V\times 1\ 000}{m\times 1\ 000} \tag{2-18}$$

式中 X——样品中纳他霉素的含量，μg/g；

m——样品质量，g；

c——由标准曲线得到样品溶液中纳他霉素的含量，μg/mL；

V——样品溶液定容体积，mL；

1 000——换算系数。

计算结果保留三位有效数字。

（2）液体样品中纳他霉素含量的计算：

$$X=\frac{c\times V_1}{V_2} \tag{2-19}$$

式中 X——样品中纳他霉素的含量，μg/g；

c——由标准曲线得到样品溶液中纳他霉素的含量，μg/mL；

V_1——样品溶液定容体积，mL；

V_2——样品量取体积，mL。

计算结果保留三位有效数字。

七、注意事项

（1）样品要均匀一致。

（2）检测完毕后，及时清洗所用玻璃器皿，打扫实验室。

（3）实验仪器用完及时关闭。

思考题

实验中遇到意外事件（断电、仪器故障等突发事件），应该怎么处理？

实验 22 食品中 9 种抗氧化剂的测定

一、实验目的

掌握 GB 5009. 32—2016 中第一法测定食品中 9 种抗氧化剂含量的方法。

二、实验原理

油脂样品经有机溶剂溶解后使用凝胶渗透色谱(GPC)净化。固体类食品样品用正己烷溶解，用乙腈提取，固相萃取柱净化。高效液相色谱法测定，外标法定量。

三、试剂和溶液配制

除非另有说明，本方法所用试剂均为分析纯，水为 GB/T 6682—2016 规定的一级水。

(1)甲酸(HCOOH)。

(2)乙腈(CH_3CN)。

(3)甲醇(CH_3OH)。

(4)正己烷(C_6H_{14})：分析纯，重蒸。

(5)乙酸乙酯($CH_3COOCH_2CH_3$)。

(6)环己烷(C_6H_{12})。

(7)氯化钠(NaCl)：分析纯。

(8)无水硫酸钠(Na_2SO_4)：分析纯，650℃灼烧 4h，贮存于干燥器中，冷却后备用。

(9)乙腈饱和的正己烷溶液：正己烷中加入乙腈至饱和。

(10)正己烷饱和的乙腈溶液：乙腈中加入正己烷至饱和。

(11)乙酸乙酯和环己烷混合溶液(1+1)：取 50mL 乙酸乙酯和 50mL 环己烷混匀。

(12)乙腈和甲醇混合溶液(2+1)：取 100mL 乙腈和 50mL 甲醇混合。

(13)饱和氯化钠溶液：水中加入氯化钠至饱和。

(14)甲酸溶液(0. 1+99. 9)：取 0. 1mL 甲酸移入 100mL 水中，容量瓶，定容。

(15)没食子酸丙酯(PG)：纯度≥98. 0%。

(16)叔丁基对苯二酚(TBHQ)：纯度≥98. 0%。

(17)叔丁基对羟基茴香醚(BHA)：纯度≥98. 0%。

(18)2,6-二叔丁基对甲基苯酚(BHT)：纯度≥98. 0%。

(19)抗氧化剂标准物质混合储备液：准确称取 0. 1g(精确至 0. 1mg)固体抗氧化剂标准物质，用乙腈溶于 100mL 棕色容量瓶中，定容至刻度，配制成浓度为 1 000mg/L 的标准混合储备液，0~4℃避光保存。

(20)抗氧化剂混合标准使用液：移取适量体积的浓度为 1 000mg/L 的抗氧化剂标准物质混合储备液分别稀释至浓度为 1、5、10、20、50、100mg/L 的混合标准使用液。

四、仪器和设备

(1)高效液相色谱仪：配紫外检测器。

(2)分析天平：感量为 0. 001g，0. 000 1g。

(3)涡旋振荡器。

(4)离心机：转速>8 000r/min。

(5)匀浆机。

(6)旋转蒸发仪。

(7)凝胶色谱仪。

(8)有机相微孔滤膜：0.22μm。

(9)C_{18}固相萃取柱：2 000mg/12mL。

五、实验步骤

1. 试样制备

固体或者半固体样品粉碎混匀后，用对角线法取2/4或2/6，或者根据试样情况取代表性试样，密封保存；液体样品混合均匀，取有代表性试样，密封保存。

2. 试样提取

(1)固体类样品：称取1g(精确至0.01g)试样于50mL离心管中，加入5mL乙腈饱和的正己烷溶液，涡旋1min充分混匀，浸泡10min。加入5mL饱和氯化钠溶液，用5mL正己烷饱和的乙腈溶液涡旋2min，3 000r/min离心5min，收集乙腈层于试管中，再重复使用5mL正己烷饱和的乙腈溶液提取2次，合并3次提取液，加0.1%甲酸溶液调节pH=4，待净化。

(2)油类试样：称取1g(精确至0.01g)试样于50mL离心管中，加入5mL乙腈饱和的正己烷溶液溶解样品，涡旋1min，静置10min，用5mL正己烷饱和的乙腈溶液涡旋提取2min，3 000r/min离心5min，收集乙腈层于试管中，再重复使用5mL正己烷饱和的乙腈溶液提取2次，合并3次提取液，待净化。

3. 试样的净化

在C_{18}固相萃取柱中装入约2g的无水硫酸钠，用5mL甲醇活化萃取柱，再以5mL乙腈平衡萃取柱，弃去流出液。将所有提取液倾入柱中，收集流出液，再以5mL乙腈和甲醇的混合溶液洗脱，收集所有流出液与洗脱液于同一试管中，40℃下旋转蒸发至干，加2mL乙腈定容，过0.22μm有机系滤膜，供液相色谱测定。

4. 仪器参考条件

色谱柱：C_{18}柱(250mm×4.6mm，5μm)或等效色谱柱。

流动相：甲醇(A)+1.5%乙酸水溶液(B)=5+95。

梯度洗脱：0~5min，流动相A 40%；5~15min，流动相A 90%；15~20min，流动相A 90%；20~21min，流动相A 100%；21~25min，流动相A 100%；25~27min，流动相A 40%；27~30min，流动相A 40%。

流速：1mL/min。

检测波长：280nm。

进样量：10μL。

5. 标准曲线的制作

将混合标准系列工作溶液分别注入液相色谱仪中，测定相应的峰面积，以混合标准系列工作溶液的质量浓度为横坐标，以峰面积为纵坐标，绘制标准曲线。

6. 试样溶液的测定

将试样溶液注入液相色谱仪中，得到峰面积，根据标准曲线得到待测液中没食子酸丙酯、叔丁基对苯二酚、叔丁基对羟基茴香醚、2,6-二叔丁基对甲基苯酚的质量浓度。

六、结果处理

试样中没食子酸丙酯、叔丁基对苯二酚、叔丁基对羟基茴香醚、2,6-二叔丁基对甲基苯酚的含量按式(2-20)计算：

$$X_i = \rho_i \times \frac{V}{m} \tag{2-20}$$

式中　X_i——试样中抗氧化剂的含量，g/kg；

ρ_i——由标准曲线得出的试样液中待测物的质量浓度，mg/L；

V——试样定容体积，mL；

m——试样质量，g。

结果保留三位有效数字。

七、注意事项

(1)过固相萃取柱时应保持每分钟 60 滴左右的速度。

(2)装入无水硫酸钠时，应注意填料的均匀填充。

(3)检测完毕后，及时清洗所用玻璃仪器，将实验室收拾干净。

(4)检测完的样品应立即作废处理。

(5)实验完毕后冲洗柱子应注意：首先用 5%水甲醇冲洗 1h，再用 50%甲醇水冲洗 1h，最后用 100%甲醇水冲洗 1h。

思考题

检测过程中发现安全隐患(断电、仪器故障等突发事件)如何处理？

实验 23　小麦粉中过氧化苯甲酰的测定

一、实验目的

掌握小麦粉中过氧化苯甲酰的测定方法。

二、实验原理

由甲醇提取的过氧化苯甲酰，用碘化钾作为还原剂将其还原为苯甲酸，高效液相色谱分离，在 230nm 下检测。

三、试剂

除非另有说明，本方法所用试剂均为分析纯，水为 GB/T 6682—2016 规定的一级水。

(1)甲醇：色谱纯。

(2)碘化钾溶液：50%水溶液(质量浓度)。

(3)苯甲酸：纯度≥99.9%，国家标准物质。

(4)乙酸铵缓冲溶液(0.02mol/L)：称取乙酸铵1.54g用水溶解并稀释至1L，混匀后用0.45μm的滤膜过滤后使用。

四、仪器和设备

(1)高效液相色谱仪：配紫外检测器。

(2)分析天平：感量为0.001g，0.000 1g。

(3)涡旋振荡器。

(4)离心机：转速>8 000r/min。

(5)超声波发生器。

(6)水相微孔滤膜：0.22μm。

(7)塑料离心管：50mL。

五、实验步骤

1. 样品制备

称取样品5g(准确至0.1mg)于50mL具塞比色管中，加10.0mL甲醇，在涡旋振荡器上混匀1min，静置5min，加50%碘化钾水溶液5.0mL，在涡旋振荡器上均匀1min，放置10min。加水至50.0mL，混匀，静置，吸取上层清液通过0.22μm滤膜过滤，滤液置于样品瓶中备用。

2. 标准曲线的制备

(1)称取0.1g(精确至0.000 1g)苯甲酸，用甲醇稀释至100mL，得到1.0mg/mL的苯甲酸标准储备溶液。

(2)准确移取苯甲酸标准储备液：0、0.625、1.25、2.5、5.0、10.0、12.5、25.0mL分别置于8个25 mL容量瓶中，分别加甲醇至25.0 mL，配成浓度分别为0、25.0、50.0、100.0、200.0、400.0、500.0、1 000.0μg/mL的苯甲酸标准系列溶液。

分别称取8份5g(精确至0.000 1g)不含苯甲酸和过氧化苯甲酰的小麦粉于8只50mL具塞比色管中，分别准确加入苯甲酸标准系列溶液10.0mL，其余操作同1. 中“在涡旋振荡器上混匀1min”以下叙述。标准液的最终浓度分别为0、5.0、10.0、20.0、80.0、100.0、200.0μg/mL。

3. 仪器条件

色谱柱：C_{18}柱(250mm×4.6mm，5μm)或等效色谱柱。

流动相：甲醇：乙酸铵溶液=10：90(体积分数)。

流速：1mL/min。

检测波长：230nm。

进样量：10μL。

4. 标准曲线的制作

将混合标准系列工作溶液分别注入液相色谱仪中，测定相应的峰面积，以混合标准系列工作溶液的质量浓度为横坐标，以峰面积为纵坐标，绘制标准曲线。

5. 试样溶液的测定

将试样溶液注入液相色谱仪中，得到峰面积，根据标准曲线得到待测液中苯甲酸的质量浓度，并计算样品中过氧化苯甲酰的含量。

六、结果处理

试样中过氧化苯甲酰的含量按式(2-21)计算：

$$X=\frac{c\times V\times 1\,000}{m\times 1\,000\times 1\,000}\times 0.992 \qquad (2-21)$$

式中　X——试样中待测组分含量，g/kg；

c——由标准曲线得出的试样液中苯甲酸的质量浓度，μg/mL；

V——试样定容体积，mL；

m——试样质量，g；

0.992——由苯甲酸换算成过氧化苯甲酰的换算系数。

结果保留两位有效数字。

七、注意事项

(1)保证充分提取。

(2)上清液过滤速度要慢，保证过滤液澄清。

(3)检测完毕后，及时清洗所用玻璃仪器，将实验室收拾干净。

(4)检测完的样品应立即作废处理。

(5)实验完毕后冲洗柱子应注意：首先用 5%水甲醇冲洗 1h，再用 50%甲醇水冲洗 1h，最后用 100%甲醇水冲洗 1h。

(6)检测过程中发现安全隐患(断电、仪器故障等突发事件)，应立即中断检测，做好前处理样品的中断处理，保证在此种情况下样品中被测组分不损失，不影响检测结果，若无法中断的检测步骤应及时重做。

思考题

本实验测定的是小麦粉中过氧化苯甲酰，为什么选用苯甲酸作为标准品？

实验 24　食品中铝的检测方法——电感耦合等离子体质谱法

一、实验目的

掌握电感耦合等离子体质谱法检测食品中铝含量的方法。

二、实验原理

试样经消解后，由电感耦合等离子体质谱仪测定，以元素特定质量数(质荷比，*m/z*)定性，采用外标法，以待测元素质谱信号与内标元素质谱信号的强度比与待测元素的浓度成正比进行定量分析。

三、试剂和溶液配制

(1)硝酸：优级纯。

(2)高氯酸：优级纯。

(3)铝元素储备液(100mg/L)：采用经国家认证并授予标准物质证书的单元素或多元素标准储备液。

(4)钪内标元素储备液(1 000mg/L)：采用经国家认证并授予标准物质证书的单元素或多元素内标标准储备液。

(5)钪内标元素使用液(0.5mg/L)：准确量取0.05mL钪内标元素储备液于100mL容量瓶中，用硫酸溶液（5+95)稀释至刻度。

(6)标准曲线的绘制：

a. 铝标准使用液(10.0μg/mL)：吸取1.00mL铝标准储备液于10mL容量瓶中，用硫酸溶液（5+95)稀释至刻度。

b. 铝标准系列工作液：吸取0、0.5、1、2、3、4mL铝标准使用液，分别置于10mL容量瓶中，用硫酸溶液(5+95)稀释至刻度，配成浓度为0.000、0.500、1.00、2.00、3.00、4.00μg/mL的铝系列标准工作液。

c. 将标准溶液注入电感耦合等离子体质谱仪中，测定待测元素和内标元素的信号响应值，以待测元素的浓度为横坐标，待测元素与所选内标元素响应信号值的比值为纵坐标，绘制标准曲线。

四、仪器和设备

(1)电感耦合等离子体质谱仪(ICP-MS)。

(2)分析天平：感量为0.001g，0.000 1g。

(3)微波消解仪：配有聚四氟乙烯消解内罐。

(4)压力消解罐：配有聚四氟乙烯消解内罐。

(5)恒温干燥箱。

(6)控温电热板。

(7)超声水浴箱。

(8)样品粉碎设备：匀浆机、高速粉碎机。

(9)微波消解管若干。

(10)1mL可调节移液枪一把。

(11)样品杯若干。

五、实验步骤

（可根据实验条件选择以下任何一种方式消解）

1. 微波消解法

称取固体样品0.2~0.5g（精确至0.001g，含水分较多的样品可适当增加取样量至1g）或准确移取液体试样1.00~3.00mL于微波消解内罐中，含乙醇或二氧化碳的样品先在电热板上低温加热除去乙醇或二氧化碳，加入5~10mL硝酸，加盖放置1h或过夜，旋紧罐盖，按照微波消解仪标准操作步骤进行消解。冷却后取出，缓慢打开罐盖排气，用少量水冲洗内盖，将消解罐放在控温电热板上或超声水浴箱中，于100℃加热30min或超声脱气2~5min，用水定容至25mL或50mL，混匀备用，同时做空白试验。

2. 压力罐消解法

称取固体干样0.2~1g（精确至0.001g，含水分较多的样品可适当增加取样量至2g）或准确移取液体试样1.0~5.0mL于消解内罐中，含乙醇或二氧化碳的样品先在电热板上低温加热除去乙醇或二氧化碳，加入5mL硝酸，放置1h或过夜，旋紧不锈钢外套，放入恒温干燥箱消解，于150~170℃消解4h，冷却后，缓慢旋松不锈钢外套，将消解内罐取出，在控温电热板上或超声水浴箱中，于100℃加热30min或超声脱气2~5min，用水定容至25mL或50mL，混匀备用，同时做空白试验。

3. 仪器参考条件

射频功率：1 500w；等离子体气流量：15L/min；载气流量：0.80L/min；辅助气流量：0.40L/min；氦气流量：4~5mL/min；雾化室温度：2℃；每峰测定点数：1~3；样品提升速率：0.3r/s；雾化器：高盐/同心雾化器；采样锥/截取锥：镍/铂锥；采样深度：8~10mm；采集模式：跳峰（Spectrum）；检测方式：自动；重复次数：2~3次；分析模式：普通/碰撞反应池。

六、结果处理

试样中铝含量按式（2-22）计算：

$$X=\frac{(\rho-\rho_0)\times V\times f}{m\times 1\ 000} \tag{2-22}$$

式中　X——试样中待测元素含量，mg/kg或mg/L；

ρ——试样溶液中被测元素质量浓度，mg/L；

ρ_0——试样空白液中被测元素质量浓度，mg/L；

V——试样消化液定容体积，mL；

f——试样稀释倍数；

m——试样称取质量或移取体积，g或mL；

1 000——换算系数。

计算结果保留三位有效数字。

样品以0.5g定容体积至50mL，检出限为0.5mg/kg，定量限为2mg/kg。

样品中各元素含量大于1mg/kg时，在重复性条件下获得的两次独立测定结果的绝对差值不得超过算术平均值的10%；小于或等于1mg/kg且大于0.1mg/kg时，在重复性条件下获得的两次独立测定结果的绝对差值不得超过算术平均值的15%；小于或等于0.1mg/kg时，在重复性条件下获得的两次独立测定结果的绝对差值不得超过算术平均值的20%。

七、注意事项

玻璃器皿及聚四氟乙烯消解罐均需以硝酸溶液(1+4)浸泡24h，用水反复冲洗，最后用去离子水冲洗干净。

思考题

1. ICP-MS测铝用什么内标？
2. ICP-MS测铝空白较高的原因是什么？

实验25　白酒中环己基氨基磺酸钠的测定

一、实验目的

掌握白酒中人工合成甜味剂环己基氨基磺酸钠含量的检测方法。

二、实验原理

酒样经水浴加热除去乙醇后以水定容，用液相色谱-质谱/质谱仪分离和测定其中的环己基氨基磺酸钠，测定标准样品的标准图谱，计算回归方程，根据检测数据计算样品中环己基氨基磺酸钠的含量。

三、试剂和溶液配制

除非另有说明，本方法所用试剂均为分析纯，水为GB/T 6682—2016规定的一级水。

(1)甲醇(CH_3OH)：色谱纯。

(2)乙酸铵(CH_3COONH_4)。

(3)乙酸铵溶液(10mmol/L)：称取0.78g乙酸铵，用水溶解并稀释至1 000mL，摇匀后经0.22μm水相滤膜过滤备用。

(4)环己基氨基磺酸钠标准品($C_6H_{12}NSO_3Na$)：纯度≥99%。

(5)环己基氨基磺酸标准储备液(5.00mg/mL)：精确称取0.561 2g环己基氨基磺酸钠标准品，用水溶解并定容至100mL，混匀，此溶液1.00mL相当于环己基氨基磺酸5.00mg(环己基氨基磺酸钠与环己基氨基磺酸的换算系数为0.890 9)。置于1~4℃冰箱保存，可保存12个月。

(6)环己基氨基磺酸标准中间液(1.00mg/mL)：准确移取20.0mL环己基氨基磺酸标准储备液用水稀释并定容至100mL，混匀。置于1~4℃冰箱保存，可保存6个月。

(7)环己基氨基磺酸标准工作液(10μg/mL)：用水将1.00 mL标准中间液定容至

100mL。放置于 1~4℃ 冰箱可保存一周。

(8)环己基氨基磺酸标准曲线系列工作液：分别吸取适量体积的标准工作液，用水稀释，配成浓度分别为 0.01、0.05、0.1、0.5、1.0、2.0μg/mL 的系列标准工作溶液。使用前配置。

四、仪器和设备

(1)液相色谱-质谱/质谱仪：配有电喷雾离子源(ESI)。

(2)分析天平：感量为 0.1g，0.000 1g。

(3)恒温水浴锅。

(4)微孔滤膜：0.22μm，水相。

五、实验步骤

1. 试样溶液制备

称取酒样 10.0g，置于 50mL 烧杯中，于 60℃ 水浴上加热 30min，残渣全部转移至 100mL 容量瓶中，用水定容并摇匀，经 0.22μm 水相微孔滤膜过滤后备用。

2. 测定

(1)液相色谱-质谱/质谱条件：

色谱柱：BEH C_{18}色谱柱(50mm×2.1mm，1.7μm)或等效色谱柱。

流动相：A 组分为 10mmol/L 乙酸铵溶液，B 组分为甲醇。

进样量：10μL。

梯度洗脱程序见表 2-22。

表 2-22　梯度洗脱程序

时间/min	流速/(μL/min)	甲醇/%	10mmol/L 乙酸铵
0	250	5	95
2	250	5	95
5	250	50	50
5.1	250	90	10
6	250	90	10
6.1	250	5	95
9	250	5	95

质谱条件：电喷雾离子源(负离子扫描模式，多反应监测模式)；雾化气、气帘气、辅助气为高纯氮气，碰撞气为高纯氩气，使用前应调节各参数使质谱灵敏度达到检测要求，参考条件见 GB 5009.97—2016 标准文本附录 A。

(2)标准曲线的制作：将配制好的标准系列溶液按照浓度由低到高的顺序进样测定，以环己基氨基磺酸钠定量离子的色谱峰面积对相应的浓度作图，得到标准曲线回归方程。

(3)定量测定：将试样溶液注入液相色谱-质谱/质谱仪中，得到环己基氨基磺酸钠定量离子峰面积，根据标准曲线计算试样溶液中环己基氨基磺酸的浓度，平行测定次数不少于两次。

(4)定性测定：在相同的试验条件下测定试样溶液，若试样溶液质量色谱图中环己基氨基磺酸钠的保留时间与标准溶液一致(变化范围在±2.5%以内)，且试样定性离子的相对丰度与浓度相当的标准溶液中定性离子的相对丰度，其偏差不超过表2-23的规定，则可判定样品中存在环己基氨基磺酸钠。

表2-23　定性离子相对丰度的最大允许偏差

相对离子丰度	允许的相对偏差	相对离子丰度	允许的相对偏差
>50%	±20%	10%~20%	±30%
20%~50%	±25%	≤10%	±50%

六、结果处理

试样中环己基氨基磺酸的含量由式(2-23)计算获得：

$$X = \frac{c \times V}{m} \tag{2-23}$$

式中　X——样品中环己基氨基磺酸的含量，μg/kg；

c——由标准曲线计算出的试样溶液中环己基氨基磺酸的浓度，μg/mL；

V——定容体积，mL；

m——最终样液所代表的样品质量，g。

计算结果以重复性条件下获得的两次独立测定结果的算术平均值表示，结果保留三位有效数字。

在重复性条件下获得的两次独立测定结果的绝对差值不得超过算术平均值的10%。

本方法的检出限为0.03mg/kg，定量限为0.1mg/kg。

七、注意事项

(1)计算结果以环己基氨基磺酸计，请注意与环己基氨基磺酸钠之间的换算关系。

(2)“经0.22μm水相微孔滤膜过滤后备用”步骤时需要验证所用微孔滤膜对目标分析物的吸附问题。

思考题

白酒中环己基氨基磺酸钠阳性样品如何准确定性？

第3章　生物污染物检测

实验1　食品中乳酸菌检验

一、实验目的

掌握测定食品中乳酸菌数量的方法。

二、实验原理

将待测样品经适当稀释后，微生物充分分散成单个细胞，取一定量的稀释液到平板上，经过培养基的培养，每个细胞繁殖成为菌落，通过统计菌落数计算稀释倍数的方式测定含菌数。

三、试剂和培养基

(1)生理盐水：NaCl 8.5g。制法：将上述成分加入1 000mL蒸馏水中，加热溶解，分装后121℃高压灭菌15~20min。

(2)MRS(man rogosa sharpe)培养基及莫匹罗星锂盐(Li-mupirocin)和半胱氨酸盐酸盐(cysteine hydrochloride)改良MRS培养基：

①MRS培养基

成分：蛋白胨10.0g，牛肉粉5.0g，酵母粉4.0g，葡萄糖20.0g，吐温-80 1.0mL，$K_2HPO_4 \cdot 7H_2O$ 2.0g，醋酸钠($CH_3OONa \cdot 3H_2O$)5.0g，柠檬酸三铵2.0g，$MgSO_4 \cdot 7H_2O$ 0.2g，$MnSO_4 \cdot 4H_2O$ 0.05g，琼脂粉15.0g。

制法：将上述成分加入1 000mL蒸馏水中，加热溶解，调节pH至6.2±0.2，分装后121℃高压灭菌15~20min。

②莫匹罗星锂盐和半胱氨酸盐酸盐改良MRS培养基

莫匹罗星锂盐储备液制备：称取50mg莫匹罗星锂盐加入50mL蒸馏水中，用0.22μm微孔滤膜过滤除菌。

半胱氨酸盐酸盐储备液制备：称取250mg半胱氨酸盐酸盐加入50mL蒸馏水中，用0.22μm微孔滤膜过滤除菌。

(3)MC培养基(modified chalmers培养基)：

成分：大豆蛋白胨5.0g，牛肉粉3.0g，酵母粉3.0g，葡萄糖20.0g，乳糖20.0g，碳酸钙10.0g，琼脂15.0g，蒸馏水1 000mL，中性红溶液5.0mL。

制法：前面7种成分加入蒸馏水中，加热溶解，调节pH至6.0±0.2，加入中性红溶液，分装后121℃高压灭菌15~20min。

(4)0.5%蔗糖发酵管、0.5%纤维二糖发酵管、0.5%麦芽糖发酵管、0.5%甘露醇发酵管、0.5%水杨苷发酵管、0.5%山梨醇发酵管、0.5%乳糖发酵管：

基础成分：牛肉膏 5.0g，蛋白胨 5.0g，酵母浸膏 5.0g，吐温-80 0.5mL，琼脂 1.5g，1.6%溴甲酚紫酒精溶液 1.4mL，蒸馏水 1 000mL。

制法：按 0.5%加入所需糖类，并分装小试管，121℃高压灭菌 15~20min。

(5)七叶苷发酵管：

成分：蛋白胨 5.0g，磷酸氢二钾 1.0g，七叶苷 3.0g，柠檬酸铁 0.5g，1.6%溴甲酚紫酒精溶液 1.4mL，蒸馏水 100mL。

制法：将上述成分加入蒸馏水中，加热溶解，121℃高压灭菌 15~20min。

(6)革兰染色液：

①结晶紫染色液

成分：结晶紫 1.0g，95%乙醇 20mL，1%草酸铵水溶液 80mL。

制法：将结晶紫完全溶解于乙醇中，然后与草酸铵溶液混合。

②革兰氏碘液

成分：碘 1.0g，碘化钾 2.0g，蒸馏水 300mL。

制法：将碘与碘化钾先进行混合，加入蒸馏水少许充分振摇，待完全溶解后，再加蒸馏水至 300mL。

③沙黄复染液

成分：沙黄 0.25g，95%乙醇 10mL，蒸馏水 90mL。

制法：将沙黄溶解于乙醇中，然后用蒸馏水稀释。

④染色法　将涂片在酒精灯火焰上固定，滴加结晶紫染色液，染 1min，水洗。滴加革兰氏碘液，作用 1min，水洗。滴加 95%乙醇脱色，15~30s，直至染色液被洗掉，不要过分脱色，水洗。滴加复染液，复染 1min。水洗、待干、镜检。

(7)莫匹罗星锂盐：化学纯。

(8)半胱氨酸盐酸盐：纯度>99%。

四、仪器和设备

除微生物实验室常规灭菌及培养设备外，其他设备和材料如下：

(1)恒温培养箱：(36±1)℃。

(2)冰箱：2~5℃。

(3)均质器及无菌均质袋、均质杯或灭菌乳钵。

(4)分析天平：感量为 0.01g。

(5)无菌试管：18mm×180mm、15mm×100mm。

(6)无菌吸管：1mL(具 0.01mL 刻度)、10mL(具 0.1mL 刻度)或微量移液器及吸头。

(7)无菌锥形瓶：500mL、250mL。

五、实验步骤

1. 样品制备

(1)样品的全部制备过程均应遵循无菌操作程序。

(2)冷冻样品可先使其在 2～5℃条件下解冻，时间不超过 18h，也可在温度不超过 45℃的条件下解冻，时间不超过 15min。

(3)固体和半固体食品：以无菌操作称取 25g 样品，置于装有 225mL 生理盐水的无菌均质杯内，于 8 000～10 000r/min 均质 1～2min，制成 1∶10 样品匀液；或置于 225mL 生理盐水的无菌均质袋中，用拍击式均质器拍打 1～2min 制成 1∶10 的样品匀液。

(4)液体样品：液体样品应先将其充分摇匀后以无菌吸管吸取样品 25mL 放入装有 225mL 生理盐水的无菌锥形瓶(瓶内预置适当数量的无菌玻璃珠)中，充分振摇，制成 1∶10的样品匀液。

2. 步骤

(1)用 1mL 无菌吸管或微量移液器吸取 1∶10 样品匀液 1mL，沿管壁缓慢注于装有 9mL 生理盐水的无菌试管中(注意吸管尖端不要触及稀释液)，振摇试管或换用 1 支无菌吸管反复吹打使其混合均匀，制成 1∶100 的样品匀液。

(2)另取 1mL 无菌吸管或微量移液器吸头，按上述操作顺序，做 10 倍递增样品匀液，每递增稀释一次，即换用 1 次 1mL 灭菌吸管或吸头。

(3)乳酸菌计数：

①乳酸菌总数　乳酸菌总数计数培养条件的选择及结果说明见表 3-1。

表 3-1　乳酸菌总数计数培养条件的选择及结果说明

样品中所包括乳酸菌菌属	培养条件的选择及结果说明
仅包括双歧杆菌属	按 GB 4789. 34—2016 的规定执行
仅包括乳杆菌属	按照④操作，结果即为乳杆菌属总数
仅包括嗜热链球菌	按照③操作，结果即为嗜热链球菌总数
同时包括双歧杆菌属和乳杆菌属	按照④操作，结果即为乳酸菌总数； 如需单独计数双歧杆菌属数目，按照②操作
同时包括双歧杆菌属和嗜热链球	按照②和③操作，二者结果之和即为乳酸菌总数； 如需单独计数双歧杆菌属数目，按照②操作
同时包括乳杆菌属和嗜热链球菌	按照③和④操作，二者结果之和即为乳酸菌总数； ③结果为嗜热链球菌总数； ④结果为乳杆菌属总数
同时包括双歧杆菌属，乳杆菌属和嗜热链球菌	按照③和④操作，二者结果之和即为乳酸菌总数； 如需单独计数双歧杆菌属数目，按照②操作

②双歧杆菌计数　根据对待检样品双歧杆菌含量的估计，选择 2～3 个连续的适宜稀释度，每个稀释度吸取 1mL 样品匀液于灭菌平皿内，每个稀释度做两个平皿。稀释液移入平皿后，将冷却至 48℃的莫匹罗星锂盐和半胱氨酸盐酸盐改良的 MRS 培养基倾注入平皿约 15mL，转动平皿使混合均匀。(36±1)℃厌氧培养(72±2)h，培养后计数平板上的所有菌落数。从样品稀释到平板倾注要求在 15min 内完成。

③嗜热链球菌计数　根据待检样品嗜热链球菌活菌数的估计，选择 2～3 个连续的适宜稀释度，每个稀释度吸取 1mL 样品匀液于灭菌平皿内，每个稀释度做两个平皿。稀释液移入平皿后，将冷却至 48℃的 MC 培养基倾注入平皿约 15mL，转动平皿使混合均匀。(36±1)℃需氧培养(72±2)h，培养后计数。嗜热链球菌在 MC 琼脂平板上的菌落

特征为：菌落中等偏小，边缘整齐光滑的红色菌落，直径(2±1)mm，菌落背面为粉红色。从样品稀释到平板倾注要求在15min内完成。

④乳杆菌计数　根据待检样品活菌总数的估计，选择2~3个连续的适宜稀释度，每个稀释度吸取1mL样品匀液于灭菌平皿内，每个稀释度做两个平皿。稀释液移入平皿后，将冷却至48℃的MRS琼脂培养基倾注入平皿约15mL，转动平皿使混合均匀。(36±1)℃厌氧培养(72±2)h。从样品稀释到平板倾注要求在15min内完成。

3. 菌落计数

注：可用肉眼观察，必要时用放大镜或菌落计数器，记录稀释倍数和相应的菌落数量。菌落计数以菌落形成单位(colony-forming units，CFU)表示。

(1)选取菌落数在30~300CFU之间、无蔓延菌落生长的平板计数菌落总数。低于30CFU的平板记录具体菌落数，大于300CFU的可记录为多不可计。每个稀释度的菌落数应采用两个平板的平均数。

(2)其中一个平板有较大片状菌落生长时，则不宜采用，而应以无片状菌落生长的平板作为该稀释度的菌落数；若片状菌落不到平板的一半，而其余一半中菌落分布又很均匀，即可计算半个平板后乘以2，代表一个平板菌落数。

(3)当平板上出现菌落间无明显界线的链状生长时，则将每条单链作为一个菌落计数。

六、结果处理

(1)若只有一个稀释度平板上的菌落数在适宜计数范围内，计算两个平板菌落数的平均值，再将平均值乘以相应稀释倍数，作为每克或每毫升中菌落总数结果。

(2)若有两个连续稀释度的平板菌落数在适宜计数范围内时，按式(3-1)计算：

$$N=\frac{\sum C}{(n_1+0.1n_2)d} \tag{3-1}$$

式中　N——样品中菌落数；

$\sum C$——平板(含适宜范围菌落数的平板)菌落数之和；

n_1——第一稀释度(低稀释倍数)平板个数；

n_2——第二稀释度(高稀释倍数)平板个数；

d——稀释因子(第一稀释度)。

(3)若所有稀释度的平板上菌落数均大于300CFU，则对稀释度最高的平板进行计数，其他平板可记录为多不可计，结果按平均菌落数乘以最高稀释倍数计算。

(4)若所有稀释度的平板菌落数均小于30CFU，则应按稀释度最低的平均菌落数乘以稀释倍数计算。

(5)若所有稀释度(包括液体样品原液)平板均无菌落生长，则以小于1乘以最低稀释倍数计算。

(6)若所有稀释度的平板菌落数均不在30~300CFU之间，其中一部分小于30CFU或大于300CFU时，则以最接近30CFU或300CFU的平均菌落数乘以稀释倍数计算。

七、注意事项

称重取样以CFU/g为单位报告，体积取样以CFU/mL为单位报告。

思考题

结果数据如何进行修约?

实验 2　食品中副溶血性弧菌检验

一、实验目的

测定食品中的副溶血性弧菌。

二、实验原理

将目标菌分离培养，利用氯化钠三糖铁反应、革兰染色的原理进行生化鉴定和检测。

三、试剂和培养基

(1)3%氯化钠碱性蛋白胨水:

成分：蛋白胨 10.0g，氯化钠 30.0g，蒸馏水 1 000mL。

制法：将各成分溶于蒸馏水中，校正 pH 至 8.5±0.2，121℃高压灭菌 10min。

(2)硫代硫酸盐-柠檬酸盐-胆盐-蔗糖(TCBS)琼脂:

成分：蛋白胨 10.0g，酵母浸膏 5.0g，柠檬酸钠($C_6H_5O_7Na_3 \cdot 2H_2O$)10.0g，硫代硫酸钠($Na_2S_2O_3 \cdot 5H_2O$)10.0g，氯化钠 10.0g，牛胆汁粉 5.0g，柠檬酸铁 1.0g，胆酸钠 3.0g，蔗糖 20.0g，溴麝香草酚蓝 0.04g，麝香草酚蓝 0.04g，琼脂 15.0g，蒸馏水 1 000mL。

制法：将各成分溶于蒸馏水中，校正 pH 至 8.6±0.2，加热煮沸至完全溶解。冷至 50℃左右倾注平板备用。

(3)3%氯化钠胰蛋白胨大豆琼脂:

成分：胰蛋白胨 15.0g，大豆蛋白胨 5.0g，氯化钠 30.0g，琼脂 15.0g，蒸馏水 1 000mL。

制法：将各成分溶于蒸馏水中，校正 pH 至 7.3±0.2，121℃高压灭菌 15min。

(4)3%氯化钠三糖铁琼脂:

成分：蛋白胨 15.0g，脲蛋白胨 5.0g，牛肉膏 3.0g，酵母浸膏 3.0g，氯化钠 30.0g，乳糖 10.0g，蔗糖 10.0g，葡萄糖 1.0g，硫酸亚铁($FeSO_4$)0.2g，苯酚红 0.024g，硫代硫酸钠($Na_2S_2O_3$)0.3g，琼脂 12.0g，蒸馏水 1 000mL。

制法：将各成分溶于蒸馏水中，校正 pH 至 7.4±0.2。分装到适当容量的试管中。121℃高压灭菌 15min。制成高层斜面，斜面长 4~5cm，高层深度为 2~3cm。

(5)嗜盐性试验培养基:

成分：胰蛋白胨 10.0g，氯化钠按不同量加入，蒸馏水 1 000mL。

制法：将各成分溶于蒸馏水中，校正 pH 至 7.2±0.2，共配制 5 瓶，每瓶 100mL。每瓶分别加入不同量的氯化钠：不加；3g；6g；8g；10g。分装试管，121℃高压灭菌15min。

(6)3%氯化钠甘露醇试验培养基：

成分：牛肉膏5.0g，蛋白胨10.0g，氯化钠30.0g，磷酸氢二钠($Na_2HPO_4 \cdot 12H_2O$)2.0g，甘露醇5.0g，溴麝香草酚蓝0.024g，蒸馏水1 000mL。

制法：将各成分溶于蒸馏水中，校正pH至7.4±0.2，分装小试管，121℃高压灭菌10min。

试验方法：从琼脂斜面上挑取培养物接种，于(36±1)℃培养不少于24h，观察结果。甘露醇阳性者培养物呈黄色，阴性者为绿色或蓝色。

(7)3%氯化钠赖氨酸脱羧酶试验培养基：

成分：蛋白胨5.0g，酵母浸膏3.0g，葡萄糖1.0g，溴甲酚紫0.02g，L-赖氨酸5.0g，氯化钠30.0g，蒸馏水1 000mL。

制法：除赖氨酸以外的成分溶于蒸馏水中，校正pH至6.8±0.2。再按0.5%的比例加入赖氨酸，对照培养基不加赖氨酸。分装小试管，每管0.5mL，121℃高压灭菌15min。

试验方法：从琼脂斜面上挑取培养物接种，于(36±1)℃培养不少于24h，观察结果。赖氨酸脱羧酶阳性者由于产碱中和葡萄糖产酸，故培养基仍应呈紫色。阴性者无碱性产物，但因葡萄糖产酸而使培养基变为黄色。对照管应为黄色。

(8)3%氯化钠MR-VP培养基：

成分：多胨7.0g，葡萄糖5.0g，磷酸氢二钾(K_2HPO_4)5.0g，氯化钠30.0g，蒸馏水1 000mL。

制法：将各成分溶于蒸馏水中，校正pH至6.9±0.2，分装试管，121℃高压灭菌15min。

(9)3%氯化钠溶液：

成分：氯化钠30.0g，蒸馏水1 000mL。

制法：将氯化钠溶于蒸馏水中，校正pH至7.2±0.2，121℃高压灭菌15min。

(10)我妻氏血琼脂：

成分：酵母浸膏3.0g，蛋白胨10.0g，氯化钠70.0g，磷酸氢二钾(K_2HPO_4)5.0g，甘露醇10.0g，结晶紫0.001g，琼脂15.0g，蒸馏水1 000mL。

制法：将各成分溶于蒸馏水中，校正pH至8.0±0.2，加热至100℃，保持30min，冷至45~50℃，与50mL预先洗涤的新鲜人或兔红细胞(含抗凝血剂)混合，倾注平板。干燥平板，尽快使用。

(11)氧化酶试剂：

成分：N,N,N',N'-四甲基对苯二胺盐酸盐1.0g，蒸馏水100mL。

制法：将N,N,N',N'-四甲基对苯二胺盐酸盐溶于蒸馏水中，2~5℃冰箱内避光保存，在7d之内使用。

试验方法：用细玻璃棒或一次性接种针挑取新鲜(24h)菌落，涂布在氧化酶试剂湿润的滤纸上。如果滤纸在10s之内呈现粉红或紫红色，即为氧化酶试验阳性。不变色为氧化酶试验阴性。

(12)革兰染色液：

①结晶紫染色液

成分：结晶紫1.0g，95%乙醇20.0mL，1%草酸铵水溶液80.0mL。

制法：将结晶紫完全溶解于乙醇中，然后与草酸铵溶液混合。

②革兰氏碘液

成分：碘1.0g，碘化钾2.0g，蒸馏水300mL。

制法：将碘与碘化钾先进行混合，加入蒸馏水少许充分振摇，待完全溶解后，再加蒸馏水至300mL。

③沙黄复染液

成分：沙黄0.25g，95%乙醇10.0mL，蒸馏水90.0mL。

制法：将沙黄溶解于乙醇中，然后用蒸馏水稀释。

④染色法

a. 将涂片在酒精灯火焰上固定，滴加结晶紫染色液，染1min，水洗。

b. 滴加革兰氏碘液，作用1min，水洗。

c. 滴加95%乙醇脱色，15~30s，直至染色液被洗掉，不要过分脱色，水洗。

d. 滴加复染液，复染1min。水洗、待干、镜检。

(13)ONPG试剂：

缓冲液成分：磷酸氢二钠(Na_2HPO_4)6.9g，蒸馏水加至50.0mL。

缓冲液制法：将磷酸二氢钠溶于蒸馏水中，校正pH至7.0。缓冲液置2~5℃冰箱保存。

ONPG溶液成分：邻硝基酚-β-D-半乳糖苷(ONPG)0.08g，蒸馏水15.0mL，缓冲液5.0mL。

ONPG溶液制法：将ONPG在37℃的蒸馏水中溶解，加入缓冲液。ONPG溶液置2~5℃冰箱保存。试验前，将所需用量的ONPG溶液加热至37℃。

试验方法：将待检培养物接种3%氯化钠三糖铁琼脂，(36±1)℃培养18h。挑取一满环新鲜培养物接种于0.25mL 3%氯化钠溶液，在通风橱中，滴加1滴甲苯，摇匀后置37℃水浴5min。加0.25mL ONPG溶液，(36±1)℃培养观察24h。阳性结果呈黄色，阴性结果则24h不变色。

(14)Voges-Proskauer(V-P)试剂：

成分：甲液：α-萘酚5.0g，无水乙醇100.0mL；乙液：氢氧化钾40.0g，用蒸馏水加至100.0mL。

试验方法：将3%氯化钠胰蛋白胨大豆琼脂生长物接种3%氯化钠MR-VP培养基，(36±1)℃培养48h。取1mL培养物，转放到一个试管内，加0.6mL甲液，摇动。加0.2mL乙液，摇动。加入3mg肌酸结晶，4h后观察结果。阳性结果呈现伊红的粉红色。

(15)弧菌显色培养基。

(16)生化鉴定试剂盒。

四、仪器和设备

除微生物实验室常规灭菌及培养设备外，其他设备和材料如下：

(1)恒温培养箱：(36±1)℃。

(2)冰箱：2~5℃、7~10℃。

(3)恒温水浴箱：(36±1)℃。

(4)均质器或无菌乳钵。

(5)电子天平：感量为0.1g。

(6)无菌试管：18mm×180mm、15mm×100mm。

(7)无菌吸管：1mL(具0.01mL刻度)、10mL(具0.1mL刻度)或微量移液器及吸头。

(8)无菌锥形瓶：250mL、500mL、1 000mL。

(9)无菌培养皿：直径90mm。

(10)全自动微生物生化鉴定系统。

(11)无菌手术剪、镊子。

五、实验步骤

1. 样品制备

(1)非冷冻样品采集后应立即置7~10℃冰箱保存，尽可能及早检验；冷冻样品应在45℃以下不超过15min或在2~5℃不超过18h解冻。

(2)鱼类和头足类动物取表面组织、肠或鳃。贝类取全部内容物，包括贝肉和体液；甲壳类取整个动物，或者动物的中心部分，包括肠和鳃。如为带壳贝类或甲壳类，则应先在自来水中洗刷外壳并甩干表面水分，然后以无菌操作打开外壳，按上述要求取相应部分。

(3)以无菌操作取样品25g(mL)，加入3%氯化钠碱性蛋白胨水225mL，用旋转刀片式均质器以8 000r/min均质1min，或拍击式均质器拍击2min，制备成1∶10的样品匀液。如无均质器，则将样品放入无菌乳钵，自225mL 3%氯化钠碱性蛋白胨水中取少量稀释液加入无菌乳钵，样品磨碎后放入500mL无菌锥形瓶，再用少量稀释液冲洗乳钵中的残留样品1~2次，洗液放入锥形瓶，最后将剩余稀释液全部放入锥形瓶，充分振荡，制备1∶10的样品匀液。

2. 增菌

(1)定性检测：将制备的1∶10液体样品于(36±1)℃培养8~18h。

(2)定量检测：

①用无菌吸管吸取1∶10液体样品1mL，注入含有9mL 3%氯化钠碱性蛋白胨水的试管内，振摇试管混匀，制备1∶100的液体样品。

②另取1mL无菌吸管，按操作程序，依次制备10倍系列稀释液体样品，每递增稀释一次，换用一支1mL无菌吸管。

③根据对检样污染情况的估计，选择3个适宜的连续稀释度，每个稀释度接种3支含有9mL 3%氯化钠碱性蛋白胨水的试管，每管接种1mL。置(36±1)℃恒温箱内，培养8~18h。

3. 分离

(1)对所有显示生长的增菌液，用接种环在距离液面以下1cm内沾取一环增菌液，于TCBS平板或弧菌显色培养基平板上划线分离。一支试管划线一块平板。于(36±1)℃培养18~24h。

(2)典型的副溶血性弧菌在TCBS上呈圆形、半透明、表面光滑的绿色菌落，用接种环轻触，有类似口香糖的质感，直径2~3mm。从培养箱取出TCBS平板后，应尽快(不超过1 h)挑取菌落或标记要挑取的菌落。典型的副溶血性弧菌在弧菌显色培养基上的特征按照产品说明进行判定。

4. 纯培养

挑取3个或以上可疑菌落，划线接种3%氯化钠胰蛋白胨大豆琼脂平板，(36±1)℃培养18~24h。

5. 初步鉴定

(1)氧化酶试验：挑选纯培养的单个菌落进行氧化酶试验，副溶血性弧菌为氧化酶阳性。

(2)涂片镜检：将可疑菌落涂片，进行革兰染色，镜检观察形态。副溶血性弧菌为革兰阴性，呈棒状、弧状、卵圆状等多形态，无芽胞，有鞭毛。

(3)挑取纯培养的单个可疑菌落，接种到3%氯化钠三糖铁琼脂斜面并穿刺底层，(36±1)℃培养24h观察结果。副溶血性弧菌在3%氯化钠三糖铁琼脂中的反应为底层变黄不变黑，无气泡，斜面颜色不变或红色加深，有动力。

(4)嗜盐性试验：挑取纯培养的单个可疑菌落，分别接种0%、6%、8%和10%不同氯化钠浓度的碱性蛋白胨水，(36±1)℃培养24h，观察液体混浊情况。副溶血性弧菌在无氯化钠和10%氯化钠的碱性蛋白胨水中不生长或微弱生长，在6%氯化钠和8%氯化钠的胰胨水中生长旺盛。

6. 确定鉴定

取纯培养物分别接种含3%氯化钠的甘露醇试验培养基、赖氨酸脱羧酶试验培养基、MR-VP培养基，(36±1)℃培养24~48h后观察结果；3%氯化钠三糖铁琼脂隔夜培养物进行ONPG试验。可选择生化鉴定试剂盒或全自动微生物生化鉴定系统。

六、结果处理

根据检出的可疑菌落生化性状，报告25g(mL)样品中检出副溶血性弧菌。如果进行定量检测，根据证实为副溶血性弧菌阳性的试管管数，查最可能数(MPN)检索表，报告每克(毫升)副溶血性弧菌的MPN值。副溶血性弧菌菌落生化性状和与其他弧菌的鉴别情况分别见表3-2和表3-3。

表3-2 副溶血性弧菌的生化性状

试验项目	结果	试验项目	结果
革兰染色镜检	阴性，无芽胞	分解葡萄糖产气	-
氧化酶	+	乳糖	-
动力	+	硫化氢	-
蔗糖	-	赖氨酸脱羧酶	+
葡萄糖	+	V-P	-
甘露醇	+	ONPG	-

注：+表示阳性；-表示阴性。

表 3-3 副溶血性弧菌主要性状与其他弧菌的鉴别

名称	氧化酶	赖氨酸	精氨酸	鸟氨酸	明胶	脲酶	V-P	42℃生长	蔗糖	D-纤维二糖	乳糖	阿拉伯糖	D-甘露糖	D-甘露醇	ONPG	嗜盐性试验氯化钠含量%				
																0	3	6	8	10
副溶血性弧菌	+	+	−	+	+	V	−	+	−	V	−	+	+	+	−	−	+	+	+	−
创伤弧菌	+	+	−	+	+	−	−	+	−	+	+	−	+	V	+	−	+	+	−	−
溶藻弧菌	+	+	−	+	+	−	+	+	+	−	−	−	+	+	−	−	+	+	+	+
霍乱弧菌	+	+	−	+	+	−	V	+	+	−	−	−	+	+	+	+	+	−	−	−
拟态弧菌	+	+	−	+	+	−	−	+	−	−	−	−	+	+	+	+	+	−	−	−
河弧菌	+	−	+	−	+	−	−	V	+	+	−	+	+	+	+	−	+	+	V	−
弗氏弧菌	+	−	+	−	+	−	−	−	+	−	−	+	+	+	+	−	+	+	+	−
梅氏弧菌	−	+	+	−	+	−	+	V	+	−	−	−	+	+	+	−	+	+	V	−
霍利斯弧菌	+	−	−	−	−	−	−	nd	−	−	−	+	+	−	−	−	+	+	−	−

注：+表示阳性；−表示阴性；nd 表示未试验；V 表示可变。

七、注意事项

本菌不耐热，不耐冷，不耐酸，56℃时 5~10min 即可死亡。

思考题

如何选择一款质量可靠、性能优越的显色培养基？

实验 3 食品中单核细胞增生李斯特氏菌检验——平板计数法

一、实验目的

定量测定食品中单核细胞增生李斯特氏菌。

二、实验原理

将待测样品经适当稀释后，微生物充分分散成单个细胞，取一定量的稀释液到平板上，经过培养基的培养，每个细胞繁殖成为菌落，通过统计菌落数，折算稀释倍数的方式测定含菌数。

三、试剂和培养基

(1)含0.6%酵母浸膏的胰酪胨大豆肉汤(TSB-YE)。

(2)含0.6%酵母浸膏的胰酪胨大豆琼脂(TSA-YE)。

(3)李氏增菌肉汤LB(LB_1，LB_2)。

(4)1%盐酸吖啶黄(acriflavine HCl)溶液。

(5)1%萘啶酮酸钠盐(nalidixic acid)溶液。

(6)PALCAM琼脂。

(7)革兰染液。

(8)SIM动力培养基。

(9)缓冲葡萄糖蛋白胨水(MR和V-P试验用)。

(10)5%~8%羊血琼脂。

(11)糖发酵管。

(12)过氧化氢试剂。

(13)李斯特氏菌显色培养基。

(14)生化鉴定试剂盒或全自动微生物鉴定系统。

(15)缓冲蛋白胨水。

(16)单核细胞增生李斯特氏菌(*Listeria monocytogenes*)ATCC19111或CMCC54004，或其他等效标准菌株。

(17)英诺克李斯特氏菌(*Listeria innocua*)ATCC33090，或其他等效标准菌株。

(18)伊氏李斯特氏菌(*Listeria ivanovii*)ATCC19119，或其他等效标准菌株。

(19)斯氏李斯特氏菌(*Listeria seeligeri*)ATCC35967，或其他等效标准菌株。

(20)金黄色葡萄球菌(*Staphylococcus aureus*)ATCC25923，或其他产β-溶血环金葡菌，或其他等效标准菌株。

(21)马红球菌(*Rhodococcus equi*)ATCC6939或NCTC1621，或其他等效标准菌株。

四、仪器和设备

除微生物实验室常规灭菌及培养设备外，其他设备和材料如下：

(1)冰箱：2~5℃。

(2)恒温培养箱(30±1)℃、(36±1)℃。

(3)均质器。

(4)显微镜：10~100×。

(5)电子天平：感量为0.1g。

(6)锥形瓶：100mL、500mL。

(7)无菌吸管：1mL(具0.01mL刻度)、10mL(具0.1mL刻度)或微量移液器及吸头。

(8)无菌平皿：直径90mm。

(9)无菌试管：16mm×160mm。

(10)离心管：30mm×100mm。

（11）无菌注射器：1mL。

（12）全自动微生物生化鉴定系统。

五、实验步骤

1. 样品的稀释

（1）以无菌操作称取样品 25g（mL），放入盛有 225mL 缓冲蛋白胨水或无添加剂的 LB 肉汤的无菌均质袋内（或均质杯）内，在拍击式均质器上连续均质 1~2min 或以 8 000~10 000r/min 均质 1~2min。液体样品，振荡混匀，制成 1∶10 的样品匀液。

（2）用 1mL 无菌吸管或微量移液器吸取 1∶10 样品匀液 1mL，沿管壁缓慢注于盛有 9mL 缓冲蛋白胨水或无添加剂的 LB 肉汤的无菌试管中（注意吸管或吸头尖端不要触及稀释液面），振摇试管或换用 1 支 1mL 无菌吸管反复吹打使其混合均匀，制成 1∶100 的样品匀液。

（3）按操作程序，制备 10 倍系列稀释样品匀液。每递增稀释 1 次，换用 1 支 1mL 无菌吸管或吸头。

2. 样品的接种

根据对样品污染状况的估计，选择 2~3 个适宜连续稀释度的样品匀液（液体样品可包括原液），每个稀释度的样品匀液分别吸取 1mL 以 0.3、0.3、0.4mL 的接种量分别加入 3 块李斯特氏菌显色平板，用无菌 L 棒涂布整个平板，注意不要触及平板边缘。使用前，如琼脂平板表面有水珠，可放在 25~50℃ 的培养箱里干燥，直到平板表面的水珠消失。

3. 培养

在通常情况下，涂布后，将平板静置 10min，如样液不易吸收，可将平板放在培养箱（36±1）℃培养 1h；等样品匀液吸收后翻转平皿，倒置于培养箱，（36±1）℃培养 24~48h。

4. 典型菌落计数和确认

（1）单核细胞增生李斯特氏菌在李斯特氏菌显色平板上的菌落特征以产品说明为准。

（2）选择有典型单核细胞增生李斯特氏菌菌落的平板，且同一稀释度 3 个平板所有菌落数合计在 15~150CFU 之间的平板，计数典型菌落数。如果：

①只有一个稀释度的平板菌落数在 15~150CFU 之间且有典型菌落，计数该稀释度平板上的典型菌落。

②所有稀释度的平板菌落数均小于 15CFU 且有典型菌落，应计数最低稀释度平板上的典型菌落。

③一稀释度的平板菌落数大于 150CFU 且有典型菌落，但下一稀释度平板上没有典型菌落，应计数该稀释度平板上的典型菌落。

④所有稀释度的平板菌落数大于 150CFU 且有典型菌落，应计数最高稀释度平板上的典型菌落。

⑤所有稀释度的平板菌落数均不在 15~150CFU 之间且有典型菌落，其中一部分小于 15CFU 或大于 150CFU 时，应计数最接近 15CFU 或 150CFU 的稀释度平板上的典型菌

落。以上按式(3-2)计算。

⑥2 个连续稀释度的平板菌落数均在 15~150CFU 之间，按式(3-3)计算。

(3)从典型菌落中任选 5 个菌落(小于 5 个则全选)，分别按下述初筛和鉴定的操作方法进行鉴定。

(4)初筛：自选择性琼脂平板上分别挑取 3~5 个典型或可疑菌落，分别接种木糖、鼠李糖发酵管，于(36±1)℃ 培养(24±2)h，同时在 TSA-YE 平板上划线，于(36±1)℃ 培养 18~24h，然后选择木糖阴性、鼠李糖阳性的纯培养物继续进行鉴定。

(5)鉴定(或选择生化鉴定试剂盒或全自动微生物鉴定系统等)：

①染色镜检　李斯特氏菌为革兰阳性短杆菌，大小为(0.4~0.5μm)×(0.5~2.0μm)；用生理盐水制成菌悬液，在油镜或相差显微镜下观察，该菌出现轻微旋转或翻滚样的运动。

②动力试验　挑取纯培养的单个可疑菌落穿刺半固体或 SIM 动力培养基，于 25~30℃ 培养 48h，李斯特氏菌有动力，在半固体或 SIM 培养基上方呈伞状生长，如伞状生长不明显，可继续培养 5d，再观察结果。

③生化鉴定　挑取纯培养的单个可疑菌落，进行过氧化氢酶试验，过氧化氢酶阳性反应的菌落继续进行糖发酵试验和 MR-VP 试验。单核细胞增生李斯特氏菌的主要生化特征见表 3-4。

表 3-4　单核细胞增生李斯特氏菌生化特征与其他李斯特氏菌的区别

菌种	溶血反应	葡萄糖	麦芽糖	MR-VP	甘露醇	鼠李糖	木糖	七叶苷
单核细胞增生李斯特氏菌	+	+	+	+/+	-	+	-	+
格氏李斯特氏菌	-	+	+	+/+		+	-	+
斯氏李斯特氏菌	+	+	+	+/+		-	+	+
威氏李斯特氏菌	-	+	+	+/+		-	+	+
伊氏李斯特氏菌	+	+	+	+/+		-	+	+
英诺克李斯特氏菌	-	+	+	+/+		-	-	+

注：+阳性；-阴性。

④溶血试验　将新鲜的羊血琼脂平板底面划分为 20~25 个小格，挑取纯培养的单个可疑菌落穿刺接种到血平板上，每格穿刺接种一个菌落，并穿刺接种阳性对照菌(单核细胞增生李斯特氏菌、伊氏李斯特氏菌和斯氏李斯特氏菌)和阴性对照菌(英诺克李斯特氏菌)，穿刺时尽量接近底部，但不要触到底面，同时避免琼脂破裂，(36±1)℃ 培养 24~48h，于明亮处观察，单核细胞增生李斯特氏菌呈现狭窄、清晰、明亮的溶血圈，斯氏李斯特氏菌在穿刺接种点周围产生弱的透明溶血圈，英诺克李斯特氏菌无溶血圈，伊氏李斯特氏菌产生宽的、轮廓清晰的 β-溶血区域，若结果不明显，可放置在 4℃ 冰箱 24~48h 再观察。

⑤协同溶血试验 cAMP(可选项目)　在羊血琼脂平板上平行划线接种金黄色葡萄球菌和马红球菌，挑取纯培养的单个可疑菌落垂直划线接种于平行线之间，垂直线两端不要触及平行线，距离 1~2mm，同时接种单核细胞增生李斯特氏菌、英诺克李斯特氏菌、伊氏李斯特氏菌和斯氏李斯特氏菌，于(36±1)℃ 培养 24~48h。单核细胞增生李斯特氏

菌在靠近金黄色葡萄球菌处出现约 2mm 的β-溶血增强区域，斯氏李斯特氏菌也出现微弱的溶血增强区域，伊氏李斯特氏菌在靠近马红球菌处出现 5~10mm 的“箭头状”β-溶血增强区域，英诺克李斯特氏菌不产生溶血现象。若结果不明显，可放置在 4℃冰箱 24~48h 再观察。

注：5%~8%的单核细胞增生李斯特氏菌在马红球菌一端有溶血增强现象。

六、结果处理

$$T=\frac{AB}{Cd} \tag{3-2}$$

式中 T——样品中单核细胞增生李斯特氏菌菌落数；

A——某一稀释度典型菌落的总数；

B——某一稀释度确证为单核细胞增生李斯特氏菌的菌落数；

C——某一稀释度用于单核细胞增生李斯特氏菌确证试验的菌落数；

d——稀释因子。

$$T=\frac{A_1B_1/C_1+A_2B_2/C_2}{1.1d} \tag{3-3}$$

式中 T——样品中单核细胞增生李斯特氏菌菌落数；

A_1——第一稀释度(低稀释倍数)典型菌落的总数；

B_1——第一稀释度(低稀释倍数)确证为单核细胞增生李斯特氏菌的菌落数；

C_1——第一稀释度(低稀释倍数)用于单核细胞增生李斯特氏菌确证试验的菌落数；

A_2——第二稀释度(高稀释倍数)典型菌落的总数；

B_2——第二稀释度(高稀释倍数)确证为单核细胞增生李斯特氏菌的菌落数；

C_2——第二稀释度(高稀释倍数)用于单核细胞增生李斯特氏菌确证试验的菌落数；

1.1——计算系数；

d——稀释因子(第一稀释度)。

七、注意事项

(1)本法适用于单核细胞增生李斯特氏菌含量较高的食品中单核细胞增生李斯特氏菌的计数。

(2)报告每克(毫升)样品中单核细胞增生李斯特氏菌菌数，以 CFU/g(mL)表示；如 T 值为 0，则以小于 1 乘以最低稀释倍数报告。

思考题

除本方法外，还有什么方法可以定量测定单核细胞增生李斯特氏菌？

实验 4　食品中大肠菌群检验——平板计数法

一、实验目的

测定食品中大肠菌群数量。

二、实验原理

大肠菌群在固体培养基中发酵乳糖产酸，在指示剂的作用下形成可计数的红色或紫色，带有或不带有沉淀环的菌落，通过菌落数来计算大肠菌群数量。

三、试剂和培养基

(1)无菌磷酸盐缓冲液：

成分：磷酸二氢钾(KH_2PO_4)34. 0g，蒸馏水 500mL。

制法：

贮存液：称取 34. 0g 的磷酸二氢钾溶于 500mL 蒸馏水中，用约 175mL 的 1mol/L 氢氧化钠溶液调节 pH 至 7. 2±0. 2，用蒸馏水稀释至 1 000mL 后贮存于冰箱。

稀释液：取贮存液 1. 25mL，用蒸馏水稀释至 1 000mL，分装于适宜容器中，121℃高压灭菌 15min。

(2)无菌生理盐水：

成分：氯化钠 8. 5g，蒸馏水 1 000mL。

制法：称取 8. 5g 氯化钠溶于 1 000mL 蒸馏水中，121℃高压灭菌 15min。

(3)1mol/L 氢氧化钠溶液：

成分：NaOH 40. 0g，蒸馏水 1 000mL。

制法：称取 40. 0g 氢氧化钠溶于 1 000mL 无菌蒸馏水中。

(4)1mol/L 盐酸溶液：

成分：HCl 90mL，蒸馏水 1 000mL。

制法：移取浓盐酸 90mL，用无菌蒸馏水稀释至 1 000mL。

四、仪器和设备

除微生物实验室常规灭菌及培养设备外，其他设备和材料如下：

(1)恒温培养箱：(36±1)℃。

(2)冰箱：2~5℃。

(3)恒温水浴箱：(46±1)℃。

(4)电子天平：感量为 0. 1g。

(5)均质器。

(6)振荡器。

(7)菌落计数器。

(8)pH 计。

(9)无菌吸管：1mL(具 0.01mL 刻度)、10mL(具 0.1mL 刻度)或微量移液器。

(10)无菌锥形瓶：500mL。

(11)无菌培养皿：直径 90mm。

五、实验步骤

1. 样品的稀释

(1)固体和半固体样品：称取 25g 样品，放入盛有 225mL 磷酸盐缓冲液或生理盐水的无菌均质杯内，8 000~10 000r/min 均质 1~2min，或放入盛有 225mL 磷酸盐缓冲液或生理盐水的无菌均质袋中，用拍击式均质器拍打 1~2min，制成 1∶10 的样品匀液。

(2)液体样品：以无菌吸管吸取 25mL 样品置盛有 225mL 磷酸盐缓冲液或生理盐水的无菌锥形瓶(瓶内预置适当数量的无菌玻璃珠)或其他无菌容器中充分振摇或置于机械振荡器中振摇，充分混匀，制成 1∶10 的样品匀液。

(3)样品匀液的 pH 应在 6.5~7.5 之间，必要时分别用 1mol/L 氢氧化钠溶液或 1mol/L 盐酸溶液调节。

(4)用 1mL 无菌吸管或微量移液器吸取 1∶10 样品匀液 1mL，沿管壁缓缓注入 9mL 磷酸盐缓冲液或生理盐水的无菌试管中(注意吸管尖端不要触及稀释液面)，振摇试管或换用 1 支 1mL 无菌吸管反复吹打，使其混合均匀，制成 1∶100 的样品匀液。

(5)根据对样品污染状况的估计，按上述操作，依次制成 10 倍递增系列稀释样品匀液。每递增稀释 1 次，换用 1 支 1mL 无菌吸管。从制备样品匀液至样品接种完毕，全过程不得超过 15min。

2. 平板计数

(1)选取 2~3 个适宜的连续稀释度，每个稀释度接种 2 个无菌平皿，每皿 1mL。同时取 1mL 生理盐水加入无菌平皿做空白对照。

(2)及时将 15~20mL 溶化并恒温至 46℃ 的结晶紫中性红胆盐琼脂(VRBA)倾注于每个平皿中。小心旋转平皿，将培养基与样液充分混匀，待琼脂凝固后，再加 3~4mL VRBA 覆盖平板表层。翻转平板，置于(36±1)℃培养 18~24h。

3. 平板菌落数的选择

选取菌落数在 15~150CFU 之间的平板，分别计数平板上出现的典型和可疑大肠菌群菌落(如菌落直径较典型菌落小)。典型菌落为紫红色，菌落周围有红色的胆盐沉淀环，菌落直径为 0.5mm 或更大，最低稀释度平板低于 15CFU 的记录具体菌落数。

4. 证实试验

从 VRBA 平板上挑取 10 个不同类型的典型和可疑菌落，少于 10 个菌落的挑取全部典型和可疑菌落。分别移种于 BGLB 肉汤管内，(36±1)℃培养 24~48h，观察产气情况。凡 BGLB 肉汤管产气，即可报告为大肠菌群阳性。

六、结果处理

经最后证实为大肠菌群阳性的试管比例乘以计数的平板菌落数，再乘以稀释倍数，即为每克(毫升)样品中大肠菌群数。例如，10^{-4}样品稀释液 1mL，在 VRBA 平板上有 100 个典型和可疑菌落，挑取其中 10 个接种 BGLB 肉汤管，证实有 6 个阳性管，则该样品的大肠菌群数为：$100×6/10×10^4$/g(mL) = $6.0×10^5$CFU/g(mL)。若所有稀释度(包括液体样品原液)平板均无菌落生长，则以小于 1 乘以最低稀释倍数计算。

七、注意事项

(1)平板计数法适用于大肠菌群含量高于 100CFU/g(mL)的样品。但具体什么时候选用平板计数法进行大肠菌群的检测，大部分情况还是要看产品的执行标准。如产品标准要求大肠菌群含量的单位为 CFU/g(mL)，那必须选用平板计数法。

(2)选择 2~3 个适宜的连续稀释度。什么样的稀释度是合适的呢？这要根据计数来决定。计数环节要求选择菌落数在 15~150CFU 的平板进行计数，因此培养后菌落数在这个范围内的稀释度就是适宜的稀释度。对实验室经常检测的产品的大肠菌群的水平，检测人员是可以预计的，但是对盲样，能做的只有根据实际情况多检测几个稀释度。这里需要注意，液体样品的检测稀释度可以包括原液。

思考题

除平板计数法外，还有什么方法可以测定食品中大肠菌群数量？

实验 5　食品中志贺氏菌检验

一、实验目的

测定食品中志贺氏菌数量。

二、实验原理

将待测样品经适当稀释后，微生物充分分散成单个细胞，取一定量的稀释液到平板上，经过培养基的培养，每个细胞繁殖成为菌落，通过统计菌落数，计算稀释倍数的方式测定含菌数。

三、试剂和培养基

(1)志贺氏菌增菌肉汤-新生霉素：

①志贺氏菌增菌肉汤

成分：胰蛋白胨 20.0g，葡萄糖 1.0g，磷酸氢二钾 2.0g，磷酸二氢钾 2.0g，氯化钠 5.0g，吐温-80 1.5mL，蒸馏水 1 000mL。

制法：将以上成分混合加热溶解，冷却至 25℃左右校正 pH 至 7.0±0.2，分装适当的容器，121℃灭菌 15min。取出后冷却至 50~55℃，加入除菌过滤的新生霉素溶液(0.5μg/mL)，分装 225mL 备用。

注：如不立即使用，在2~8℃条件下可贮存一个月。

②新生霉素溶液

成分：新生霉素25.0mg，蒸馏水1 000mL。

制法：将新生霉素溶解于蒸馏水中，用0.22μm过滤膜除菌，如不立即使用，在2~8℃条件下可贮存一个月。

③临用时每225mL志贺氏菌增菌肉汤加入5mL新生霉素溶液，混匀。

(2)麦康凯(MAC)琼脂：

成分：蛋白胨20.0g，乳糖10.0g，3号胆盐1.5g，氯化钠5.0g，中性红0.03g，结晶紫0.001g，琼脂15.0g，蒸馏水1 000mL。

制法：将以上成分混合加热溶解，冷却至25℃左右校正pH至7.2±0.2，分装，121℃高压灭菌15min。冷却至45~50℃，倾注平板。

注：如不立即使用，在2~8℃条件下可贮存二周。

(3)木糖赖氨酸脱氧胆酸盐(XLD)琼脂：

成分：酵母膏3.0g，L-赖氨酸5.0g，木糖3.75g，乳糖7.5g，蔗糖7.5g，脱氧胆酸钠1.0g，氯化钠5.0g，硫代硫酸钠6.8g，柠檬酸铁铵0.8g，酚红0.08g，琼脂15.0g，蒸馏水1 000mL。

制法：除酚红和琼脂外，将其他成分加入400mL蒸馏水中，煮沸溶解，校正pH至7.4±0.2。另将琼脂加入600mL蒸馏水中，煮沸溶解。

将上述两溶液混合均匀后，再加入指示剂，待冷至50~55℃倾注平皿。

注：本培养基不需要高压灭菌，在制备过程中不宜过分加热，避免降低其选择性，贮于室温暗处。本培养基宜于当天制备，第二天使用。使用前必须去除平板表面上的水珠，在37~55℃温度下，琼脂面向下、平板盖亦向下烘干。另外，如配制好的培养基不立即使用，在2~8℃条件下可贮存二周。

(4)志贺氏菌显色培养基。

(5)三糖铁(TSI)琼脂：

成分：蛋白胨20.0g，牛肉浸膏5.0g，乳糖10.0g，蔗糖10.0g，葡萄糖1.0g，硫酸亚铁铵[$(NH_4)_2Fe(SO_4)_2 \cdot 6H_2O$]0.2g，氯化钠5.0g，硫代硫酸钠0.2g，酚红0.025g，琼脂12.0g，蒸馏水1 000mL。

制法：除酚红和琼脂外，将其他成分加于400mL蒸馏水中，搅拌均匀，静置约10min，加热使完全溶化，冷却至25℃左右校正pH至7.4±0.2。另将琼脂加于600mL蒸馏水中，静置约10min，加热使完全溶化。将两溶液混合均匀，加入5%酚红水溶液5mL，混匀，分装小号试管，每管约3mL。于121℃灭菌15min，制成高层斜面。冷却后呈橘红色。如不立即使用，在2~8℃条件下可贮存一个月。

(6)营养琼脂斜面：

成分：蛋白胨10.0g，牛肉膏3.0g，氯化钠5.0g，琼脂15.0g，蒸馏水1 000mL。

制法：将除琼脂以外的各成分溶解于蒸馏水内，加入15%氢氧化钠溶液约2mL，冷却至25℃左右校正pH至7.0±0.2。加入琼脂，加热煮沸，使琼脂溶化。分装小号试管，每管约3mL。于121℃灭菌15min，制成斜面。

注：如不立即使用，在2~8℃条件下可贮存二周。

(7)半固体琼脂：

成分：蛋白胨1.0g，牛肉膏0.3g，氯化钠0.5g，琼脂0.3~0.7g，蒸馏水100mL。

制法：按以上成分配好，加热溶解，并校正pH至7.4±0.2，分装小试管，121℃灭菌15min，直立凝固备用。

(8)葡萄糖铵培养基：

成分：氯化钠5.0g，硫酸镁($MgSO_4 \cdot 7H_2O$)0.2g，磷酸二氢铵1.0g，磷酸氢二钾1.0g，葡萄糖2.0g，琼脂20.0g，0.2%溴麝香草酚蓝水溶液40.0mL，蒸馏水1 000mL。

制法：先将盐类和糖溶解于水内，校正pH至6.8±0.2，再加琼脂加热溶解，然后加入指示剂。混合均匀后分装试管，121℃高压灭菌15min。制成斜面备用。

试验方法：用接种针轻轻触及培养物的表面，在盐水管内做成极稀的悬液，肉眼观察不到混浊，以每一接种环内含菌数在20~100之间为宜。将接种环灭菌后挑取菌液接种，同时再以同法接种普通斜面一支作为对照。于(36±1)℃培养2h。阳性者葡萄糖铵斜面上有正常大小的菌落生长；阴性者不生长，但在对照培养基上生长良好。如在葡萄糖铵斜面生长极微小的菌落可视为阴性结果。

注：容器使用前应用清洁液浸泡。再用清水、蒸馏水冲洗干净，并用新棉花做成棉塞，干热灭菌后使用。如果操作时不注意，有杂质污染时，易造成假阳性的结果。

(9)尿素琼脂：

成分：蛋白胨1.0g，氯化钠5.0g，葡萄糖1.0g，磷酸二氢钾2.0g，0.4%酚红溶液3.0mL，琼脂20.0g，20%尿素溶液100.0mL，蒸馏水900.0mL。

制法：除酚红和尿素外的其他成分加热溶解，冷却至25℃左右校正pH至7.2±0.2，加入酚红指示剂，混匀，121℃灭菌15min。冷至约55℃，加入用0.22μm过滤膜除菌后的20%尿素水溶液100mL，混匀，以无菌操作分装灭菌试管，每管3~4mL，制成斜面后放冰箱备用。

试验方法：挑取琼脂培养物接种，(36±1)℃培养24h，观察结果。尿素酶阳性者由于产碱而使培养基变为红色。

(10)β-半乳糖苷酶培养基：

①液体法(ONPG法)

成分：邻硝基苯β-D-半乳糖苷(ONPG)60.0mg，0.01mol/L磷酸钠缓冲液(pH 7.5±0.2)10.0mL，1%蛋白胨水(pH 7.5±0.2)30.0mL。

制法：将ONPG溶于缓冲液内，加入蛋白胨水，以过滤法除菌，分装于10mm×75mm试管内，每管0.5mL，用橡皮塞塞紧。

试验方法：自琼脂斜面挑取培养物一满环接种，(36±1)℃培养1~3h和24h观察结果。如果β-D-半乳糖苷酶产生，则于1~3h变黄色，如无此酶则24h不变色。

②平板法(X-Gal法)

成分：蛋白胨20.0g，氯化钠3.0g，5-溴-4-氯-3-吲哚-β-D-半乳糖苷(X-Gal)200.0mg，琼脂15.0g，蒸馏水1 000mL。

制法：将各成分加热煮沸于1L水中，冷却至25℃左右校正pH至7.2±0.2，115℃高压灭菌10min。倾注平板避光冷藏备用。

试验方法：挑取琼脂斜面培养物接种于平板，划线和点种均可，(36±1)℃培养

18~24h 观察结果。如果β-D-半乳糖苷酶产生，则平板上培养物颜色变蓝色，如无此酶则培养物为无色或不透明色，培养 48~72h 后有部分转为淡粉红色。

(11)氨基酸脱羧酶试验培养基：

成分：蛋白胨 5.0g，酵母浸膏 3.0g，葡萄糖 1.0g，1.6%溴甲酚紫-乙醇溶液 1.0mL，L 型或 DL 型赖氨酸和鸟氨酸 0.5g/100mL 或 1.0g/100mL，蒸馏水 1 000mL。

制法：除氨基酸以外的成分加热溶解后，分装每瓶 100mL，分别加入赖氨酸和鸟氨酸。L-氨基酸按 0.5%加入，DL-氨基酸按 1%加入，再校正 pH 至 6.8±0.2。对照培养基不加氨基酸。分装于灭菌的小试管内，每管 0.5mL，上面滴加一层石蜡油，115℃高压灭菌 10min。

试验方法：从琼脂斜面上挑取培养物接种，(36±1)℃培养 18~24h，观察结果。氨基酸脱羧酶阳性者由于产碱，培养基应呈紫色。阴性者无碱性产物，但因葡萄糖产酸而使培养基变为黄色。阴性对照管应为黄色，空白对照管为紫色。

(12)糖发酵管：

成分：牛肉膏 5.0g，蛋白胨 10.0g，氯化钠 3.0g，磷酸氢二钠($Na_2HPO_4 \cdot 12H_2O$) 2.0g，0.2%溴麝香草酚蓝溶液 12.0mL，蒸馏水 1 000mL。

制法：葡萄糖发酵管按上述成分配好后，按 0.5%加入葡萄糖，25℃左右校正 pH 至 7.4±0.2，分装于有一个倒置小管的小试管内，121℃高压灭菌 15min。其他各种糖发酵管可按上述成分配好后，分装每瓶 100mL，121℃高压灭菌 15min。另将各种糖类分别配好 10%溶液，同时高压灭菌。将 5mL 糖溶液加入于 100mL 培养基内，以无菌操作分装小试管。

注：蔗糖不纯，加热后会自行水解者，应采用过滤法除菌。

试验方法：从琼脂斜面上挑取小量培养物接种，(36±1)℃培养，一般观察 2~3d。迟缓反应需观察 14~30d。

(13)西蒙氏柠檬酸盐培养基：

成分：氯化钠 5.0g，硫酸镁($MgSO_4 \cdot 7H_2O$)0.2g，磷酸二氢铵 1.0g，磷酸氢二钾 1.0g，柠檬酸钠 5.0g，琼脂 20g，0.2%溴麝香草酚蓝溶液 40.0mL，蒸馏水 1 000mL。

制法：先将盐类溶解于水内，调至 pH 6.8±0.2，加入琼脂，加热溶化。然后加入指示剂，混合均匀后分装试管，121℃高压灭菌 15min。制成斜面备用。

试验方法：取少量琼脂培养物接种，(36±1)℃培养 4d，每天观察结果。阳性者斜面上有菌落生长，培养基从绿色转为蓝色。

(14)黏液酸盐培养基：

①测试肉汤

成分：酪蛋白胨 10.0g，溴麝香草酚蓝溶液 0.024g，蒸馏水 1 000mL，黏液酸 10.0g。

制法：慢慢加入 5mol/L 氢氧化钠以溶解黏液酸，混匀。其余成分加热溶解，加入上述黏液酸，冷却至 25℃左右校正 pH 至 7.4±0.2，分装试管，每管约 5mL，于 121℃高压灭菌 10min。

②质控肉汤

成分：酪蛋白胨 10.0g，溴麝香草酚蓝溶液 0.024g，蒸馏水 1 000mL。

制法：所有成分加热溶解，冷却至 25℃左右校正 pH 至 7.4±0.2，分装试管，每管约 5mL，于 121℃高压灭菌 10min。

试验方法：将待测新鲜培养物接种测试肉汤和质控肉汤，(36±1)℃培养 48h，观察结果，肉汤颜色蓝色不变则为阴性结果，黄色或稻草黄色为阳性结果。

(15)蛋白胨水、靛基质试剂：

成分：蛋白胨(或胰蛋白胨)20.0g，氯化钠 5.0g，蒸馏水 1 000mL。

制法：按上述成分配制，分装小试管，121℃高压灭菌 15min。

注：此试剂在 2~8℃条件下可贮存一个月。

靛基质试剂-柯凡克试剂：将 5g 对二甲氨基苯甲醛溶解于 75mL 戊醇中。然后缓慢加入浓盐酸 25mL。

欧-波试剂：将 1g 对二甲氨基苯甲醛溶解于 95mL 95%乙醇内。然后缓慢加入浓盐酸 20mL。

试验方法：挑取少量培养物接种，(36±1)℃培养 1~2d，必要时可培养 4~5d。加入柯凡克试剂约 0.5mL，轻摇试管，阳性者于试剂层呈深红色；或加入欧-波试剂约 0.5mL，沿管壁流下，覆盖于培养液表面，阳性者于液面接触处呈玫瑰红色。

注：蛋白胨中应含有丰富的色氨酸。每批蛋白胨买来后，应先用已知菌种鉴定后方可使用，此试剂在 2~8℃条件下可贮存一个月。

(16)志贺氏菌属诊断血清。

(17)生化鉴定试剂盒。

四、仪器和设备

除微生物实验室常规灭菌及培养设备外，其他设备和材料如下：

(1)恒温培养箱：(36±1)℃。

(2)冰箱：2~5℃。

(3)膜过滤系统。

(4)厌氧培养装置：(41.5±1)℃。

(5)电子天平：感量为 0.1g。

(6)显微镜：10~100×。

(7)均质器。

(8)振荡器。

(9)pH 计或 pH 比色管或精密 pH 试纸。

(10)全自动微生物生化鉴定系统。

(11)无菌吸管：1mL(具 0.01mL 刻度)、10mL(具 0.1mL 刻度)或微量移液器及吸头。

(12)无菌均质杯或无菌均质袋：容量 500mL。

(13)无菌培养皿：直径 90mm。

五、实验步骤

1. 增菌

以无菌操作取检样 25g(mL)，加入装有灭菌 225mL 志贺氏菌增菌肉汤的均质杯，用旋转刀片式均质器以 8 000 ~10 000r/min 均质；或加入装有 225mL 志贺氏菌增菌肉汤的均质袋中，用拍击式均质器连续均质 1~2min，液体样品振荡混匀即可。于(41.5±)℃，厌氧培养 16~20h。

2. 分离

取增菌后的志贺氏增菌液分别划线接种于 XLD 琼脂平板和 MAC 琼脂平板或志贺氏菌显色培养基平板上，于(36±1)℃培养 20~24h，观察各个平板上生长的菌落形态。宋内氏志贺氏菌直径大于其他志贺氏菌。出现的菌落不典型或菌落较小不易观察，则继续培养至 48h 再进行观察。志贺氏菌在不同选择性琼脂平板上的菌落特征见表 3-5。

表 3-5 志贺氏菌在不同选择性琼脂平板上的菌落特征

选择性琼脂平板	志贺氏菌显色培养
MAC 琼脂	无色至浅粉红色，半透明、光滑、湿润、圆形、边缘整齐或不齐
XLD 琼脂	粉红色至无色，半透明、光滑、湿润、圆形、边缘整齐或不齐
志贺氏菌显色培养基	按照显色培养基的说明进行判定

3. 初步生化试验

(1)自选择性琼脂平板上分别挑取 2 个以上典型或可疑菌落，分别接种 TSI、半固体和营养琼脂斜面各一管，置(36±1)℃培养 20~24h，分别观察结果。

(2)凡是三糖铁琼脂中斜面产碱、底层产酸(发酵葡萄糖，不发酵乳糖、蔗糖)、不产气(福氏志贺氏菌 6 型可产生少量气体)、不产硫化氢、半固体管中无动力的菌株，挑取其中已培养的营养琼脂斜面上生长的菌苔，进行生化试验和血清学分型。

4. 生化试验及附加生化试验

(1)生化试验：用已培养的营养琼脂斜面上生长的菌苔进行生化试验，即β-半乳糖苷酶、尿素、赖氨酸脱羧酶、鸟氨酸脱羧酶及水杨苷和七叶苷的分解试验。除宋内氏志贺氏菌、鲍氏志贺氏菌 13 型的鸟氨酸阳性，宋内氏菌和痢疾志贺氏菌 1 型、鲍氏志贺氏菌 13 型的β-半乳糖苷酶为阳性以外，其余生化试验志贺氏菌属的培养物均为阴性结果。另外，由于福氏志贺氏菌 6 型的生化特性和痢疾志贺氏菌或鲍氏志贺氏菌相似，必要时还需加做靛基质、甘露醇、棉子糖、甘油试验，也可做革兰染色检查和氧化酶试验，应为氧化酶阴性的革兰阴性杆菌。生化反应不符合的菌株，即使能与某种志贺氏菌分型血清发生凝集，仍不得判定为志贺氏菌属。志贺氏菌属生化特性见表 3-6。

表 3-6 志贺氏菌属四个群的生化特征

生化反应	A 群：痢疾志贺氏菌	B 群：福氏志贺氏菌	C 群：鲍氏志贺氏菌	D 群：宋内氏志贺氏菌
β-半乳糖苷酶	-a	-	-a	+
尿素	-	-	-	-
赖氨酸脱羧酶	-	-	-	-
鸟氨酸脱羧酶	-	-	-b	+
水杨苷	-	-	-	-

（续）

生化反应	A群：痢疾志贺氏菌	B群：福氏志贺氏菌	C群：鲍氏志贺氏菌	D群：宋内氏志贺氏菌
七叶苷	-	-	-	-
靛基质	-/+	(+)	-/+	-
甘露醇	-	+c	+	+
棉子糖	-	+	-	+
甘油	(+)	-	(+)	d

注：+表示阳性；-表示阴性；-/+表示多数阴性；+/-表示多数阳性；(+)表示迟缓阳性。

a 痢疾志贺1型和鲍氏13型为阳性。

b 鲍氏13型为鸟氨酸阳性。

c 福氏4型和6型常见甘露醇阴性变种。

d 有不同生化型。

(2)附加生化实验：由于某些不活泼的大肠埃希菌(anaerogenic *E. coli*)、A-D(Alkalescens-D isparbiotypes 碱性-异型)菌的部分生化特征与志贺氏菌相似，并能与某种志贺氏菌分型血清发生凝集，因此前面生化实验符合志贺氏菌属生化特性的培养物还需另加葡萄糖胺、西蒙氏柠檬酸盐、黏液酸盐试验(36℃培养24~48h)。志贺氏菌属和不活泼大肠埃希菌、A-D菌的生化特性区别见表3-7。

表3-7 志贺氏菌属和不活泼大肠埃希菌、A-D菌的生化特性区别

生化反应	A群：痢疾志贺氏菌	B群：福氏志贺氏菌	C群：鲍氏志贺氏菌	D群：宋内氏志贺氏菌	大肠埃希菌	A-D菌
葡萄糖铵	-	-	-	-	+	+
西蒙氏柠檬酸盐	-	-	-	-	d	d
黏液酸	-	-	-	d	+	d

注：+表示阳性；-表示阴性；d表示有不同生化型。

在葡萄糖铵、西蒙氏柠檬酸盐、黏液酸盐试验三项反应中志贺氏菌一般为阴性，而不活泼的大肠埃希菌、A-D菌至少有一项反应为阳性。

如选择生化鉴定试剂盒或全自动微生物生化鉴定系统，可根据“分离”的初步判断结果，用“增菌”中已培养的营养琼脂斜面上生长的菌苔，使用生化鉴定试剂盒或全自动微生物生化鉴定系统进行鉴定。

5. 血清学鉴定

(1)抗原的准备：志贺氏菌属没有动力，所以没有鞭毛抗原。志贺氏菌属主要有菌体O抗原。菌体O抗原又可分为型和群的特异性抗原。

一般采用1.2%~1.5%琼脂培养物作为玻片凝集试验用的抗原。

注：①一些志贺氏菌如果因为K抗原的存在而不出现凝集反应，可挑取菌苔于1mL生理盐水做成浓菌液，100℃煮沸15~60min去除K抗原后再检查。②D群志贺氏菌既可能是光滑型菌株也可能是粗糙型菌株，与其他志贺氏菌群抗原不存在交叉反应。与肠杆菌科不同，宋内氏志贺氏菌粗糙型菌株不一定会自凝。宋内氏志贺氏菌没有K抗原。

(2)凝集反应：在玻片上划出2个约1cm×2cm的区域，挑取一环待测菌，各放1/2

环于玻片上的每一区域上部，在其中一个区域下部加1滴抗血清，在另一区域下部加入1滴生理盐水，作为对照。再用无菌接种环或针分别将两个区域内的菌落研成乳状液。将玻片倾斜摇动混合1min，并对着黑色背景进行观察，如果抗血清中出现凝结成块的颗粒，而且生理盐水中没有发生自凝现象，那么凝集反应为阳性。如果生理盐水中出现凝集，视作自凝。这时，应挑取同一培养基上的其他菌落继续进行试验。

如果待测菌的生化特征符合志贺氏菌属生化特征，而其血清学试验为阴性，则按上文注②进行试验。

(3)血清学分型(选做项目)：先用四种志贺氏菌多价血清检查，如果呈现凝集，则再用相应各群多价血清分别试验。先用B群福氏志贺氏菌多价血清进行实验，如呈现凝集，再用其群和型因子血清分别检查。如果B群多价血清不凝集，则用D群宋内氏志贺氏菌血清进行实验，如呈现凝集，则用其Ⅰ相和Ⅱ相血清检查；如果B、D群多价血清都不凝集，则用A群痢疾志贺氏菌多价血清及1~12各型因子血清检查，如果上述三种多价血清都不凝集，可用C群鲍氏志贺氏菌多价检查，并进一步用1~18各型因子血清检查。福氏志贺氏菌各型和亚型的型抗原和群抗原鉴别见表3-8。

表3-8 福氏志贺氏菌各型和亚型的型抗原和群抗原的鉴别表

型和亚型	型抗原	群抗原	在群因子血清中的凝集		
			3，4	6	7，8
1a	Ⅰ	4	+	-	-
1b	Ⅰ	(4)，6	(+)	+	-
2a	Ⅱ	3，4	+	-	-
2b	Ⅱ	7，8	-	-	+
3a	Ⅲ	(3，4)，6，7，8	3，4	6	7，8
3b	Ⅲ	(3，4)，6	(+)	+	+
4a	Ⅳ	3，4	(+)	+	-
4b	Ⅳ	6	+	-	-
4c	Ⅳ	7，8	-	+	+
5a	Ⅴ	(3，4)	(+)	-	-
5b	Ⅴ	7，8	-	-	+
6	Ⅵ	4	+	-	-
X	-	7，8	-	-	+
Y	-	3，4	+	-	-

注：+表示凝集；-表示不凝集；()表示有或无。

六、结果处理

综合以上生化试验和血清学鉴定的结果，报告25g(mL)样品中检出或未检出志贺氏菌。

七、注意事项

(1)增菌及分离必须保证每人一支增菌管、一块平板，禁止多人一管、多人一块。

(2)志贺氏菌在常温条件下生存时间短，应尽快进行实验。

思考题

若样品第一时间无法检验，应当如何保存？

实验6　食品中沙门氏菌检验

一、实验目的

测定食品中沙门氏菌数量。

二、实验原理

将待测样品经适当稀释后，微生物充分分散成单个细胞，取一定量的稀释液到平板上，经过培养基的培养，每个细胞繁殖成为菌落，通过统计菌落数，折算稀释倍数的方式测定含菌数。

三、试剂和培养基

(1)缓冲蛋白胨水(BPW)：

成分：蛋白胨 10.0g，氯化钠 5.0g，磷酸氢二钠($Na_2HPO_4 \cdot 12H_2O$)9.0g，磷酸二氢钾 1.5g，蒸馏水 1 000mL。

制法：将各成分加入蒸馏水中，搅混均匀，静置约 10min，煮沸溶解，调节 pH 至 7.2±0.2，121℃高压灭菌 15min。

(2)四硫磺酸钠煌绿（TTB)：

基础液：蛋白胨 10.0g，牛肉膏 5.0g，氯化钠 3.0g，碳酸钙 45.0g，蒸馏水 1 000mL。除碳酸钙外，将各成分加入蒸馏水中，煮沸溶解，再加入碳酸钙，调节 pH 至 7.0±0.2，121℃高压灭菌 20min。

硫代硫酸钠溶液：硫代硫酸钠($Na_2S_2O_3 \cdot 5H_2O$)50.0g，蒸馏水加至 100mL，121℃高压灭菌 20min。

碘溶液：碘片 20.0g，碘化钾 25.0g，蒸馏水加至 100mL。将碘化钾充分溶解于少量的蒸馏水中，再投入碘片，振摇玻璃瓶至碘片全部溶解为止，然后加蒸馏水至规定的总量，贮存于棕色瓶内，塞紧瓶盖备用。

0.5%煌绿水溶液：煌绿 0.5g，蒸馏水 100mL，溶解后，存放暗处，不少于 1d，使其自然灭菌。

牛胆盐溶液：牛胆盐 10.0g，蒸馏水 100mL，加热煮沸至完全溶解，121℃高压灭菌 20min。

制法：基础液 900mL、硫代硫酸钠溶液 100mL、碘溶液 20.0mL、煌绿水溶液 2.0mL、牛胆盐溶液 50.0mL，临用前，按上列顺序，以无菌操作依次加入基础液中，每加入一种成分，均应摇匀后再加入另一种成分。

(3)亚硒酸盐胱氨酸(SC)：

成分：蛋白胨 5.0g，乳糖 4.0g，磷酸氢二钠 10.0g，亚硒酸氢钠 4.0g，L-胱氨酸 0.01g，蒸馏水 1 000mL。

制法：除亚硒酸氢钠和 L-胱氨酸外，将各成分加入蒸馏水中，煮沸溶解，冷至 55℃以下，以无菌操作加入亚硒酸氢钠和 1g/L L-胱氨酸溶液 10mL(称取 0.1g L-胱氨酸，加 1mol/L 氢氧化钠溶液 15mL，使溶解，再加无菌蒸馏水至 100mL 即成，如为 DL-胱氨酸，用量应加倍)。摇匀，调节 pH 至 7.0±0.2。

(4)亚硫酸铋琼脂(BS)：

成分：蛋白胨 10.0g，牛肉膏 5.0g，葡萄糖 5.0g，硫酸亚铁 0.3g，磷酸氢二钠 4.0g，煌绿 0.025g 或 5.0g/L 水溶液 5.0mL，柠檬酸铋铵 2.0g，亚硫酸钠 6.0g，琼脂 18.0~20.0g，蒸馏水 1 000mL。

制法：将前三种成分加入 300mL 蒸馏水(作为基础液)，硫酸亚铁和磷酸氢二钠分别加入 20mL 和 30mL 蒸馏水中，柠檬酸铋铵和亚硫酸钠分别加入另一 20mL 和 30mL 蒸馏水中，琼脂加入 600mL 蒸馏水中。然后分别搅拌均匀，煮沸溶解。冷至 80℃左右时，先将硫酸亚铁和磷酸氢二钠混匀，倒入基础液中，混匀。

将柠檬酸铋铵和亚硫酸钠混匀，倒入基础液中，再混匀。调节 pH 至 7.5±0.2，随即倾入琼脂液中，混合均匀，冷至 50~55℃。加入煌绿溶液，充分混匀后立即倾注平皿。

注：本培养基不需要高压灭菌，在制备过程中不宜过分加热，避免降低其选择性，贮于室温暗处，超过 48h 会降低其选择性，本培养基宜于当天制备，第二天使用。

(5)HE 琼脂：

成分：蛋白胨 12.0g，牛肉膏 3.0g，乳糖 12.0g，蔗糖 12.0g，水杨素 2.0g，胆盐 20.0g，氯化钠 5.0g，琼脂 18.0~20.0g，蒸馏水 1 000mL，0.4%溴麝香草酚蓝溶液 16.0mL，Andrade 指示剂(酸性夏红 0.5g，1mol/L 氢氧化钠溶液 16.0mL，蒸馏水 100mL)20.0mL，甲液(硫代硫酸钠 34.0g，柠檬酸铁铵 4.0g，蒸馏水 100mL)20.0mL，乙液(去氧胆酸钠 10.0g，蒸馏水 100mL)20.0mL。

制法：将前面七种成分溶解于 400mL 蒸馏水内作为基础液；将琼脂加入 600mL 蒸馏水内。然后分别搅拌均匀，煮沸溶解。加入甲液和乙液于基础液内，调节 pH 至 7.5±0.2。再加入指示剂，并与琼脂液合并，待冷至 50~55℃倾注平皿。

将复红溶解于蒸馏水中，加入氢氧化钠溶液。数小时后如复红褪色不全，再加氢氧化钠溶液 1~2mL。

(6)木糖赖氨酸脱氧胆盐(XLD)琼脂：

成分：酵母膏 3.0g，L-赖氨酸 5.0g，木糖 3.75g，乳糖 7.5g，蔗糖 7.5g，去氧胆酸钠 2.5g，柠檬酸铁铵 0.8g，硫代硫酸钠 6.8g，氯化钠 5.0g，琼脂 15.0g，酚红

0.08g，蒸馏水 1 000mL。

制法：除酚红和琼脂外，将其他成分加入 400mL 蒸馏水中，煮沸溶解，调节 pH 至 7.4±0.2。另将琼脂加入 600mL 蒸馏水中，煮沸溶解。

将上述两溶液混合均匀后，再加入指示剂，待冷至 50~55℃倾注平皿。

注：本培养基不需要高压灭菌，在制备过程中不宜过分加热，避免降低其选择性，贮于室温暗处。本培养基宜于当天制备，第二天使用。

(7)沙门氏菌属显色培养基。

(8)三糖铁(TSI)琼脂：

成分：蛋白胨 20.0g，牛肉膏 5.0g，乳糖 10.0g，蔗糖 10.0g，葡萄糖 1.0g，硫酸亚铁铵(含 6 个结晶水)0.2g，酚红 0.025g 或 5.0g/L 溶液 5.0mL，氯化钠 5.0g，硫代硫酸钠 0.2g，琼脂 12.0g，蒸馏水 1 000mL。

制法：除酚红和琼脂外，将其他成分加入 400mL 蒸馏水中，煮沸溶解，调节 pH 至 7.4±0.2。另将琼脂加入 600mL 蒸馏水中，煮沸溶解。

将上述两溶液混合均匀后，再加入指示剂，混匀，分装试管，每管 2~4mL，高压灭菌 121℃ 10min 或 115℃ 15min，灭菌后制成高层斜面，呈橘红色。

(9)蛋白胨水靛基质试剂：

①蛋白胨水　蛋白胨(或胰蛋白胨)20.0g，氯化钠 5.0g，蒸馏水 1 000mL。

将上述成分加入蒸馏水中，煮沸溶解，调节 pH 至 7.4±0.2，分装小试管，121℃高压灭菌 15min。

②靛基质试剂

柯凡克试剂：将 5g 对二甲氨基甲醛溶解于 75mL 戊醇中，然后缓慢加入浓盐酸 25mL。

欧-波试剂：将 1g 对二甲氨基苯甲醛溶解于 95mL 95% 乙醇内。然后缓慢加入浓盐酸 20mL。

③试验方法　挑取小量培养物接种，(36±1)℃培养 1~2d，必要时可培养 4~5d。加入柯凡克试剂约 0.5mL，轻摇试管，阳性者于试剂层呈深红色；或加入欧-波试剂约 0.5mL，沿管壁流下，覆盖于培养液表面，阳性者于液面接触处呈玫瑰红色。

注：蛋白胨中应含有丰富的色氨酸。每批蛋白胨买来后，应先用已知菌种鉴定后方可使用。

(10)尿素琼脂(pH 7.2)：

成分：蛋白胨 1.0g，氯化钠 5.0g，葡萄糖 1.0g，磷酸二氢钾 2.0g，0.4%酚红 3.0mL，琼脂 20.0g，蒸馏水 1 000mL，20%尿素溶液 100mL。

制法：除尿素、琼脂和酚红外，将其他成分加入 400mL 蒸馏水中，煮沸溶解，调节 pH 至 7.2±0.2。另将琼脂加入 600mL 蒸馏水中，煮沸溶解。

将上述两溶液混合均匀后，再加入指示剂后分装，121℃高压灭菌 15min。冷至 50~55℃，加入经除菌过滤的尿素溶液。尿素的最终浓度为 2%。分装于无菌试管内，放成斜面备用。

试验方法：挑取琼脂培养物接种，(36±1)℃培养 24h，观察结果。尿素酶阳性者由于产碱而使培养基变为红色。

(11)氰化钾培养基：

成分：蛋白胨 10.0g，氯化钠 5.0g，磷酸二氢钾 0.225g，磷酸氢二钠 5.64g，蒸馏水 1 000mL，0.5%氰化钾 20.0mL。

制法：将除氰化钾以外的成分加入蒸馏水中，煮沸溶解，分装后 121℃高压灭菌 15min。放在冰箱内使其充分冷却。每 100mL 培养基加入 0.5%氰化钾溶液 2.0mL(最后浓度为 1∶10 000)，分装于无菌试管内，每管约 4mL，立刻用无菌橡皮塞塞紧，放在 4℃冰箱内，至少可保存两个月。同时，将不加氰化钾的培养基作为对照培养基，分装试管备用。

试验方法：将琼脂培养物接种于蛋白胨水内成为稀释菌液，挑取一环接种于氰化钾(KCN)培养基。并另挑取一环接种于对照培养基。(36±1)℃培养 1~2d，观察结果。如有细菌生长即为阳性(不抑制)，经 2d 细菌不生长为阴性(抑制)。

注：氰化钾是剧毒药，使用时应小心，切勿沾染，以免中毒。夏天分装培养基应在冰箱内进行。试验失败的主要原因是封口不严，氰化钾逐渐分解，产生氢氰酸气体逸出，以致药物浓度降低，细菌生长，因而造成假阳性反应。试验时对每一环节都要特别注意。

(12)赖氨酸脱羧酶试验培养基：

成分：蛋白胨 5.0g，酵母浸膏 3.0g，葡萄糖 1.0g，蒸馏水 1 000mL，1.6%溴甲酚紫-乙醇溶液 1.0mL，L-赖氨酸或 DL-赖氨酸 0.5g/100mL 或 1.0g/100mL。

制法：除赖氨酸以外的成分加热溶解后，分装每瓶 100mL，分别加入赖氨酸。L-赖氨酸按 0.5%加入，DL-赖氨酸按 1%加入。调节 pH 至 6.8±0.2。对照培养基不加赖氨酸。分装于无菌的小试管内，每管 0.5mL，上面滴加一层液体石蜡，115℃高压灭菌 10min。

试验方法：从琼脂斜面上挑取培养物接种，(36±1)℃培养 18~24h，观察结果。氨基酸脱羧酶阳性者由于产碱，培养基应呈紫色。阴性者无碱性产物，但因葡萄糖产酸而使培养基变为黄色。对照管应为黄色。

(13)糖发酵管：

成分：牛肉膏 5.0g，蛋白胨 10.0g，氯化钠 3.0g，磷酸氢二钠($Na_2HPO_4 \cdot 12H_2O$) 2.0g，0.2%溴麝香草酚蓝溶液 12.0mL，蒸馏水 1 000mL。

制法：葡萄糖发酵管按上述成分配好后，调节 pH 至 7.4±0.2。按 0.5%加入葡萄糖，分装于有一个倒置小管的小试管内，121℃高压灭菌 15min。其他各种糖发酵管可按上述成分配好后，分装每瓶 100mL，121℃高压灭菌 15min。另将各种糖类分别配好 10%溶液，同时高压灭菌。将 5mL 糖溶液加入 100mL 培养基内，以无菌操作分装小试管。

注：蔗糖不纯，加热后会自行水解者，应采用过滤法除菌。

试验方法：从琼脂斜面上挑取小量培养物接种，(36±1)℃培养，一般 2~3d。迟缓反应需观察 14~30d。

(14)邻硝基酚 β-D 半乳糖苷(ONPG)培养基：

成分：邻硝基酚 β-D 半乳糖苷(ONPG)60.0mg，0.01mol/L 磷酸钠缓冲液(pH 7.5) 10.0mL，1% 蛋白胨水(pH 7.5)30.0mL。

制法：将 ONPG 溶于缓冲液内，加入蛋白胨水，以过滤法除菌，分装于无菌的小试管内，每管 0.5mL，用橡皮塞塞紧。

试验方法：自琼脂斜面上挑取培养物一满环接种于(36±1)℃培养1~3h和24h观察结果。如果β-半乳糖苷酶产生，则于1~3h变黄色，如无此酶则24h不变色。

(15)半固体琼脂：

成分：牛肉膏0.3g，蛋白胨1.0g，氯化钠0.5g，琼脂0.35~0.4g，蒸馏水100mL。

制法：按以上成分配好，煮沸溶解，调节pH至7.4±0.2。分装小试管。121℃高压灭菌15min。直立凝固备用。

注：供动力观察、菌种保存、H抗原位相变异试验等用。

(16)丙二酸钠培养基：

成分：酵母浸膏1.0g，硫酸铵2.0g，磷酸氢二钾0.6g，磷酸二氢钾0.4g，氯化钠2.0g，丙二酸钠3.0g，0.2%溴麝香草酚蓝溶液12.0mL，蒸馏水1 000mL。

制法：除指示剂以外的成分溶解于水，调节pH至6.8±0.2，再加入指示剂，分装试管，121℃高压灭菌15min。

试验方法：用新鲜的琼脂培养物接种，(36±1)℃培养48h，观察结果。阳性者由绿色变为蓝色。

(17)沙门氏菌O、H和Vi诊断血清。

(18)生化鉴定试剂盒。

四、仪器和设备

除微生物实验室常规灭菌及培养设备外，其他设备和材料如下：

(1)冰箱：2~5℃。

(2)恒温培养箱：(36±1)℃、(42±1)℃。

(3)均质器。

(4)振荡器。

(5)电子天平：感量为0.1g。

(6)pH计。

(7)全自动微生物生化鉴定系统。

(8)无菌锥形瓶：500mL、250mL。

(9)无菌吸管：1mL(具0.01mL刻度)、10mL(具0.1mL刻度)或微量移液器及吸头。

(10)无菌培养皿：直径60mm、90mm。

(11)无菌试管：3mm×50mm、10mm×75mm。

(12)无菌毛细管。

五、实验步骤

1. 预增菌

无菌操作称取25g(mL)样品，置于盛有225mL BPW的无菌均质杯或合适容器内，以8 000~10 000r/min均质1~2min，或置于盛有225mL BPW的无菌均质袋中，用拍击式均质器拍打1~2min。若样品为液态不需要均质振荡混匀。如需调整pH，用1mol/mL无菌NaOH或HCl调至6.8±0.2。无菌操作将样品转至500mL锥形瓶或其他合适容器内(如均质杯本身具有无孔盖，可不转移样品)，如使用均质袋可直接进行培养，

(36±1)℃培养8~18h。

如为冷冻产品应在45℃以下不超过5min或2~5℃不超过18h解冻。

2. 增菌

轻轻摇动培养过的样品混合物，移取1mL转种于10mL TTB内，(42±1)℃培养18~24h。同时，另取1mL转种于10mL SC内，(36±1)℃培养8~24h。

3. 分离

分别用直径3mm的接种环取增菌液一环，划线接种于一个BS琼脂平板和一个XLD琼脂平板(或琼脂平板或沙门氏菌属显色培养基平板)，于(36±1)℃分别培养40~48h(BS琼脂平板)或18~24h(XLD琼脂平板、HE琼脂平板、沙门氏菌属显色培养基平板)。观察各个平板上生长的菌落，各个平板上的菌落特征见表3-9。

表3-9 沙门氏菌属在不同选择性琼脂平板上的菌落特征

选择性琼脂平板	沙门氏菌
BS琼脂	菌落为黑色有金属光泽、棕褐色或灰色，菌落周围培养基可呈黑色或棕色；有些菌株形成灰绿色的菌落，周围培养基不变
HE琼脂	蓝绿色或蓝色，多数菌落中心黑色或几乎全黑色；有些菌株为黄色，中心黑色或几乎全黑色
XLD琼脂	菌落呈粉红色，带或不带黑色中心，有些菌株可呈现大的带光泽的黑色中心，或呈现全部黑色的菌落；有些菌株为黄色菌落，带或不带黑色中心
沙门氏菌属显色培养基	按照显色培养基的说明进行判定

4. 生化试验

(1)自选择性琼脂平板上分别挑取2个以上典型或可疑菌落，接种三糖铁琼脂，先在斜面划线，再于底层穿刺；接种针不要灭菌，直接接种赖氨酸脱羧酶试验培养基和营养琼脂平板，于(36±1)℃培养18~24h，必要时可延长至48h。在三糖铁琼脂和赖氨酸脱羧酶试验培养基内，沙门氏菌属反应结果见表3-10。

表3-10 沙门氏菌属在三糖铁琼脂和赖氨酸脱羧酶试验培养基内的反应结果

三糖铁琼脂				赖氨酸脱羧酶试验培养基	初步判断
斜面	底层	产气	硫化氢		
K	A	+(-)	+(-)	+	可疑沙门氏菌属
K	A	+(-)	+(-)	-	可疑沙门氏菌属
A	A	+(-)	+(-)	+	可疑沙门氏菌属
A	A	+/-	+/-	-	非沙门氏菌
K	K	+/-	+/-	+/-	非沙门氏菌

注：K产碱；A产酸；+阳性；-阴性；+(-)多数阳性；+/-少阳性或阴性。

(2)接种三糖铁琼脂和赖氨酸脱羧酶试验培养基的同时，可直接接种蛋白胨水(供做靛基质试验)、尿素琼脂(pH 7.2)、氰化钾(KCN)培养基，也可在初步判断结果后从营养琼脂平板上挑可疑菌落接种。于(36±1)℃培养 18~24h，必要时可延长至 48h，按表 3-11 判定结果。将已挑菌落的平板贮存于 2~5℃ 或室温至少保留 24h，以备必要时复查。

表 3-11　沙门氏菌属生化反应初步鉴别表

反应序号	硫化氢	靛基质	尿素	氰化钾	赖氨酸脱羧酶
A1	+	-	-	-	+
A2	+	+	-	-	+
A3	-	-	-	-	+/-

注：+表示阳性；-表示阴性；+/-表示阳性或阴性。

①反应序号 A1　典型反应判定为沙门氏菌属。如尿素、氰化钾和赖氨酸脱羧酶 3 项中有项异常，按表 3-12 可判定为沙门氏菌；如有 2 项异常为非沙门氏菌。

表 3-12　沙门氏菌属生化反应初步鉴别表

尿素	氰化钾	赖氨酸脱羧酶	判定结果
-	-	-	甲型副伤寒沙门氏菌(要求血清学鉴定结果)
-	+	+	沙门氏菌或 Ⅳ 或 Ⅴ(要求符合本群生化特性)
+	-	+	沙门氏菌个别变体(要求血清学鉴定结果)

注：+表示阳性；-表示阴性。

②反应序号 A2　补做甘露醇和山梨醇试验，沙门氏菌靛基质阳性变体两项试验结果均为阳性，但需要结合血清学鉴定结果进行判定。

③反应序号 A3　补做 ONPG。ONPG 阴性为沙门氏菌，同时赖氨酸脱羧酶阳性，甲型副伤寒沙门氏菌为赖氨酸脱羧酶阴性。

④必要时按表 3-13 进行沙门氏菌生化群的鉴别。

表 3-13　沙门氏菌属各生化群的鉴别

项 目	Ⅰ	Ⅱ	Ⅲ	Ⅳ	Ⅴ	Ⅵ
卫矛醇	+	+	-	-	+	-
山梨醇	+	+	+	+	+	-
水杨苷	-	-	-	+	-	-
ONPG	-	-	+	-	+	-
丙二酸盐	-	+	+	-	-	-
KCN	-	-	-	+	+	-

注：+表示阳性；-表示阴性。

(3)如选择生化鉴定试剂盒或全自动微生物生化鉴定系统，可根据初步判断结果，从营养琼脂平板上挑取可疑菌落，用生理盐水制备成浊度适当的菌悬液，使用生化鉴定试剂盒或全自动微生物生化鉴定系统进行鉴定。

5. 血清学鉴定

(1)检查培养物有无自凝性：一般采用 1.2%~1.5%琼脂培养物作为玻片凝集试验

用的抗原。首先排除自凝集反应，在洁净的玻片上滴加一滴生理盐水，将待试培养物混合于生理盐水滴内，使成为均一性的混浊悬液，将玻片轻轻摇动。在黑色背景下观察反应(必要时用放大镜观察)，若出现可见的菌体凝集，即认为有自凝性，反之无自凝性。对无自凝的培养物参照下面方法进行血清学鉴定。

(2)多价菌体抗原(O)鉴定：在玻片上划出2个约1cm×2cm的区域，挑取1环待测菌，各放1/2环于玻片上的每一区域上部，在其中一个区域下部加1滴多价菌体(O)抗血清，在另一区域下部加入1滴生理盐水，作为对照。再用无菌的接种环或针分别将两个区域内的菌研成乳状液。将玻片倾斜摇动混合1min，并对着黑暗背景进行观察，任何程度的凝集现象皆为阳性反应。O血清不凝集时，将菌株接种在琼脂量较高的(如2%~3%)培养基上再检查；如果是由于Vi抗原的存在而阻止了O凝集反应时，可挑取菌苔于1mL生理盐水中做成浓菌液，于酒精灯火焰上煮沸后再检查。

(3)多价鞭毛抗原(H)鉴定：操作同上。H抗原发育不良时，将菌株接种在0.55%~0.65%半固体琼脂平板的中央，待菌落蔓延生长时，在其边缘部分取菌检查。或将菌株通过接种装有0.3%~0.4%半固体琼脂的小玻管1~2次，自远端取菌培养后再检查。

6. 血清学分型(选做项目)

(1)O抗原的鉴定：用A~F多价O血清做玻片凝结试验，同时用生理盐水做对照。在生理盐水中自凝的为粗糙型菌株，不能分型。

被用A~F多价O血清凝结者，依次用O4；O3、O10；O7；O8；O9；O2和O11因子血清做凝集试验。根据试验结果，判定O群。被O3、O10血清凝集的菌株，再用O10、O15、O34、O19单因子血清做凝集试验。判定E1、E4各亚群，每一个O抗原成分的最后确定均应根据O单因子血清的检查结果，没有O单因子血清的要用两个O复合因子血清进行核对。

不被A~F多价O血清凝集者，先用9种多价O血清检查，如有其中一种血清凝集，则用这种血清所包括的O群血清逐一检查，以确定O群。每种多价O血清所包括的O因子如下：

O多价1　A，B，C，D，E，F群(并包括6，14群)

O多价2　13，16，17，18，21群

O多价3　28，30，35，38，39群

O多价4　40，41，42，43群

O多价5　44，45，47，48群

O多价6　50，51，52，53群

O多价7　55，56，57，58群

O多价8　59，60，61，62群

O多价9　63，65，66，67群

(2)抗原的鉴定：属于A~F各O群的常见菌型，依次用表3-14所述H因子血清检查第1相和第2相的H抗原。

表3-14　A~F群常见菌型H抗原表

O群	第 1 相	第 2 相	O群	第 1 相	第 2 相
A	a	无	D	d	无
B	g，f，s	无	D	g，m，p，q	无
B	I，b，d	2	E1	h，v	6，w，x
C1	k，v，r，c	5，z15	E4	g，s，t	无
C2	b，d，r	2，5	E4	i	无

不常见的菌型，先用8种多价H血清检查，如有其中一种或两种血清凝集，则再用这一种或两种血清所包括的各种H因子血清逐一检查，以第1相和第2相的H抗原。8种多价H血清所包括的H因子如下：

H多价1　a，b，c，d，i

H多价2　eh，enx，enz15，fg，gms，gpu，gp，gq，mt，gz51

H多价3　k，r，y，z，z10，lv，lw，lz13，lz28，lz40

H多价4　1，2；1，5；1，6；1，7；z6

H多价5　z4z23，z4z24，z4z32，z29，z35，z36，z38

H多价6　z39，z41，z42，z44

H多价7　z52，z53，z54，z55

H多价8　z56，z57，z60，z61，z62

每一个H抗原成分的最后确定均应根据H单因子血清的检查结果，没有H单因子血清的要用两个H复合因子血清进行核对。

检出第1相H抗原而未检出第2相H抗原的或检出第2相H抗原而未检出第1相H抗原的，可在琼脂斜面上移种1~2代后再检查。如仍只检出一个相的H抗原，要用位相变异的方法检查其另一个相。单相菌不必做位相变异检查。

位相变异试验方法如下：

①简易平板法　将0.35%~0.4%半固体琼脂平板烘干表面水分，挑取因子血清1环，滴在半固体平板表面，放置片刻，待血清吸收到琼脂内，在血清部位的中央点种待检菌株，培养后，在形成蔓延生长的菌苔边缘取菌检查。

②小玻管法　将半固体管(每管1~2mL)在酒精灯上溶化并冷至50℃，取已知相的H因子血清0.05~0.1mL，加入溶化的半固体内，混匀后，用毛细吸管吸取分装于供位相变异试验的小玻管内，待凝固后，用接种针挑取待检菌，接种于一端。将小玻管平放在平皿内，并在其旁放一团湿棉花，以防琼脂中水分蒸发而干缩。每天检查结果，待另一相细菌解离后，可以从另一端挑取细菌进行检查。培养基内血清的浓度应有适当的比例，过高时细菌不能生长，过低时同一相细菌的动力不能抑制。一般按原血清1∶200~1∶800的量加入。

③小倒管法　将两端开口的小玻管(下端开口要留一个缺口，不要平齐)放在半固体管内，小玻管的上端应高出培养基的表面，灭菌后备用。临用时在酒精灯上加热溶化，冷至50℃，挑取因子血清1环，加入小套管中的半固体内，略加搅动，使其混匀，待凝固后，将待检菌株接种于小套管中的半固体表层内，每天检查结果，待另一相细菌

解离后，可从套管外的半固体表面取菌检查，或转种1%软琼脂斜面，于36℃培养后再做凝集试验。

(3)Vi抗原的鉴定：用Vi因子血清检查。已知具有Vi抗原的菌型有：伤寒沙门氏菌、丙型副伤寒沙门氏菌、都柏林沙门氏菌。

(4)菌型的判定：根据血清学分型鉴定的结果，按照GB 4758.4—2016附录B或有关沙门氏菌属抗原表判定菌型。

六、结果处理

综合以上生化试验和血清学鉴定的结果，报告25g(mL)样品中检出或未检出沙门氏菌。

七、注意事项

沙门氏菌的检测要在二级生物安全实验室及二级生物安全柜(在负压情况下防止致病微生物气溶胶飘离实验室对实验人员及环境造成污染)中进行。

思考题

预增菌和二次增菌都是必不可少的过程吗？是否可以省略其中一个环节？

实验7　食品中菌落总数检验

一、实验目的

定量测定食品中的菌落总数。

二、实验原理

通过将样品制成均匀的一系列不同稀释度的稀释液，再取一定的稀释液接种，使其均匀分布于培养皿中特定的培养基内，最后根据在平板上长出的菌落数计算出每克(或毫升)样品中的活菌数量。

三、试剂和培养基

(1)平板计数琼脂培养基：

成分：胰蛋白胨5.0g，酵母浸膏2.5g，葡萄糖1.0g，琼脂15.0g，蒸馏水1 000mL。

制法：将上述成分加于蒸馏水中，煮沸溶解，调节pH至7.0±0.2。分装试管或锥形瓶，121℃高压灭菌15min。

(2)磷酸盐缓冲液：

成分：磷酸二氢钾(KH_2PO_4)34.0g，蒸馏水500mL。

制法：

贮存液：称取34.0g的磷酸二氢钾溶于500mL蒸馏水中，用大约175mL的1mol/L氢氧化钠溶液调节pH至7.2，用蒸馏水稀释至1 000mL后贮存于冰箱。

稀释液：取贮存液1.25mL，用蒸馏水稀释至1 000mL，分装于适宜容器中，121℃高压灭菌15min。

(3)无菌生理盐水：

成分：氯化钠8.5g，蒸馏水1 000mL。

制法：称取8.5g氯化钠溶于1 000mL蒸馏水中，121℃高压灭菌15min。

四、仪器和设备

除微生物实验室常规灭菌及培养设备外，其他设备和材料如下：

(1)恒温培养箱：(36±1)℃、(30±1)℃。

(2)冰箱：2~5℃。

(3)恒温水浴箱：(46±1)℃。

(4)电子天平：感量为0.1g。

(5)均质器。

(6)振荡器。

(7)pH计。

(8)放大镜或菌落计数器。

五、实验步骤

1. 样品的稀释

(1)固体和半固体样品：称取25g样品置盛有225mL磷酸盐缓冲液或生理盐水的无菌均质杯内，8 000~10 000r/min均质1~2min，或放入盛有225mL稀释液的无菌均质袋中，用拍击式均质器拍打1~2min，制成1：10的样品匀液。

(2)液体样品：以无菌吸管吸取25mL样品置盛有225mL磷酸盐缓冲液或生理盐水的无菌锥形瓶(瓶内预置适当数量的无菌玻璃珠)中，充分混匀，制成1：10的样品匀液。

(3)用1mL无菌吸管或微量移液器吸取1：10样品匀液1mL，沿管壁缓慢注入盛有9mL稀释液的无菌试管中(注意吸管或吸头尖端不要触及稀释液面)，振摇试管或换用一支无菌吸管反复吹打使其混合均匀，制成1：100的样品匀液。

(4)按上步操作，制备10倍系列稀释样品匀液。每递增稀释一次，换用一次1mL无菌吸管或吸头。

(5)根据对样品污染状况的估计，选择2~3个适宜稀释度的样品匀液(液体样品可包括原液)，在进行10倍递增稀释时，吸取1mL样品匀液于无菌平皿内，每个稀释度做两个平皿。同时，分别吸取1mL空白稀释液加入两个无菌平皿内做空白对照。

(6)及时将15~20mL冷却至46℃的平板计数琼脂培养基[可放置于(46±1)℃恒温水浴箱中保温]倾注平皿，并转动平皿使其混合均匀。

2. 培养

(1)待琼脂凝固后，将平板翻转，(36±1)℃培养(48±2)h。水产品(30±1)℃培养(72±3)h。

(2)如果样品中可能含有在琼脂培养基表面弥漫生长的菌落时，可在凝固后的琼脂表面覆盖一薄层琼脂培养基(约4mL)，凝固后翻转平板，按上述条件进行培养。

3. 菌落计数

(1)可用肉眼观察，必要时用放大镜或菌落计数器，记录稀释倍数和相应的菌落数量。菌落计数以菌落形成单位(CFU)表示。

(2)选取菌落数在30~300CFU之间、无蔓延菌落生长的平板计数菌落总数。低于30CFU的平板记录具体菌落数，大于300CFU的可记录为多不可计。每个稀释度的菌落数应采用两个平板的平均数。

(3)其中一个平板有较大片状菌落生长时，则不宜采用，而应以无片状菌落生长的平板作为该稀释度的菌落数；若片状菌落不到平板的一半，而其余一半中菌落分布又很均匀，即可计算半个平板后乘以2，代表一个平板菌落数。

(4)当平板上出现菌落间无明显界线的链状生长时，则将每条单链作为一个菌落计数。

六、结果处理

(1)若只有一个稀释度平板上的菌落数在适宜计数范围内，计算两个平板菌落数的平均值，再将平均值乘以相应稀释倍数，作为每克(毫升)样品中菌落总数结果。

(2)若有两个连续稀释度的平板菌落数在适宜计数范围内时，按式(3-4)计算：

$$N = \frac{\sum C}{(n_1 + 0.1 n_2) d} \tag{3-4}$$

式中 N——样品中菌落数；

$\sum C$——平板(含适宜范围菌落数的平板)菌落数之和；

n_1——第一稀释度(低稀释倍数)平板个数；

n_2——第二稀释度(高稀释倍数)平板个数；

d——稀释因子(第一稀释度)。

(3)若所有稀释度的平板上菌落数均大于300CFU，则对稀释度最高的平板进行计数，其他平板可记录为多不可计，结果按平均菌落数乘以最高稀释倍数计算。

(4)若所有稀释度的平板菌落数均小于30CFU，则应按稀释度最低的平均菌落数乘以稀释倍数计算。

(5)若所有稀释度(包括液体样品原液)平板均无菌落生长，则以小于1乘以最低稀释倍数计算。

(6)若所有稀释度的平板菌落数均不在30~300CFU之间，其中一部分小于30CFU或大于300CFU时，则以最接近30CFU或300CFU的平均菌落数乘以稀释倍数计算。

七、注意事项

(1)若所有平板上为蔓延菌落而无法计数，则报告菌落蔓延。

(2)若空白对照上有菌落生长，则此次检测结果无效。

(3)称重取样以CFU/g为单位报告，体积取样以CFU/mL为单位报告。

思考题

本方法中，如何对数据结果进行修约？

实验8　食品中蜡样芽孢杆菌检验——平板计数法

一、实验目的

测定蜡样芽孢杆菌含量较高的食品中蜡样芽孢杆菌含量。

二、实验原理

将待测样品经适当稀释后，微生物充分分散成单个细胞，取一定量的稀释液到平板上，经过培养基的培养，每个细胞繁殖成为菌落，通过统计菌落数，计算稀释倍数的方式测定含菌数。

三、试剂和培养基

(1)磷酸盐缓冲液(PBS)：

成分：磷酸二氢钾34.0g，蒸馏水500.0mL。

制法：

贮存液：称取34.0g的磷酸二氢钾溶于500mL蒸馏水中，用大约175mL的1mol/L氢氧化钠溶液调节pH至7.2，用蒸馏水稀释至1 000mL后贮存于冰箱。

稀释液：取贮存液1.25mL，用蒸馏水稀释至1 000mL，分装于适宜容器中，121℃高压灭菌15min。

(2)甘露醇卵黄多黏菌素(MYP)琼脂：

成分：蛋白胨10.0g，牛肉粉1.0g，D-甘露醇10.0g，氯化钠10.0g，琼脂粉12.0~15.0g，0.2%酚红溶液13.0mL，50%卵黄液50.0mL，多黏菌素B 100 000IU，蒸馏水950.0mL。

制法：将前五种成分加入于950mL蒸馏水中，加热溶解，校正pH至7.3±0.1，加入酚红溶液。分装，每瓶95mL，121℃高压灭菌15min。临用时加热溶化琼脂，冷却至50℃，每瓶加入50%卵黄液5mL和浓度为10 000 IU的多黏菌素B溶液1mL，混匀后倾注平板。

50%卵黄液：取鲜鸡蛋，用硬刷将蛋壳彻底洗净，沥干，于70%乙醇溶液中浸泡30min。用无菌操作取出卵黄，加入等量灭菌生理盐水，混匀后备用。

多黏菌素B溶液：在50mL灭菌蒸馏水中溶解500 000IU的无菌硫酸盐多黏菌素B。

(3)胰酪胨大豆多黏菌素肉汤：

成分：胰酪胨(或酪蛋白胨)17.0g，植物蛋白胨(或大豆蛋白胨)3.0g，氯化钠5.0g，无水磷酸氢二钾2.5g，葡萄糖2.5g，多黏菌素B 100IU/mL，蒸馏水1 000mL。

制法：将前五种成分加入于蒸馏水中，加热溶解，校正pH至7.3±0.2，121℃高压灭菌15min。临用时加入多黏菌素B溶液混匀即可。

(4)营养琼脂：

成分：蛋白胨10.0g，牛肉膏5.0g，氯化钠5.0g，琼脂粉12.0~15.0g，蒸馏水1 000mL。

制法：将以上成分溶解于蒸馏水内，校正pH至7.2±0.2，加热使琼脂溶化。121℃高压灭菌15min，备用。

(5)过氧化氢溶液：

试剂：3%过氧化氢溶液，临用时配制，用H_2O_2配制。

试验方法：用细玻璃棒或一次性接种针挑取单个菌落，置于洁净试管内，滴加3%过氧化氢溶液2mL，观察结果。

结果：于30s内发生气泡者为阳性，不发生气泡者为阴性。

(6)动力培养基：

成分：胰酪胨(或酪蛋白胨)10.0g，酵母粉2.5g，葡萄糖5.0g，无水磷酸氢二钠2.5g，琼脂粉3.0~5.0g，蒸馏水1 000mL。

制法：将以上成分溶解于蒸馏水，校正pH至7.2±0.2，加热溶解。分装每管2~3mL。115℃高压灭菌20min，备用。

试验方法：用接种针挑取培养物穿刺接种于动力培养基中，(30±1)℃培养(48±2)h。蜡样芽孢杆菌应沿穿刺线呈扩散生长，而蕈状芽孢杆菌常常呈绒毛状生长，形成蜂巢状扩散。动力试验也可用悬滴法检查。蜡样芽孢杆菌和苏云金芽孢杆菌通常运动极为活泼，而炭疽杆菌则不运动。

(7)硝酸盐肉汤：

成分：蛋白胨5.0g，硝酸钾0.2g，蒸馏水1 000mL。

制法：将以上成分溶解于蒸馏水。校正pH至7.4，分装每管5mL，121℃高压灭菌15min。

硝酸盐还原试剂：

甲液：将对氨基苯磺酸0.8g溶解于2.5mol/L乙酸溶液100mL中。

乙液：将甲萘胺0.5g溶解于2.5mol/L乙酸溶液100mL中。

试验方法：接种后在(36±1)℃培养24~72h。加甲液和乙液各1滴，观察结果，阳性反应立即或数分钟内显红色。如为阴性，可再加入锌粉少许，如出现红色，表示硝酸盐未被还原，为阴性。反之，则表示硝酸盐已被还原，为阳性。

(8)酪蛋白琼脂：

成分：酪蛋白10.0g，牛肉粉3.0g，无水磷酸氢二钠2.0g，氯化钠5.0g，琼脂粉12.0~15.0g，蒸馏水1 000mL，0.4%溴麝香草酚蓝溶液12.5mL。

制法：除溴麝香草酚蓝溶液外，将上述各成分溶于蒸馏水中加热溶解(酪蛋白不会溶解)。校正pH至7.4±0.2，加入溴麝香草酚蓝溶液，121℃高压灭菌15min后倾注平板。

试验方法：用接种环挑取可疑菌落，点种于酪蛋白琼脂培养基上，(36±1)℃培养(48±2)h，阳性反应菌落周围培养基应出现澄清透明区(表示产生酪蛋白酶)。阴性反应时应继续培养72h再观察。

(9)硫酸锰营养琼脂培养基：

成分：胰蛋白胨5.0g，葡萄糖5.0g，酵母浸膏5.0g，磷酸氢二钾4.0g，3.08%硫酸锰($MnSO_4 \cdot H_2O$)1.0mL，琼脂粉12.0~15.0g。

制法：将以上成分溶解于蒸馏水。校正pH至7.2±0.2。121℃高压灭菌15min，备用。

(10)0.5%碱性复红：

成分：碱性复红0.5g，乙醇20.0mL，蒸馏水80.0mL。

制法：取碱性复红0.5g溶解于20mL乙醇中，再用蒸馏水稀释至100mL，滤纸过滤后贮存备用。

(11)动力培养基：

成分：蛋白胨10.0g，牛肉浸粉3.0g，琼脂4.0g，氯化钠5.0g，蒸馏水1 000mL。

制法：将以上成分溶解于蒸馏水。校正pH至7.2±0.2，分装小试管，121℃高压灭菌15min，备用。

(12)糖发酵管：

成分：牛肉粉5.0g，蛋白胨10.0g，氯化钠3.0g，磷酸氢二钠($Na_2HPO_4 \cdot 12H_2O$)2.0g，0.2%溴麝香草酚蓝溶液12.0mL，蒸馏水1 000mL。

制法：糖发酵管按上述成分配好后，校正pH至7.2±0.2，按0.5%加入葡萄糖，分装于一个有倒置小管的小试管内，115℃高压灭菌15min；其他各种糖发酵管可按上述成分配好后，分装每瓶100mL，115℃高压灭菌15min。另将各种糖类分别配好10%溶液，同时115℃高压灭菌15min。将5mL糖溶液加入于100mL培养基内，以无菌操作分装小试管。(蔗糖不纯，加热后会自行水解者，应采用过滤法除菌)

试验方法：挑取可疑菌落接种于葡萄糖发酵管中，厌氧条件下(36±1)℃培养(24±2)h。培养基由红色变为黄色者表明该菌在厌氧条件下能发酵葡萄糖。

(13)V-P培养基：

成分：磷酸氢二钾5.0g，蛋白胨7.0g，葡萄糖5.0g，氯化钠5.0g，蒸馏水1 000mL。

制法：将以上成分溶解于蒸馏水。校正pH至7.0±0.2，分装每管1mL。115℃高压灭菌20min，备用。

试验方法：用营养琼脂培养物接种于本培养基中，(36±1)℃培养48~72h。加入6%α-萘酚-乙醇溶液0.5mL和40%氢氧化钾溶液0.2mL，充分振摇试管，观察结果，阳性反应立即或于数分钟内出现红色。如为阴性，应放在(36±1)℃培养4h再观察。

(14)胰酪胨大豆羊血(TSSB)琼脂：

成分：胰酪胨(或酪蛋白胨)15.0g，植物蛋白胨(或大豆蛋白胨)5.0g，氯化钠5.0g，无水磷酸氢二钾2.5g，葡萄糖2.5g，琼脂粉12.0~15.0g，蒸馏水1 000mL。

制法：将以上各成分于蒸馏水中加热溶解。校正pH至7.2±0.2，分装每瓶100mL。

121℃高压灭菌 15min。水浴中冷却至 45~50℃，每 100mL 加入 5~10mL 无菌脱纤维羊血，混匀后倾注平板。

(15)溶菌酶营养肉汤：

成分：牛肉粉 3.0g，蛋白胨 5.0g，蒸馏水 990.0mL，0.1%溶菌酶溶液 10.0mL。

制法：除溶菌酶溶液外，将上述成分溶解于蒸馏水。校正 pH 至 6.8±0.1，分装每瓶 99mL。121℃高压灭菌 15min。每瓶加入 0.1%溶菌酶溶液 1mL，混匀后分装灭菌试管，每管 2.5mL。0.1%溶菌酶溶液配制：在 65mL 灭菌的 0.1mol/L 盐酸中加入 0.1g 溶菌酶，隔水煮沸 20min 溶解后，再用灭菌的 0.1mol/L 盐酸稀释至 100mL。或者称取 0.1g 溶菌酶溶于 100mL 的无菌蒸馏水后，用孔径为 0.45μm 硝酸纤维膜过滤。使用前测试是否无菌。

试验方法：用接种环取纯菌悬液一环，接种于溶菌酶肉汤中，(36±1)℃培养 24h。蜡样芽孢杆菌在本培养基(含 0.001%溶菌酶)中能生长。如出现阴性反应，应继续培养 24h。

(16)西蒙氏柠檬酸盐培养基：

成分：氯化钠 5.0g，硫酸镁 0.2g，磷酸二氢铵 1.0g，磷酸氢二钾 1.0g，柠檬酸钠 1.0g，琼脂粉 12.0~15.0g，蒸馏水 1 000mL，0.2%溴麝香草酚蓝溶液 40.0mL。

制法：除溴麝香草酚蓝溶液和琼脂外，将上述各成分溶解于 1 000mL 蒸馏水内，校正 pH 至 6.8，再加琼脂，加热溶化。然后加入溴麝香草酚蓝溶液，混合均匀后分装试管，121℃高压灭菌 15min。制成斜面。

试验方法：挑取少量琼脂培养物接种于西蒙氏柠檬酸培养基，(36±1)℃培养 4d。每天观察结果，阳性者斜面上有菌落生长，培养基从绿色转为蓝色。

(17)明胶培养基：

成分：蛋白胨 5.0g，牛肉粉 3.0g，明胶 120.0g，蒸馏水 1 000mL。

制法：将上述成分混合，置流动蒸汽灭菌器内，加热溶解，校正 pH 至 7.4~7.6，过滤。分装试管，121℃高压灭菌 10min，备用。

试验方法：挑取可疑菌落接种于明胶培养基，(36±1)℃培养(24±2)h，取出，2~8℃放置 30min，取出，观察明胶液化情况。

四、仪器和设备

除微生物实验室常规灭菌及培养设备外，其他设备和材料如下：

(1)冰箱：2~5℃。

(2)恒温培养箱：(30±1)℃、(36±1)℃。

(3)均质器。

(4)电子天平：感量为 0.1g。

(5)无菌锥形瓶：100mL、500mL。

(6)无菌吸管：1mL(具 0.01mL 刻度)、10mL(具 0.1mL 刻度)或微量移液器及吸头。

(7)无菌平皿：直径 90mm。

(8)无菌试管：18mm×180mm。

(9)显微镜：10~100×(油镜)。

五、实验步骤

1. 样品处理

冷冻样品应在 45℃以下不超过 15min 或在 2~5℃不超过 18h 解冻，若不能及时检验，应放于-20~-10℃保存；非冷冻而易腐的样品应尽可能及时检验，若不能及时检验，应置于 2~5℃冰箱保存，24h 内检验。

2. 样品制备

称取样品 25g，放入盛有 225mL PBS 或生理盐水的无菌均质杯内，用旋转刀片式均质器以 8 000~10 000r/min 均质 1~2min，或放入盛有 225mL PBS 或生理盐水的无菌均质袋中，用拍击式均质器拍打 1~2min。若样品为液态，吸取 25mL 样品至盛有 225mL PBS 或生理盐水的无菌锥形瓶(瓶内可预置适当数量的无菌玻璃珠)中，振荡混匀，作为 1∶10 的样品匀液。

3. 样品的稀释

吸取上述 1∶10 的样品匀液 1mL 加到装有 9mL PBS 或生理盐水的稀释管中，充分混匀制成 1∶100 的样品匀液。根据对样品污染状况的估计，按上述操作，依次制成 10 倍递增系列稀释样品匀液。每递增稀释 1 次，换用 1 支 1mL 无菌吸管或吸头。

4. 样品接种

根据对样品污染状况的估计，选择 2~3 个适宜稀释度的样品匀液(液体样品可包括原液)，以 0.3、0.3、0.4mL 接种量分别移入三块 MYP 琼脂平板，然后用无菌 L 棒涂布整个平板，注意不要触及平板边缘。使用前，如 MYP 琼脂平板表面有水珠，可放在 25~50℃的培养箱里干燥，直到平板表面的水珠消失。

5. 分离、培养

(1)分离：在通常情况下，涂布后，将平板静置 10min。如样液不易吸收，可将平板放在培养箱(30±1)℃培养 1h，等样品匀液吸收后翻转平皿，倒置于培养箱，(30±1)℃培养(24±2)h。如果菌落不典型，可继续培养(24±2)h 再观察。在 MYP 琼脂平板上，典型菌落为微粉红色(表示不发酵甘露醇)，周围有白色至淡粉红色沉淀环(表示产卵磷脂酶)。

(2)纯培养：从每个平板中挑取至少 5 个典型菌落(小于 5 个全选)，分别划线接种于营养琼脂平板做纯培养，(30±1)℃培养(24±2)h，进行确证实验。在营养琼脂平板上，典型菌落为灰白色，偶有黄绿色，不透明，表面粗糙似毛玻璃状或融蜡状，边缘常呈扩展状，直径为 4~10mm。

(3)确定鉴定。

6. 染色镜检

挑取纯培养的单个菌落，革兰染色镜检。蜡样芽孢杆菌为革兰阳性芽孢杆菌，大小为(1~1.3μm)×(3~5μm)，芽孢呈椭圆形位于菌体中央或偏端，不膨大于菌体，菌体两端较平整，多呈短链或长链状排列。

7. 生化鉴定

(1)挑取纯培养的单个菌落，进行过氧化氢酶试验、动力试验、硝酸盐还原试验、酪蛋白分解试验、溶菌酶耐性试验、V-P 试验、葡萄糖利用(厌氧)试验、根状生长试验、溶血试验、蛋白质毒素结晶试验。蜡样芽孢杆菌生化特征与其他芽孢杆菌的区别见表 3-15。

表 3-15 蜡样芽孢杆菌生化特征与其他芽孢杆菌的区别

项目	蜡样芽孢杆菌	苏云金芽孢杆菌	蕈状芽孢杆菌	炭疽芽孢杆菌	巨大芽孢杆菌
革兰染色	+	+	+	+	+
过氧化氢酶	+	+	+	+	+
动力	+/-	+/-	-	-	+/-
硝酸盐还原	+	+/-	+	+	-/+
酪蛋白分解	+	+	+/-	-/+	+/-
溶菌酶耐性	+	+	+	+	-
卵黄反应	+	+	+	+	-
葡萄糖利用(厌氧)	+	+	+	+	-
V-P 试验	+	+	+	+	-
甘露醇产酸	-	-	-	-	+
溶血(羊红细胞)	+	+	+	-/+	-
根状生长	-	-	+	-	-
蛋白质毒素晶体	-	+	-	-	-

注：+表示 90%~100%的菌株阳性；-表示 90%~100%的菌株阴性；+/-表示大多数的菌株阳性；-/+表示大多数的菌株阴性。

(2)动力试验：用接种针挑取培养物穿刺接种于动力培养基中，30℃培养 24h。有动力的蜡样芽孢杆菌应沿穿刺线呈扩散生长，而蕈状芽孢杆菌常呈绒毛状生长。也可用悬滴法检查。

(3)溶血试验：挑取纯培养的单个可疑菌落接种于 TSSB 琼脂平板上，(30±1)℃培养(24±2)h。蜡样芽孢杆菌菌落为浅灰色，不透明，似白色毛玻璃状，有草绿色溶血环或完全溶血环。苏云金芽孢杆菌和蕈状芽孢杆菌呈现弱的溶血现象，而多数炭疽芽孢杆菌为不溶血，巨大芽孢杆菌为不溶血。

(4)根状生长试验：挑取单个可疑菌落按间隔 2~3cm 距离划平行直线于经室温干燥 1~2d 的营养琼脂平板上，(30±1)℃培养 24~48h，不能超过 72h。用蜡样芽孢杆菌和蕈状芽孢杆菌标准株作为对照进行同步试验。蕈状芽孢杆菌呈根状生长的特征。蜡样芽孢杆菌菌株呈粗糙山谷状生长的特征。

(5)溶菌酶耐性试验：用接种环取纯菌悬液一环，接种于溶菌酶肉汤中，(36±1)℃培养 24h。蜡样芽孢杆菌在本培养基(含 0.001%溶菌酶)中能生长。如出现阴性反应，应继续培养 24h。巨大芽孢杆菌不生长。

(6)蛋白质毒素结晶试验：挑取纯培养的单个可疑菌落接种于硫酸锰营养琼脂平板上，(30±1)℃培养(24±2)h，并于室温放置 3~4d，挑取培养物少许于载玻片上，滴加蒸馏水混匀并涂成薄膜。经自然干燥，微火固定，加甲醇作用 30s 后倾去，再通过火焰干燥，于载玻片上滴满0.5%碱性复红，放火焰上加热(微见蒸气，勿使染液沸腾)持续1~2min，移去火焰，再更换染色液再次加温染色30s，倾去染液用洁净自来水彻底清洗、晾干后镜检。观察有无游离芽孢(浅红色)和染成深红色的菱形蛋白结晶体。如发现游离芽孢形成的不丰富，应再将培养物置室温2~3d后进行检查。除苏云金芽孢杆菌外，其他芽孢杆菌不产生蛋白结晶体。

8. 生化分型(选做项目)

根据对柠檬酸盐利用、硝酸盐还原、淀粉水解、V-P试验反应、明胶液化试验，将蜡样芽孢杆菌分成不同生化型别，见表3-16。

表3-16 蜡样芽孢杆菌生化分型试验

型别	生化试验				
	柠檬酸盐	硝酸盐	淀粉	V-P	明胶
1	+	+	+	+	+
2	-	+	+	+	+
3	+	+	-	+	+
4	-	-	+	+	+
5	-	-	-	+	+
6	+	-	-	+	+
7	+	-	+	+	+
8	-	+	-	+	+
9	-	+	-	-	+
10	-	+	+	-	+
11	+	+	+	-	+
12	+	+	-	-	+
13	-	-	+	-	-
14	+	-	-	-	+
15	+	-	+	-	+

注：+表示90%~100%的菌株阳性；-表示90%~100%的菌株阴性。

六、结果处理

1. 典型菌落计数和确认

选择有典型蜡样芽孢杆菌菌落的平板，且同一稀释度3个平板所有菌落数合计在20~200CFU之间的平板，计数典型菌落数。如果出现a~f现象，按式(3-5)计算，如果出现g现象则按式(3-6)计算：

a. 只有一个稀释度的平板菌落数在20~200CFU之间且有典型菌落，计数该稀释度平板上的典型菌落；

b. 2个连续稀释度的平板菌落数均在20~200CFU之间，但只有一个稀释度的平板有典型菌落，应计数该稀释度平板上的典型菌落；

c. 所有稀释度的平板菌落数均小于20CFU且有典型菌落，应计数最低稀释度平板上的典型菌落；

d. 某一稀释度的平板菌落数大于200CFU且有典型菌落，但下一稀释度平板上没有典型菌落，应计数该稀释度平板上的典型菌落；

e. 所有稀释度的平板菌落数均大于200CFU且有典型菌落，应计数最高稀释度平板上的典型菌落；

f. 所有稀释度的平板菌落数均不在20~200CFU之间且有典型菌落，其中一部分小于20CFU或大于200CFU时，应计数最接近20CFU或200CFU的稀释度平板上的典型菌落；

g. 2个连续稀释度的平板菌落数均在20~200CFU之间且均有典型菌落。从每个平板中至少挑取5个典型菌落(小于5个全选)，划线接种于营养琼脂平板做纯培养，(30±1)℃培养(24±2)h。

2. 计算公式

(1)菌落计算公式：

$$T=\frac{AB}{Cd} \tag{3-5}$$

式中 T——样品中蜡样芽孢杆菌菌落数；

A——某一稀释度蜡样芽孢杆菌典型菌落的总数；

B——鉴定结果为蜡样芽孢杆菌的菌落数；

C——用于蜡样芽孢杆菌鉴定的菌落数；

d——稀释因子。

(2)菌落计算公式：

$$T=\frac{A_1B_1/C_1+A_2B_2/C_2}{1.1d} \tag{3-6}$$

式中 T——样品中蜡样芽孢杆菌菌落数；

A_1——第一稀释度(低稀释倍数)蜡样芽孢杆菌典型菌落的总数；

A_2——第二稀释度(高稀释倍数)蜡样芽孢杆菌典型菌落的总数；

B_1——第一稀释度(低稀释倍数)鉴定结果为蜡样芽孢杆菌的菌落数；

B_2——第二稀释度(高稀释倍数)鉴定结果为蜡样芽孢杆菌的菌落数；

C_1——第一稀释度(低稀释倍数)用于蜡样芽孢杆菌鉴定的菌落数；

C_2——第二稀释度(高稀释倍数)用于蜡样芽孢杆菌鉴定的菌落数；

1.1——计算系数(如果第二稀释度蜡样芽孢杆菌鉴定结果为0，计算系数采用1)；

d——稀释因子(第一稀释度)。

七、注意事项

(1)根据MYP平板上蜡样芽孢杆菌的典型菌落数，按式(3-5)、式(3-6)计算，报告每克(毫升)样品中蜡样芽孢杆菌菌数，以CFU/g(mL)表示；如T值为0，则以小于1乘以最低稀释倍数报告。

(2)必要时报告蜡样芽孢杆菌生化分型结果。

思考题

蜡样芽孢杆菌含量较低的食品中用何种方法测定？

实验9　食品微中金黄色葡萄球菌检验——平板计数法

一、实验目的

测定食品中金黄色葡萄球菌数量。

二、实验原理

将待测样品经适当稀释后，微生物充分分散成单个细胞，取一定量的稀释液到平板上，经过培养基的培养，每个细胞繁殖成为菌落，通过统计菌落数，计算稀释倍数的方式测定含菌数。

三、试剂和培养基

(1)Baird-Parker 琼脂平板：

成分：胰蛋白胨 10.0g，牛肉膏 5.0g，酵母膏 1.0g，丙酮酸钠 10.0g，甘氨酸 12.0g，氯化锂($LiCl \cdot 6H_2O$)5.0g，琼脂 20.0g，蒸馏水 950mL。

增菌剂的配法：30%卵黄盐水 50mL 与通过 0.22μm 孔径滤膜进行过滤除菌的 1%亚碲酸钾溶液 10mL 混合，保存于冰箱内。

制法：将各成分加到蒸馏水中，加热煮沸至完全溶解，调节 pH 至 7.0±0.2。分装每瓶 95mL，121℃高压灭菌 15min。临用时加热溶化琼脂，冷至 50℃，每 95mL 加入预热至 50℃的卵黄亚碲酸钾增菌剂 5mL，摇匀后倾注平板。培养基应是致密不透明的。使用前在冰箱贮存不得超过 48h。

(2)稀释液(磷酸盐缓冲液)：

成分：磷酸二氢钾(KH_2PO_4)34.0g，蒸馏水 500mL。

制法：

贮存液：称取 34.0g 的磷酸二氢钾溶于 500mL 蒸馏水中，用约 175mL 的 1mol/L 氢氧化钠溶液调节 pH 至 7.2，用蒸馏水稀释至 1 000mL 后贮存于冰箱。

稀释液：取贮存液 1.25mL，用蒸馏水稀释至 1 000mL，分装于适宜容器中，121℃高压灭菌 15min。

(3)无菌生理盐水：

成分：氯化钠 8.5g，蒸馏水 1 000mL。

制法：称取 8.5g 氯化钠溶于 1 000mL 蒸馏水中，121℃高压灭菌 15min。

四、仪器和设备

除微生物实验室常规灭菌及培养设备外，其他设备和材料如下：

(1)恒温培养箱：(36±1)℃。

(2)冰箱：2~5℃。

(3)恒温水浴箱：36~56℃。

(4)电子天平：感量为0.1g。

(5)均质器。

(6)振荡器。

(7)显微镜。

五、实验步骤

1. 样品的稀释

(1)固体和半固体样品：称取25g样品置于盛有225mL磷酸盐缓冲液或生理盐水的无菌均质杯内，8 000~10 000r/min均质1~2min，或置于盛有225mL稀释液的无菌均质袋中，用拍击式均质器拍打1~2min，制成1∶10的样品匀液。

(2)液体样品：以无菌吸管吸取25mL样品置于盛有225mL磷酸盐缓冲液或生理盐水的无菌锥形瓶(瓶内预置适当数量的无菌玻璃珠)中，充分混匀，制成1∶10的样品匀液。

(3)用1mL无菌吸管或微量移液器吸取1∶10样品匀液1mL，沿管壁缓慢注于盛有9mL磷酸盐缓冲液或生理盐水的无菌试管中(注意吸管或吸头尖端不要触及稀释液面)，振摇试管或换用一支1mL无菌吸管反复吹打使其混合均匀，制成1∶100的样品匀液。

(4)按上步操作程序，制备10倍系列稀释样品匀液。每递增稀释一次，换用一次1mL无菌吸管或吸头。

2. 样品的接种

根据对样品污染状况的估计，选择2~3个适宜稀释度的样品匀液(液体样品可包括原液)，在进行10倍递增稀释的同时，每个稀释度分别吸取1mL样品匀液以0.3、0.3、0.4mL接种量分别加入三块Baird-Parker平板，然后用无菌涂布棒涂布整个平板，注意不要触及平板边缘。使用前，如Baird-Parker平板表面有水珠，可放在25~50℃的培养箱里干燥，直到平板表面的水珠消失。

3. 培养

在通常情况下，涂布后，将平板静置10min，如样液不易吸收，可将平板放在培养箱(36±1)℃培养1h；等样品匀液吸收后翻转平板，倒置后于(36±1)℃培养24~48h。

4. 典型菌落计数和确认

(1)金黄色葡萄球菌在Baird-Parker平板上呈圆形，表面光滑、凸起、湿润，菌落直径为2~3mm，颜色呈灰黑色至黑色，有光泽，常有浅色(非白色)的边缘，周围绕以不透明圈(沉淀)，其外常有一条清晰带。当用接种针触及菌落时具有黄油样黏稠感。有时可见到不分解脂肪的菌株，除没有不透明圈和清晰带外，其他外观基本相同。从长期贮存的冷冻或脱水食品中分离的菌落，其黑色常较典型菌落浅些，且外观可能较粗糙，质地较干燥。

(2)选择有典型的金黄色葡萄球菌菌落的平板，且同一稀释度 3 个平板所有菌落数合计在 20~200CFU 之间的平板，计数典型菌落数。

(3)从典型菌落中至少选 5 个可疑菌落(小于 5 个全选)进行鉴定试验。分别做染色镜检，血浆凝固酶试验；同时划线接种到血平板(36±1)℃培养 18~24h 后观察菌落形态，金黄色葡萄球菌菌落较大，圆形、光滑凸起、湿润、金黄色(有时为白色)，菌落周围可见完全透明溶血圈。

六、结果处理

(1)若只有一个稀释度平板的典型菌落数在 20~200CFU 之间，计数该稀释度平板上的典型菌落，按式(3-7)计算。

(2)若最低稀释度平板的典型菌落数小于 20CFU，计数该稀释度平板上的典型菌落，按式(3-7)计算。

(3)若某一稀释度平板的典型菌落数大于 200CFU，但下一稀释度平板上没有典型菌落，计数该稀释度平板上的典型菌落，按式(3-7)计算。

(4)若某一稀释度平板的典型菌落数大于 200CFU，而下一稀释度平板上虽有典型菌落但不在 20~200CFU 范围内，应计数该稀释度平板上的典型菌落，按式(3-7)计算。

(5)若两个连续稀释度的平板典型菌落数均在 20~200CFU 之间，按式(3-8)计算。

(6)计算公式

$$T=\frac{AB}{Cd} \tag{3-7}$$

式中　T——样品中金黄色葡萄球菌菌落数；

A——某一稀释度典型菌落的总数；

B——某一稀释度鉴定为阳性的菌落数；

C——某一稀释度用于鉴定试验的菌落数；

d——稀释因子。

$$T=\frac{A_1B_1/C_1+A_2B_2/C_2}{1.1d} \tag{3-8}$$

式中　T——样品中金黄色葡萄球菌菌落数；

A_1——第一稀释度(低稀释倍数)典型菌落的总数；

B_1——第一稀释度(低稀释倍数)鉴定为阳性的菌落数；

C_1——第一稀释度(低稀释倍数)用于鉴定试验的菌落数；

A_2——第二稀释度(高稀释倍数)典型菌落的总数；

B_2——第二稀释度(高稀释倍数)鉴定为阳性的菌落数；

C_2——第二稀释度(高稀释倍数)用于鉴定试验的菌落数；

1.1——计算系数；

d——稀释因子(第一稀释度)。

七、注意事项

(1)稀释等各环节严格注意防止杂菌污染。

(2)操作台板不干净时，可先用酒精擦干净，再用湿洁净毛巾擦一遍，切忌在残留有酒精的情况下开紫外灯照射。

(3)根据公式计算结果，报告每克(毫升)样品中金黄色葡萄球菌数，以 CFU/g(mL)表示；如 T 值为 0，则以小于 1 乘以最低稀释倍数报告。

思考题

除平板计数法外，还有哪些方法可以测定食品中金黄色葡萄球菌?

实验 10　食品中霉菌和酵母检验

一、实验目的

测定食品中霉菌和酵母菌数量。

二、实验原理

单个微生物细胞于适宜的环境中能在固体培养基上形成肉眼可见的菌落，一般而言，一个菌落为一个单细胞繁殖而成，通过检测菌落数而确定霉菌和酵母菌数量。

三、试剂和培养基

(1)生理盐水：

成分：氯化钠 8.5g，蒸馏水 1 000mL。

制法：氯化钠加入 1 000mL 蒸馏水中，搅拌至完全溶解，分装后 121℃灭菌 15min，备用。

(2)马铃薯葡萄糖琼脂：

成分：马铃薯(去皮切块)300g，葡萄糖 20.0g，琼脂 20.0g，氯霉素 0.11g，蒸馏水 1 000mL。

制法：将马铃薯去皮切块，加 1 000mL 蒸馏水，煮沸 10~20min。用纱布过滤，补加蒸馏水至 1 000mL。加入葡萄糖和琼脂，加热溶解，分装后 121℃灭菌 1min，备用。

(3)孟加拉红琼脂：

成分：蛋白胨 5.0g，葡萄糖 10.0g，磷酸二氢钾 1.0g，硫酸镁(无水)0.5g，琼脂 20.0g，孟加拉红 0.033g，氯霉素 0.1g，蒸馏水 1 000mL。

制法：上述各成分加入蒸馏水中，加热溶解，补足蒸馏水至 1 000mL，分装后 121℃灭菌 15min，避光保存备用。

(4)磷酸盐缓冲液：

成分：磷酸二氢钾 34.0g，蒸馏水 500mL。

制法：

贮存液：称取 34.0g 的磷酸二氢钾溶于 500mL 蒸馏水中，用约 175mL 的 1mol/L 氢氧化钠溶液调节 pH 至 7.2±0.1，用蒸馏水稀释至 1 000mL 后贮存于冰箱。

稀释液：取贮存液 1.25mL，用蒸馏水稀释至 1 000mL，分装于适宜容器中，121℃高压灭菌 15min。

四、仪器和设备

除微生物实验室常规灭菌及培养设备外，其他设备和材料如下：

(1)恒温培养箱：(28±1)℃。

(2)拍击式均质器及均质袋。

(3)电子天平：感量为 0.1g。

(4)无菌锥形瓶：容量 500mL。

(5)无菌吸管：1mL(具 0.01mL 刻度)、10mL(具 0.1mL 刻度)。

(6)无菌试管：18mm×180mm。

(7)旋涡混合器。

(8)恒温水浴箱：(46±1)℃。

(9)显微镜：10~100 倍。

(10)微量移液器及枪头：1.0mL。

(11)折光仪。

(12)测微器：具标准刻度的玻片。

(13)无菌平皿：直径 90mm。

(14)郝氏计测玻片：具有标准计测室的特制玻片。

(15)盖玻片。

五、实验步骤

1. 样品的稀释

(1)固体和半固体样品：称取 2g 样品，加入 225mL 无菌稀释液(蒸馏水或生理盐水或磷酸盐缓冲液)，充分振摇，或用拍击式均质器拍打 1~2min，制成 1∶10 的样品匀液。

(2)液体样品：以无菌吸管吸取 25mL 样品至盛有 225mL 无菌稀释液(蒸馏水或生理盐水或磷酸盐缓冲液)的适宜容器内(可在瓶内预置适当数量的无菌玻璃珠)或无菌均质袋中，充分振摇或用拍击式均质器拍打 1~2min，制成 1∶10 的样品匀液。

(3)取 1mL 1∶10 样品匀液注入含有 9mL 无菌稀释液的试管中，另换一支 1mL 无菌管反复吹吸，或在旋涡混合器上混匀，此液为 1∶100 的样品匀液。

(4)按上步操作，制备 10 倍递增系列稀释样品匀液。每递增稀释一次，换用一支 1mL 无菌吸管。

(5)根据对样品污染状况的估计，选择 2~3 个适宜稀释度的样品匀液(液体样品可包括原液)，在进行 10 倍递增稀释的同时，每个稀释度分别吸取 1mL 样品匀液于两个无菌平皿内。同时分别取 1mL 无菌稀释液加入两个无菌平皿作空白对照。

(6)及时将 20~25mL 冷却至 46℃ 的马铃薯葡萄糖琼脂或孟加拉红琼脂[可放置于(46±1)℃的恒温水浴箱中保温]倾注平皿，并转动平皿使其混合均匀。置水平台面待培养基完全凝固。

2. 培养

琼脂凝固后，正置平板，置(28±1)℃培养箱中培养，观察并记录培养至第5天的结果。

3. 菌落计数

用肉眼观察，必要时可用放大镜或低倍镜，记录稀释倍数和相应的霉菌和酵母菌落数。以菌落形成单位(CFU)表示。

选取菌落数在10~150CFU的平板，根据菌落形态分别计数霉菌和酵母。霉菌蔓延生长覆盖整个平板的可记录为菌落蔓延。

六、结果处理

(1)计算同一稀释度的两个平板菌落数的平均值，再将平均值乘以相应稀释倍数。

(2)若有两个稀释度平板上菌落数均在10~150CFU之间，则按照GB 4789.2—2016的相应规定进行计算。

(3)若所有平板上菌落数均大于150CFU，则对稀释度最高的平板进行计数，其他平板可记录为多不可计，结果按平均菌落数乘以最高稀释倍数计算。

(4)若所有平板上菌落数均小于10CFU，则应按稀释度最低的平均菌落数乘以稀释倍数计算。

(5)若所有稀释度(包括液体样品原液)平板均无菌落生长，则以小于1乘以最低稀释倍数计算。

(6)若所有稀释度的平板菌落数均不在10~150CFU之间，其中一部分小于10CFU或大于150CFU时，则以最接近10CFU或150CFU的平均菌落数乘以稀释倍数计算。

七、注意事项

(1)若空白对照平板上有菌落出现，则此次检测结果无效。

(2)称重取样以CFU/g为单位报告，体积取样以CFU/mL为单位报告，报告或分别报告霉菌或酵母数。

思考题

检测结果如何修约?

实验11　植物油黄曲霉毒素总量检测

一、实验目的

测定食品中黄曲霉毒素总量。

二、实验原理

试样经提取后，毒素抗原与胶体金标记的抗体结合，利用免疫层析技术使抗原与抗体竞争反应显色。利用快检仪测定样品中真菌毒素的含量。依据样品显色的吸光度值，以标准曲线的吸光度值定量。

三、试剂

(1)纯水，或二次蒸馏水。

(2)甲醇：分析纯。

(3)稀释缓冲液 AF-植物油(产品配备)。

四、仪器和设备

(1)iCheck®型食品安全定量快检仪。

(2)多用途旋转摇床。

(3)电子天平：感量为0.01g。

(4)恒温器。

(5)200μL 微量移液器、计时器、漏斗、定性滤纸、50mL 离心管、量筒。

五、实验步骤

1. 样品处理

(1)样品前处理：先将取好的具有代表性的样品混合均匀，备用。

(2)样品提取：称取5.0g 样品于50mL 离心管中，加入25.0mL 70%甲醇水提取液，置于旋转摇床上旋转振荡提取5min(或用高速均质器均质1min，或用手剧烈振荡3min)，用定性滤纸过滤。收集滤液3mL 以上，备用。

(3)点板和层析：取120μL 稀释缓冲液 AF-植物油于微孔中，加入滤液30μL，用移液器(移液器先要按到一档排净空气，避免混合液中产生气泡)吸打5次混匀，取100μL 加入快检卡(AF-植物油)样品孔中。

(37±2)℃反应10min 后，立即将快检卡放入定量快检仪中，点击读数，即为样品实际浓度。

2. 标准曲线输入

(1)将快检仪打开至主页面。

(2)点击检测分析。

(3)点击右下角“+”可加入新批次标准曲线。

(4)将二维码放入卡匣，等待红色框扫入成功变为绿色(可通过推进卡匣调整二维码位置)。

(5)点击箭头，选择“clover”卡匣加入卡匣种类。

(6)点击“ok”确认。

注：标准曲线输入过程每盒产品只需输入一次，测定时选择该盒产品的标准曲线编号即可。

3. 样品测定

(1)点击检测分析，放入温育后的快件卡。

(2)点击“1C1T”。
(3)选择对应检测的标准曲线批号。
(4)进入检测咨询界面输入样品编号和名称(可以不输入)，点击确认。
(5)观察快检卡是否显示在界面后点击确认。
(6)可点击打印直接打印检测结果。

六、结果处理

将已知浓度的质控样按样品处理方法处理后检测，结果应在规定范围内。

加标回收实验，原则上应选择阴性(未检出或小于定量限)的样品加标，加标水平最好为标准限量值。回收率在60%~120%。

检测范围：0~25μg/kg。

定量限：3.0μg/kg。

七、注意事项

(1)快检卡在保质期内使用。只可一次性使用，不可重复使用。

(2)快检卡贮存条件为2~8℃冰箱保存。使用前应平衡至室温[(25±2)℃]后再开袋使用。

(3)谨防快检卡受潮，铝箔包装袋受损或快检卡受潮后，检测卡不要使用。

(4)尽量不要触摸快检卡中央的白色膜。

(5)所有温育过程应避免阳光直射及空调、风扇、自然风直吹。

(6)加入稀释液和样品提取液后的吸打混匀过程应避免产生气泡并保证胶体金混合均匀。

(7)使用前注意核对快件卡和稀释液名称，不可混用不同毒素、不同批号的快检卡和稀释液。用快检仪读数时需选择事先存入的合适的曲线。

(8)温育时间须严格按照说明书规定，从点样到读数的时间误差应控制在30s以内。

(9)铝箔包装袋中的小包是干燥剂，不可误服。

(10)超过保质期不可使用。

思考题

胶体金免疫层析法的方法检测限为多少？

实验12　食品中黄曲霉毒素 B_1 的测定

一、实验目的

测定食品中黄曲霉毒素 B_1 含量。

二、实验原理

食品中的黄曲霉毒素 B_1 用乙腈-水溶液或甲醇-水溶液的混合溶液提取，提取液经免疫亲和柱净化和富集，净化液浓缩、定容和过滤后经液相色谱分离，柱后衍生(碘试剂衍生)测定，测定标准样品的标准图谱，计算回归方程，由检测数据计算样品中黄曲霉毒素 B_1的含量。

三、试剂和溶液配制

除特殊规定外，所有试剂均为分析纯，水为 GB/T 6682—2016 中规定的一级水。

(1)甲醇(CH_3OH)：色谱纯。

(2)乙腈(CH_3CN)：色谱纯。

(3)氯化钠(NaCl)。

(4)磷酸氢二钠(Na_2HPO_4)。

(5)磷酸二氢钾(KH_2PO_4)。

(6)氯化钾(KCl)。

(7)盐酸(HCl)。

(8)TritonX-100[$C_{14}H_{22}O(C_2H_4O)_n$](或吐温-20，$C_{58}H_{114}O_{26}$)。

(9)碘衍生使用试剂：碘(I_2)。

(10)乙腈-水溶液(84+16)：取 840mL 乙腈加入 160mL 水。

(11)甲醇-水溶液(70+30)：取 700mL 甲醇加入 300mL 水。

(12)乙腈-水溶液(50+50)：取 500mL 乙腈加入 500mL 水。

(13)乙腈-水溶液(10+90)：取 100mL 乙腈加入 900mL 水。

(14)乙腈-甲醇溶液(50+50)：取 500mL 乙腈加入 500mL 甲纯。

(15)磷酸盐缓冲溶液(PBS)：称取 8.00g 氯化钠、1.20g 磷酸氢二钠(或 2.92g $Na_2HPO_4 \cdot 12H_2O$)、0.20g 磷酸二氢钾、0.20g 氯化钾，用 900mL 水溶解，用盐酸调节 pH 7.4，用水定容至 1 000mL。1% TritonX-100(或吐温-20)的 PBS：取 10mL TritonX-100，用 PBS 定容至 1 000mL。

(16)0.05% 碘溶液：称取 0.1g 碘，用 20mL 甲醇溶解，加水定容至 200mL，0.45μm 的滤膜过滤，现配现用。

(17)$AFTB_1$标准品($C_{17}H_{12}O_6$)：3.0mg/L，购于上海安谱有限公司。

(18)标准中间溶液(120ng/mL)：准确移取 400μL 的标准溶液，于 10mL 容量瓶中，用乙腈溶解并定容至刻度，配制成浓度为 120ng/mL 的中间液，贮存在棕色瓶中，避光保存在-20℃冰箱中，有效期为 3 个月。

(19)标准工作液：分别准确移取中间液 10、25、250、500、1 000μL 至 10mL 容量瓶中，用初始流动相定容至刻度，此标准工作液的浓度为 0.12、0.3、3.0、6.0、12.0ng/mL。

四、仪器和设备

(1)匀浆机。

(2)高速粉碎机。

(3)组织捣碎机。

(4)超声波/涡旋振荡器或摇床。

(5)电子天平：感量为0.01g。
(6)涡旋混合器。
(7)高速均质器：转速6 500~24 000r/min。
(8)离心机：转速≥6 000r/min。
(9)玻璃纤维滤纸：快速、高载量、液体中颗粒保留1.6μm。
(10)固相萃取装置(带真空泵)。
(11)氮吹仪。
(12)液相色谱仪：配荧光检测器。
(13)液相色谱柱。
(14)溶剂柱后衍生装置。
(15)免疫亲和柱：$AFTB_1$ 柱容量≥200ng。
(16)一次性微孔滤头：带0.22μm微孔滤使用。
(17)筛网：1~2mm试验筛孔径。

五、实验步骤

使用不同厂商的免疫亲和柱，在样品的上样、淋洗和洗脱的操作方面可能略有不同，应该按照供应商所提供的操作说明书要求进行操作。

警示：整个分析操作过程应在指定区域内进行。该区域应避光(直射阳光)、具备相对独立的操作台和废弃物存放装置。在整个实验过程中，操作者应按照接触剧毒物的要求采取相应的保护措施。

1. 试样制备

(1)液体样品(植物油、酱油、醋等)：采样量需大于1L，对于袋装、瓶装等包装样品需至少采集3个包装(同一批次或号)，将所有液体样品在一个容器中用匀浆机混匀后，其中任意的100g(mL)样品进行检测。

(2)固体样品(谷物及其制品、坚果及籽类、婴幼儿谷类辅助食品等)：采样量需大于1kg，用高速粉碎机将其粉碎，过筛，使其粒径小于2mm孔径试验筛，混合均匀后分至100g，贮存于样品瓶中，密封保存，供检测用。

(3)半流体(腐乳、豆豉等)：采样量需大于1kg(L)，对于袋装、瓶装等包装样品需至少采集3个包装(同一批次或号)，用组织捣碎机捣碎混匀后，贮存于样品瓶中，密封保存，供检测用。

2. 样品提取

(1)液体样品：

①植物油脂　称取5g试样(精确至0.01g)于50mL离心管中，加入20mL乙腈-水溶液(84+16)或甲醇-水溶液(70+30)，涡旋混匀，置于超声波/涡旋振荡器或摇床中振荡20min(或用均质器均质3min)，在6 000r/min下离心10min，取上清液备用。

②酱油、醋　称取5g试样(精确至0.01g)于50mL离心管中，用乙腈或甲醇定容至25mL(精确至0.1mL)，涡旋混匀，置于超声波/涡旋振荡器或摇床中振荡20min(或用均质器均质3min)，在6 000r/min下离心10min(或均质后玻璃纤维滤纸过滤)，取上清液备用。

(2)固体样品：

①一般固体样品 称取5g试样(精确至0.01g)于50mL离心管中，加入20.0mL乙腈-水溶液(84+16)或甲醇-水溶液(70+30)，涡旋混匀，置于超声波/涡旋振荡器或摇床中振荡20min(或用均质器均质3min)，在6 000r/min下离心10min(或均质后玻璃纤维滤纸过滤)，取上清液备用。

②婴幼儿配方食品和婴幼儿辅助食品 称取5g试样(精确至0.01g)于50mL离心管中，加入20.0mL乙腈-水溶液(50+50)或甲醇-水溶液(70+30)，涡旋混匀，置于超声波/涡旋振荡器或摇床中振20min(或用均质器均质3min)，在6 000r/min下离心10min(或均质后玻璃纤维滤纸过滤)，取上清液备用。

(3)半流体样品：称取5g试样(精确至0.01g)于50mL离心管中，加入20.0mL乙腈-水溶液(84+16)或甲醇-水溶液(70+30)，置于超声波/涡旋振荡器或摇床中振荡20min(或用均质器均质3min)，在6 000r/min下离心10min(或均质后玻璃纤维滤纸过滤)，取上清液备用。

3. 样品净化(免疫亲和柱净化)

(1)上样液的准备：准确移取4mL上述上清液，加入46mL 1% TritonX-100(或吐温-20)的PBS(使用甲醇-水溶液提取时可减半加入)，混匀。

(2)免疫亲和柱的准备：将低温下保存的免疫亲和柱恢复至室温。

(3)试样的净化：免疫亲和柱内的液体放弃后，将上述样液移至50mL注射器筒中，调节下滴速度，控制样液以1~3mL/min的速度稳定下滴。待样液滴完后，往注射器筒内加入2×10mL水，以稳定流速淋洗免疫亲和柱。待水滴完后，用真空泵抽干亲和柱。脱离真空系统，在亲和柱下部放置10mL刻度试管，取下50mL的注射筒，2×1mL甲醇洗脱亲和柱，控制1~3mL/min的速度下滴，再用真空泵抽干亲和柱，收集全部洗脱液至试管中。在50℃下用氮气缓缓地将洗脱液吹至近干，用初始流动相定容至1.0mL，涡旋30s溶解残留物，0.22μm滤膜过滤，收集滤液于进样瓶中以备进样。

4. 液相色谱参考条件

流动相：A相为水，B相为乙腈-甲醇(50+50)。

等梯度洗脱条件：A为68%，B为32%。

色谱柱：C_{18}柱(柱长150mm或250mm，柱内径4.6mm，填料粒径5μm)或相当者。

流速：1.0mL/min。

柱温：40℃。

进样量：50μL。

柱后衍生化系统。

衍生溶液：0.05%碘溶液。

衍生溶液流速：0.2mL/min。

衍生反应管温度：70℃。

激发波长：360nm；发射波长：440nm。

5. 样品测定

(1)标准曲线的制作：系列标准工作溶液由低到高浓度依次进样检测，以峰面积为纵坐标、浓度为横坐标作图，得到标准曲线回归方程。

(2)试样溶液的测定：待测样液中待测化合物的响应值应在标准曲线线性范围内，浓度超过线性范围的样品则应稀释后重新进样分析。

(3)空白试验：不称取试样，按五、2 和 3 的步骤做空白试验。应确认不含有干扰待测组分的物质。

六、结果处理

$$X=\frac{\rho\times V_1\times V_3\times 1\ 000}{m\times V_2\times 1\ 000} \tag{3-9}$$

式中 X——试样中 $AFTB_1$ 的含量，μg/kg；

ρ——进样溶液中 $AFTB_1$ 按照外标法在标准曲线中对应的浓度，ng/mL；

V_1——试样提取液体积(植物油脂、固体、半固体按加入的提取液体积，酱油、醋按定容总体积)，mL；

V_3——样品经免疫亲和柱净化洗脱后的最终定容体积，mL；

V_2——用于免疫亲和柱的分取样品体积，mL；

1 000——换算系数；

m——试样的称样量，g。

计算结果保留三位有效数字。

在重复性条件下获得的两次独立测定结果的绝对差值不得超过算术平均值的 10%。

当称取样品 5g 时，柱后碘衍生法测定 $AFTB_1$ 的检出限为 0.03μg/kg，定量限为 0.1μg/kg。

七、注意事项

(1)使用前，免疫亲和柱需回至室温(22~25℃)。

(2)免疫亲和柱保存：在暗处 4℃保存。禁止冷冻和在 2℃以下和 40℃以上保存。不适宜的实验环境会影响到柱子质量(保质期 18 个月)。

思考题

1. 空白试验如何进行?
2. 阳性样品如何确认?

实验 13 黄曲霉毒素 B_1 的试剂盒检测

一、实验目的

掌握黄曲霉毒素 B_1 检测试剂盒的使用方法。

二、实验原理

试样中的黄曲霉毒素 B_1 用甲醇水溶液提取，经均质、涡旋、离心(过滤)等处理获取上清液。被辣根过氧化物酶标记或固定在反应孔中的黄曲霉毒素 B_1，与试样上清液或标准品中的黄曲霉毒素 B_1 竞争性结合特异性抗体。在洗涤后加入相应显色剂显色，经无机酸终止反应，于450nm或630nm波长下检测。样品中的黄曲霉毒素 B_1 与吸光度在一定浓度范围内呈反比。

三、试剂

配制溶液所需试剂均为分析纯，水为GB/T 6682—2016规定的二级水。按照试剂盒说明书所述，配制所需溶液。所用商品化的试剂盒需按照所述方法验证合格后方可使用。

四、仪器和设备

(1)微孔板酶标仪：带450nm与630nm(可选)滤光片。

(2)研磨机。

(3)振荡器。

(4)电子天平：感量为0.01g。

(5)离心机：转速≥6 000r/min。

(6)快速定量滤纸：孔径11μm。

(7)筛网：1~2mm孔径。

(8)试剂盒所要求的仪器。

五、实验步骤

1. 样品制备及目标物提取

(1)对于固体样品的前处理：

①获取具有代表性的样品，使至少75%的研磨样品能够通过20目筛网，彻底混合并对样品进行二次取样。

②称取20g研磨样品于干净并可密封的广口瓶中。

③加入100mL 70/30的甲醇/水萃取溶液并密封广口瓶。注意：样品与萃取溶液比例应为1∶5。

④振荡30min或均质3min。

⑤静置样品，用滤纸过滤萃取上清液，收集待检滤液。

⑥用提供的分析缓冲液对滤液进行1∶2稀释，即100μL待检滤液加入100μL分析缓冲液，混匀后准备随后的检测。

(2)对于油类样品的前处理：量取2mL油类样品至检测试管，加入10mL 70%的甲醇溶液至同一个试管，并将试管口封紧，振荡混合3min(注意：样品和萃取液的比例是1∶5)。静置，混合样分为两相，取醇水相用于分析。用提供的分析缓冲液对醇水相进行1∶2稀释，即100μL待检醇水相加入100μL分析缓冲液，混匀后准备随后的检测。

2. 检测步骤

在使用前，所有试剂及试剂盒内的材料必须回复至室温18~30℃。建议若使用8道移液枪进行操作，在一次试验中样品及标准品的总量不要超过16个(两个检测条)。

(1)将适量的标记颜色的稀释孔条放入微孔板架上，稀释孔条的数目需使每个标准品(0、2、5、20、50μg/L)或样品能够对应一个稀释孔。

(2)将等量的有抗体包被的微孔条放入微孔板架上，未使用的有抗体包被的微孔条需放回装有干燥剂的原铝箔袋内并密封保存。

(3)按照240μL的体积计算所需的酶联偶合物用量。从绿色瓶盖的瓶中量取所需用量的酶联偶合物至一个酶联偶合物试剂槽中(如多道移液器所用的试剂槽)。使用8道移液枪移取200μL酶联偶合物至每个稀释孔中。

(4)使用单道移液枪，移取100μL标准品和样品至已装有200μL酶联偶合物的稀释孔中。每当移取一个标准品或样品时，单道移液枪必须更换上新吸头。注意确保最后将吸头中的液体排空。使用换有全新吸头的8道移液枪，反复吸送3~5次，对孔中液体进行充分混合后，快速移取每个稀释孔中的液体各100μL至相应的有抗体包被的微孔中。室温下放置15min。注意不要摇动微孔板，以免引起孔与孔之间的污染。

(5)将孔中的液体甩入水槽中，用去离子水或蒸馏水冲洗每个孔，然后将微孔中的水甩入水槽中。如此方式反复冲洗5次。注意在冲洗过程中不要将微孔条从微孔板架上取下，每条微孔条带应被固定在微孔板架上。

(6)冲洗完毕后，将几张吸水纸巾放置在平整的桌面上，使微孔板倒置扣击纸面，以尽可能地将残留的水分排出。用干布或纸巾擦干微孔板底反面的水珠。

(7)按照120μL的体积计算所需的底物用量。从蓝色瓶盖的瓶内量取所需用量的底物至一个底物试剂槽中(如适用于8道移液枪的试剂槽中)，使用8道移液枪移取100μL底物至每个微孔中，室温下放置5min。

(8)按照120μL的体积计算所需的终止用液量。从红色瓶盖的瓶中量取所需用量的终止液至一个终止液试剂槽中(如适用于8道移液枪的试剂槽中)，使用8道移液枪依序(顺序与加入底物的顺序相同)向每个微孔中加入100μL终止液终止反应。颜色应由蓝变黄。

(9)用酶标仪在450nm滤镜及示差滤镜630nm下读取结果，记录每个微孔的吸光度*OD*值。注意在读取数据前，微孔中应没有气泡，否则将影响分析结果。

六、结果处理

(1)酶联免疫试剂盒定量检测的标准工作曲线绘制：按照试剂盒说明书提供的计算方法或者计算机软件，根据标准品浓度与吸光度变化关系绘制标准工作曲线。

(2)待测液浓度计算：按照试剂盒说明书提供的计算方法以及计算机软件，将待测液吸光度代入酶联免疫试剂盒定量检测的标准工作曲线所获得公式，计算待测液浓度(ρ)。

(3)结果计算：食品中黄曲霉毒素B_1的含量按式(3-10)计算：

$$X=\frac{\rho\times V\times f}{m} \tag{3-10}$$

式中 X——试样中黄曲霉毒素B_1的含量，μg/kg；

ρ——待测液中黄曲霉毒素B_1的浓度，μg/L；

V——提取液体积(固态样品为加入提取液体积，液态样品为样品和提取液总体积)，L；

f——在前处理过程中的稀释倍数；

m——试样的称样量，kg。

计算结果保留小数点后两位。阳性样品需用实验12方法进一步确认。

七、注意事项

(1)试剂盒在不使用时，需放置在2~8℃保存，并确保在有效期之前使用。

(2)严格遵守操作说明书中标识的操作时间，否则将导致不精确的实验结果。

(3)甲醇为易燃品，使用或贮存过程中要谨慎。

(4)反应终止液中含酸，避免直接接触皮肤及眼睛。若不小心溅到，应及时用水冲洗。

(5)对每一个样品均需使用干净的移液枪吸头及玻璃器皿以避免产生交叉污染。样品或标准品中均可能含有毒素污染，在实验中应当自始至终穿戴橡胶手套、安全眼镜及实验外套。

(6)检测后需对所有材料、容器及设备做适当处理。

(7)特别说明，试剂盒法适用于样品初筛，如有阳性，需上液相色谱复测，因为有的基质会使结果呈假阳性(或者结果偏大)。

思考题

在使用试剂盒时还需要注意哪些问题？如何解决？

实验14　测定食品中玉米赤霉烯酮——免疫亲和柱净化高效液相色谱法

一、实验目的

测定食品中玉米赤霉烯酮。

二、实验原理

试样经过乙腈-水提取，提取液经过滤、稀释后，滤液经过含有玉米赤霉烯酮特异抗体的免疫亲和柱净化、浓缩后，用配有荧光检测器的液相色谱仪进行测定，外标法定量。

三、试剂和溶液配制

(1)甲醇：色谱纯。

(2)提取液：乙腈-水=84+16。

(3)高纯水。

(4)PBS 缓冲液。

(5)0.1%吐温-20 溶液。

(6)玉米赤霉烯酮标准品：纯度≥98.0%或采购有证的标准溶液(100μg/mL)。

(7)玉米赤霉烯酮标准储备液：对于固体标准品，称取适量的标准品(精确到0.000 1g)，用乙腈溶解，配制成 100μg/mL 的标准溶液(此溶液在-18℃避光保存，有效期 1 年)，在 2mL HPLC 样品瓶中加入 150μL 浓度为 100μg/mL 的标准溶液，再加入 1 350μL 乙腈，涡旋混合 30s，此浓度为 10μg/mL。

(8)玉米赤霉烯酮标准使用液：在 2mL HPLC 样品瓶中分别加入标准储备液 2.5、10、25、50、125、250μL 后，60℃水浴中用氮气吹干，再分别加入 64+36 的水-乙腈 500μL，涡旋混合 30s，此 6 个水平标准使用液供上机使用。

四、仪器和设备

(1)高速均质机。

(2)玉米赤霉烯酮免疫亲和柱。

(3)高效液相色谱仪：配荧光检测器。

(4)固相萃取装置。

(5)涡旋混合器。

五、实验步骤

1. 提取

(1)粮食和粮食制品：称取 40.0g 粉碎试样(精确到 0.1g)于均质杯中，加入 100mL 提取液，以均质器高速均质提取 3min，玻璃纤维滤纸过滤。移取 10.0mL 滤液加入 40mL 水稀释混匀，经玻璃纤维滤纸过滤，滤液备用。

(2)大豆、油菜籽、食用植物油：准确称取试样 40.0g(准确到 0.1g，大豆需要磨细且粒度≤2mm)于均质杯中，加入 100mL 提取液，以高速均质器高速均质提取 1min，滤纸过滤。移取 10.0mL 滤液加入 40mL 水稀释混匀，经玻璃纤维滤纸过滤，滤液备用。

2. 净化

准确吸取 10.0mL 滤液和 20mL PBS 至预先活化的免疫亲和柱上，用 10mL 0.1%吐温-20 淋洗，再用 10mL 去离子水淋洗免疫亲和柱。

3. 洗脱

用 0.5mL×3 甲醇洗脱，洗脱液经 60℃水浴氮气吹干后，用 1.0mL 流动相溶解重悬；过 0.22μm 滤膜后供 HPLC 测定用。

4. 高效液相色谱参考条件

色谱柱：C18 柱(柱长 150mm，内径 4.6mm，粒径 4μm)或等效柱。

流动相：乙腈-水-甲醇(46+46+8)。

流速：1.0mL/min。

柱温：室温。

进样量：100μL。

检测波长：激发波长 274nm，发射波长 440nm。

六、结果处理

以 S/N 等于 3 时为最低检出限，S/N 等于 10 时为最低定量限。

本法中粮食和粮食制品中玉米赤霉烯酮最低检出限(LOD)和定量限(LOQ)分别为 5μg/kg 和 17μg/kg；大豆、油菜籽、食用植物油中玉米赤霉烯酮最低检出限(LOD)和定量限(LOQ)分别为 10μg/kg 和 33μg/kg。

在重复性条件下获得的两次独立测定结果的绝对差值不得超过算术平均值的 15%。

样品的加标回收率需在 70%～130%。

思考题

免疫亲和柱净化样品的工作原理是什么？

实验 15　食品中赭曲霉毒素 A 的测定——免疫亲和柱净化高效液相色谱法

一、实验目的

测定食品中赭曲霉毒素 A。

二、实验原理

试样经过乙腈-水提取后，利用抗体与其相应抗原之间的专一性免疫亲和反应，以含有赭曲霉毒素 A 特异性抗体的免疫亲和柱净化提取液，用带有荧光检测器的高效液相色谱仪测定，外标法定量。

三、试剂和溶液配制

(1)甲醇：色谱纯。

(2)乙腈-水=84+16。

(3)高纯水。

(4)PBS 缓冲液：称取 8.0g 氯化钠、1.2g 磷酸氢钠、0.2g 磷酸二氢钾、0.2g 氯化钾溶解于约 990mL 水中，用浓盐酸调节 pH 至 7.0，用水稀释至 1L。

(5)0.1%吐温-20 PBS 溶液：在 1 000mL PBS 缓冲液中加入 1.0mL 吐温-20。

(6)甲醇-乙酸=98+2。

(7)流动相：乙腈-水-冰乙酸=96+102+2。

(8)赭曲霉毒素 A 标准品：10μg/mL。

(9)赭曲霉毒素 A 标准储备液：在 2mL HPLC 样品瓶中加入 150μL 标准品，再加入

1 350μL 甲醇，涡旋混合 30s，此溶液为 1 000ng/mL。

(10)赭曲霉毒素 A 标准使用液：在 2mL HPLC 样品瓶中分别加入标准储备液 2、5、10、25、50、100μL 后，60℃水浴，氮气吹干，再分别加入 1 000μL 的流动相，涡旋混合 30s，此 6 个水平标准使用液供上机使用。

四、仪器和设备

(1)高速均质机。

(2)赭曲霉毒素 A 免疫亲和柱。

(3)高效液相色谱仪：配荧光检测器。

(4)固相萃取装置。

(5)IKA 涡旋混合器。

五、实验步骤

1. 提取

(1)粮食及其制品：称取 25.0g 样品，加 100mL 乙腈-水(84+16)均质 3min，过滤，移取 10mL 滤液加 PBS 溶液稀释至 50mL，混匀，玻璃纤维滤纸过滤，滤液待净化。

(2)葡萄干：称取 50.0g 样品，加 100mL 乙腈-水(84+16)均质 3min，过滤，移取 10mL 滤液加 PBS 溶液稀释至 50mL，混匀，玻璃纤维滤纸过滤，滤液待净化。

2. 净化

(1)粮食及其制品：准确吸取 20.0mL 滤液至预先活化的免疫亲和柱上，加入 1%吐温-20 PBS 溶液 20mL，以 1～3mL/min 流速，通过免疫亲和柱，10mL PBS 溶液淋洗。

(2)葡萄干：准确吸取 10.0mL 滤液至预先活化的免疫亲和柱上，加入 1%吐温-20 PBS 溶液 10mL，以 1～3mL/min 流速，通过免疫亲和柱，10mL PBS 溶液淋洗。

3. 洗脱

用 1.0mL 甲醇-乙酸(98+2)洗脱，洗脱液涡旋混合 30s 后供 HPLC 测定用。

4. 高效液相色谱参考条件

色谱柱：C_{18}柱(柱长 150mm，内径 4.6mm，粒径 5μm)或等效柱。

流动相：乙腈-水-冰乙酸(96+102+2)。

流速：1.0mL/min。

柱温：35℃。

进样量：50μL。

检测波长：激发波长 333nm，发射波长 460nm。

六、结果处理

采用 6 个水平的标准使用液，建立标准曲线，根据峰面积(Y：峰面积)和标液浓度(x：含量)计算回归方程。

以 S/N 等于 3 时为最低检出限，S/N 等于 10 时为最低定量限。

样品上机浓度超过标线范围，需稀释后重新进样。

样品中赭曲霉毒素 A 含量在重复性条件下获得两次独立测试结果的绝对差值不得超过算术平均值的 15%。

思考题

免疫亲和柱净化高效液相色谱法测定赭曲霉毒素 A 还适用于什么基质的样品？

第 4 章　食品感官检测

食品感官检测是根据人的感觉器官对食品的各种质量特征的“感觉”，如味觉、嗅觉、听觉、视觉等；用语言、文字、符号或数据进行记录，再运用统计学的方法进行统计分析，从而得出结论，对食品的色、香、味、形、质地、口感等各项指标做出评价的方法。

实验 1　三点检验

一、实验目的

检验两个产品的样品间是否存在可感觉到的感官差别或相似。

二、实验原理

参照 GB/T 17321—2012《感官分析方法　二-三点检验》。

三、检测条件和要求

1. 检验目的

需预先确定是做差别检验还是相似检验。

2. 检测环境

室温、通风，其他条件为感官实验室现有条件，满足《感官分析　建立感官分析实验室的一般导则》(GB/T 13868—2009)的要求。

3. 样品

避免被评价员看到制样过程；三个样品的数量/体积应保持一致，宜与通常食用时温度一致；样品的温度应保持一致；用灯光屏蔽样品颜色差异；对每一个样品进行三位编码；评价样品时应告知评价员是否吞咽样品，无论选择吞咽或不吞咽，评价员都应按照同一种方式进行。

4. 评价员

所有评价员应具有相同的资质等级并熟悉三点检验方法；评价员的数量取决于检验所需的敏感性，按照 GB/T 12311—2012 中的附表 A.3 确定评价员的数量。通常情况下，差别检验时评价员的数量为 24~30 人；相似检验时评价员的数量为 48~60 人。尽量避免同一评价员的重复评价，如果需要重复评价以产生足够的评价总数，每位评价员重复的次数相同，应让每位评价员评价三组三联样品。当用重复检验结果评价相似性时应用 GB/T 12311—2012 附表 A.1 进行查表，而不能利用 GB/T 12311—2012 附表 A.2。

5. 实验材料

一次性品评用具、标签机、托盘、铅笔、纯净水等。

6. 检测实验方案设计与过程记录

检验前应该进行实验设计，实验中应该进行过程记录。应考虑确定实验方法、样品信息、评价员要求、环境要求、样品制备、过程控制等环境。

四、实验步骤

1. 样品制备

(1)样品量：根据评价员人数和具体实验要求，制备足够量的样品，供评价员评价。

(2)样品外形：根据样品特点，制备外形一致的样品。

(3)制备程序：根据样品特点，确定和控制适宜的样品贮藏条件，尤其是温度和湿度等。按照统一方式制备样品，保持制备时间及制备完成暂存到提供前的时间长短一致。

(4)对不能直接感官分析的样品，根据样品特点，可采用水或牛奶等液体适当稀释或添加到馒头、面包等中性食品载体中。

(5)制备样品的器具和设备应洁净、无味。

样品制备具体要求见表 4-1。

表 4-1　样品制备表

样品制备员：　　　　　　　　日期：

轮次	样品定义	分类	随机编码
第一轮	×××	A(1)	749，722，…
	×××	B(2)	264，938，…
第二轮	×××	A(1)	749，722，…
	×××	B(2)	264，938，…
第三轮	×××	A(1)	749，722，…
	×××	B(2)	264，938，…

制样要求：

1. 将样品分成 A、B 两组。

2. 准备一定数目的品评杯(或其他容器如嗅瓶)，将 A 和 B 样品分别装入品评杯(或其他容器如嗅瓶)中并按上表随机编码将其标识，每个容器中样品量保持一致。

2. 样品提供

按表 4-2 的组合顺序将样品从左到右放入托盘，按照同一方式(相同的样品量、样品外形和器具等)向所有评价员提供样品。样品提供过程中使 AAB/ABB/ABA/BBA/BAB/BAA 出现几率相当。

3. 样品评价

具体评价要求见回答表(表 4-3)。

表 4-2 样品提供表

日期：	轮次：			
评价员编号	样品提供顺序	对应编码		
1	ABB(122)	749	264	974
2	BAB(212)	714	595	965
3	BBA(221)	794	722	942
4	BAA(211)	938	722	407
5	ABA(121)	720	162	078
6	AAB(112)	851	641	687
…	…	…	…	…

表 4-3 回答表

评价员：　　　　　　　　日期：　　　　　　　　轮次：

样品(从左到右)依次为：

提示语：

1. 采用彩色灯除去颜色效应；
2. 从左向右依次品尝(嗅闻)，遵照感官评价技巧进行评价；
3. 在评价下一个样品之前休息 1~2min；
4. 在样品组中选择与其他两个不同的样品，并将其编号填于下面横线上；
5. 如果你认为样品非常相近，没有什么区别，你也必须在其中选一个，并在备注中说明。

您认为与其他两个样品不同的样品编码是：________________。

谢谢您的参与!

五、检测结果的处理与分析

首先对评价员回答正确与否进行汇总，具体见表 4-4。

表 4-4 结果汇总表

评价员编号	回答结果		
	轮次 1	轮次 2	轮次 3
1			
2			
3			
4			
5			
6			
7			
8			
…			
正确回答数合计			

正确“1”，错误“0”

1. 差别检验

用 GB/T 12311—2012 中的附表 A. 1，分析三点检验得到的数据。如果正确答案数大于或等于表中列出的值(符合评价员数和本检验选择的 α-风险水平)，结论为：样品间存在感官差别。

如需要，计算能识别样品的人员比例的置信区间。

2. 相似检验

用 GB/T 12311—2012 中的附表 A. 2，分析三点检验得到的数据。如果正确答案数小于或等于表中列出的值(符合评价员数和本检验选择的 β-风险水平和 P_d值)，结论为：样品间不存在明显感官差别。若结果用于一个检验与另一个检验的比较，则所有检验应选择相同的 P_d值。

如需要，计算能识别样品的人员比例的置信区间。

六、注意事项

(1) 检验前，评价员与评价小组组长之间可以就有关问题和样品性质进行讨论，但这种讨论不能影响以后的评价。

(2) 不能够让评价员观察到制样的过程。

思考题

对评价员数量的要求是什么？

实验 2　食品感官分析方法——排序法

一、实验目的

评价样品间的差异，如评价员对样品某一种或多种感官特性的强度顺序。

二、实验原理

参照 GB/T 12315—2008《感官分析　方法学　排序法》。

三、检测条件和要求

1. 检测环境

根据具体实验目的和产品特点而定。

2. 评价员

12~15 名优先评价员或专家评价员，1 位评价小组组长。

3. 实验材料

一次性品评用具、标签机、托盘、铅笔、纯净水等。

4. 检测实验方案设计与过程记录

检验前应该进行实验设计，实验中应该进行过程记录。应考虑确定实验方法、样品信息、评价员要求、环境要求、样品制备、过程控制等环境。

四、实验步骤

1. 样品制备

(1)样品量：根据消费者人数和具体实验要求，制备足够量的样品，供消费者评价。

(2)样品外形：根据样品特点，制备外形一致的样品。

(3)制备程序：根据样品特点，确定和控制适宜的样品贮藏条件，尤其是温度和湿度等。按照统一方式制备样品，保持制备时间及制备完成暂存到提供前的时间长短一致。

(4)对不能直接感官分析的样品，根据样品特点，可采用水或牛奶等液体适当稀释或添加到馒头、面包等中性食品载体中。

(5)制备样品的器具和设备应洁净、无味。

样品制备具体要求见表4-5。

表4-5 样品制备表

日期： 轮次：

轮次	样品定义	分类	随机编码
第一轮	×××	A(1)	749，722，…
	×××	B(2)	264，938，…
	×××	C(3)	456，239，…
	…	…	…
第二轮	×××	A(1)	749，722，…
	×××	B(2)	264，938，…
	×××	C(3)	456，239，…
	…	…	…
第三轮	×××	A(1)	749，722，…
	×××	B(2)	264，938，…
	×××	C(3)	456，239，…
	…	…	…

制样要求：

1. 将样品分成A、B、C、D等几组。
2. 准备一定数目的品评杯(或其他容器如嗅瓶)，将A、B等样品分别装入品评杯(或其他容器如嗅瓶)中并按上表随机编码将其标识，每个容器中样品量保持一致。

2. 样品提供

样品提供时，不能使评价员从样品提供的方式中对样品的性质做出结论。

按照随机顺序组合提供给每位评价员的样品，见表4-6。将所有样品按照同一方式(相同的样品量、样品外形和器具等)从左到右提供给评价员。

表 4-6　样品提供表

日期：	轮次：				
评价员编号	样品提供顺序	对应编码			
1	…	101	194	…	…
2	…	209	118	…	…
…	…	…	…	…	…

3. 样品评价

在评价正式开始前，由评价小组组长详细介绍评价步骤、要点和注意事项，并演示过程，不得透露样品信息。具体评价要求见表 4-7。

表 4-7　回答表

评价员：　　日期：　　轮次：

提示语：
从左向右依次进行评价；
在评价下一个样品之前休息 1~2min。

请在下面表格中以样品感官特性强度增加的顺序写出样品编码：

	最不甜	→			最甜
样品编码					

五、检测结果的处理与分析

1. 排序结果汇总与秩和计算（表 4-8）

表 4-8　结果汇总与秩和计算

轮次：

评价员	样品						秩和
	A	B	C	…	…	样品 p	
1							
2							
…							
n							
秩和（R）							

2. 结果分析

（1）Friedman 检验：

①计算统计量 F_{test}（完全区组设计）

$$F_{test}=\frac{12}{jp(p+1)}(R_1^2+R_2^2+\cdots+R_p^2)-3j(p+1) \tag{4-1}$$

式中 F_{test}——统计量；

j——评价员人数；

p——样品数；

R_p——第 p 个样品的秩和。

若样品数或评价员人数未在表中列出，可将 F_{test} 看作自由度为 $p-1$ 的 χ^2，分别查 χ^2 检验表即可。

②作统计结论　查 Friedman 检验的临界值表（表 4-9），若 $F_{test}>F$，则评价员认为产品的秩次间存在显著差异，即认为产品的感官特性强度存在显著差异；反之，则各样品的产品的感官特性强度间不存在显著差异。

表 4-9　Friedman 检验的临界值（0.05 和 0.01 水平）

评价员人数 j	样品（或产品）数 p									
	3	4	5	6	7	3	4	5	6	7
	显著性水平 $\alpha=0.05$					显著性水平 $\alpha=0.01$				
7	7.143	7.8	9.11	10.62	12.07	8.857	10.31	11.97	13.69	15.35
8	6.250	7.65	9.19	10.68	12.14	9.000	10.35	12.14	13.87	15.53
9	6.222	7.66	9.22	10.73	12.19	9.667	10.44	12.27	14.01	15.68
10	6.200	7.67	9.25	10.76	12.23	9.600	10.53	12.38	14.12	15.79
11	6.545	7.68	9.27	10.79	12.27	9.455	10.60	12.46	14.21	15.89
12	6.167	7.70	9.29	10.81	12.29	9.500	10.68	12.53	14.28	15.96
13	6.000	7.70	9.30	10.83	12.37	9.385	10.72	12.58	14.34	16.03
14	6.143	7.71	9.32	10.85	12.34	9.000	10.76	12.64	14.40	16.09
15	6.400	7.72	9.33	10.87	12.35	8.933	10.80	12.68	14.44	16.14
16	5.99	7.73	9.34	10.88	12.37	8.79	10.84	12.72	14.48	16.18
17	5.99	7.73	9.34	10.89	12.38	8.81	10.87	12.74	14.52	16.22
18	5.99	7.73	9.36	10.90	12.39	8.84	10.90	12.78	14.56	16.25
19	5.99	7.74	9.36	10.91	12.40	8.86	10.92	12.81	14.58	16.27
20	5.99	7.74	9.37	10.92	12.41	8.87	10.94	12.83	14.60	16.30
∞	5.99	7.81	9.49	11.07	12.59	9.21	11.34	13.28	15.09	16.81

注：1. F 可能是不连续值，此不连续性是由于 j、p 值较小而造成的，故在 $\alpha=0.05$ 和 $\alpha=0.01$ 的情况下，不能得到临界值。

2. 使用 χ^2 分布的一个近似值得到用斜体表示的值即临界值。

（2）多重比较和分组：如果 Friedman 检验结果显示样品的感官特性的强度存在显著差异时，则可进一步计算最小显著差（LSD）来确定哪些样品与其他样品存在显著差异。

①计算最小显著差数 LSD（完全区组设计）

$$LSD=z\times\sqrt{\frac{jp(p+1)}{6}}\ (\alpha=0.05\ 下，z=1.96；\alpha=0.01\ 下，z=2.58) \tag{4-2}$$

式中　j——评价员人数；

p——样品数。

②比较与分组　计算每两个样品间的秩和之差的绝对值，与 *LSD* 值比较，若大于或等于 *LSD* 值则评价员对两个样品间的感官特性的强度存在显著差异，否则感官特性的强度无显著差异，两样品在同一组内。

六、注意事项

(1)检验前，评价员与评价小组组长之间可以就有关问题和样品性质进行讨论，但这种讨论不能影响以后的评价。

(2)不能让评价员观察到制样的过程。

思考题

描述性分析和偏爱检验对人员要求的不同是什么？

实验 3　质地检测

一、实验目的

食品感官质量特点中产品感官质地的描述与评估。

二、实验原理

参照 GB/T 16860—1997《感官分析　质地剖面检验》。

三、检测条件和要求

1. 检测环境

室温、通风，其他条件为感官实验室现有条件，满足《感官分析　建立感官分析实验室的一般导则》(GB/T 13868—2009)的要求。

2. 评价员

5 位及以上优选评价员，熟悉被检测样品的感官品质特征，具有与被检测样品相关的感官经验，1 位感官分析师或评价小组组长。

3. 实验材料

一次性品评用具、标签机、托盘、铅笔、纯净水等。

4. 检测实验方案设计与过程记录

检验前应该进行实验设计，实验中应该进行过程记录。应考虑确定实验方法、样品信息、评价员要求、环境要求、样品制备、过程控制等环境。

四、实验步骤

1. 特性强度参比样及样品制备

特性强度参比样及样品制备应考虑以下几点：

(1)样品量：根据评价员人数和具体实验要求，制备足够量的样品，供评价员评价。

(2)样品外形：根据样品特点，制备外形一致的样品。

(3)制备程序：根据样品特点，确定和控制适宜的样品贮藏条件，尤其是温度和湿度等。按照统一方式制备样品，保持制备时间及制备完成暂存到提供前的时间长短一致。

(4)对不能直接感官分析的样品，根据样品特点，可采用水或牛奶等液体适当稀释或添加到馒头、面包等中性食品载体中。

(5)制备样品的器具和设备应洁净、无味。

特性强度参比样及样品制备具体要求见表4-10和表4-11。

表4-10 参比样制备表

参比样编码及名称	参比样讨论随机编码	参比样训练随机编码	参比样考核随机编码
×××	478，…	749，…	396，…
×××	375，…	390，…	095，…
…	…	…	…

制样要求：
准备一定数目的品评杯(或其他容器如嗅瓶)，将参比样装入品评杯(或其他容器如嗅瓶)中并按上表随机编码将其标识，每个容器中样品量保持一致。

2. 样品提供

样品提供时，不能使评价员从样品提供的方式中对样品的性质做出结论。按照随机顺序组合提供给每位评价员的样品，见表4-12。将所有样品按照同一方式(相同的样品量、样品外形和器具等)从左到右提供给评价员。

3. 检测前的统一认识

在检测正式开始前，由感官分析师或评价小组组长按表4-13的评价顺序详细介绍检测步骤、要点和注意事项，并演示全程。评价小组应在同一顺序下评价同一特性，按指定评价技巧使特性在其最明显、最易觉察的情况下进行评价。

4. 样品感官特性描述词确定

提供一系列的同类样品，让评价员熟悉该类产品的特性，写出描述词。如果评价员描述出现困难，感官分析师或评价小组组长可将预先准备好的该类产品描述词表(表4-14)提供给评价员，令其从中选择。感官分析师或评价小组组长收集描述词，组织小组反复评价讨论至意见一致，最终确定出描述词及对应的感官质地特性(表4-15)。

表4-11　样品制备表

日期：　　　　　　　　轮次：

轮次	样品定义	分类	随机编码
第一轮	×××	A(1)	749，722，…
	×××	B(2)	264，938，…
	×××	C(3)	456，239，…
	…	…	…
第二轮	×××	A(1)	749，722，…
	×××	B(2)	264，938，…
	×××	C(3)	456，239，…
	…	…	…
第三轮	×××	A(1)	749，722，…
	×××	B(2)	264，938，…
	×××	C(3)	456，239，…
	…	…	…

制样要求：

1. 将样品分成A、B、C、D等几组。
2. 准备一定数目的品评杯(或其他容器如嗅瓶)，将A、B等样品分别装入品评杯(或其他容器如嗅瓶)中并按上表随机编码将其标识，每个容器中样品量保持一致。

表4-12　样品提供表

日期：　　　　　　　　轮次：

评价员编号	样品提供顺序	对应编码			
1	…	101	194	…	…
2	…	209	118	…	…
…	…	…	…	…	…

5. 特性强度参比样确定

根据确定的特性及其描述词，由感官分析师或评价小组组长收集并提供与该特性对应的一系列参比样，尽可能涵盖该类产品在该特性上可能的强度变化范围。经小组反复评价和讨论后，确定出各特性强度标度的参比样(表4-16)。

表 4-13　质地特性、定义及操作方法

评价顺序	评价技巧要点	特性	特性定义
入口前	用手、唇和舌面感觉样品的表面	颗粒	表面大小颗粒的总体数量
		干湿情况	表面油的程度
部分咬压	用舌与上腭、门牙或臼齿部分咬压样品	弹性	样品恢复到原来状态的程度
第一口	用门牙咬下适宜大小的样品； 咬下适宜大小样品后，用门牙咬压样品，使其紧实	硬度	将样品咬断所需的力
		内聚性	样品变形而不断裂的程度
		碎裂性	样品断裂所需的力及样品在口中的状态
咀嚼	咀嚼	黏附性	样品对上腭、牙齿及口腔内壁的黏附程度
		聚集性	将样品咀嚼一段时间后但尚不能吞咽前，用舌搅动，评价其成团情况
		咀嚼性	咀嚼样品至可吞咽所需的时间
		水分吸收性	被样品吸收的唾液量
残留	将样品吞咽后，用舌头感受样品的残留	颗粒、黏牙情况	留在牙齿上的量、黏度

表 4-14　描述词备选表

日期：　年　月　日	
描述词	××，××，…

表 4-15　确定的描述词表

日期：　年　月　日	
描述词	××，××，…

6. 特性强度标度训练与考核

训练：将各特性不同强度的参比样分别提供给每一位评价员进行训练。要求评价员按照强度从弱到强依次品尝，熟悉并记忆各特性的感觉及对应的强度标度。

考核：取出每种特性任一标度的参比样作为考核样品（表 4-17），若评价员标度赋值正确，则考核通过；反之，仍需再次训练，直到评价小组内所有成员考核通过，方可进行实际样品的质地剖面检测。

7. 样品感官特性强度评价

对已确定的样品的各质地特性强度进行标度赋值，按照表 4-18 完成质地检测回答表。

表4-16　特性强度标度及参比样

日期：　年　月　日

感官特性	强度标度	参比样	
		参比样名称	参比样编号
特性1	0-不存在		
	1-弱		
	2-较弱		
	3-中等		
	4-较强		
	5-强		
特性2	0-不存在		
	1-弱		
	2-较弱		
	3-中等		
	4-较强		
	5-强		
…	…		

注：标度种类的选择根据检测要求由感官分析师确定。

表4-17　特性强度考核回答表

评价员：　　日期：　　轮次：

样品编号	1	2	…	K
描述词				
强度				

表4-18　质地检测回答表

评价员：　　日期：　　样品：　　轮次：

感觉顺序	强度
特性1	
特性2	
…	
特性 n	

谢谢您的参与！

五、检测结果的处理与分析

首先由感官分析师或评价小组组长对评价结果进行汇总（表4-19）；再对同一轮次所有评价员的结果按式(4-3)进行计算，求得评价小组对各特性的强度平均值；最后将各轮次的小组平均值按式(4-4)进行计算，得出各特性的最终强度值(表4-20)，并绘制质地剖面图。

表4-19 质地特性结果统计

样品：				轮次：					
评价员	1	2	3	4	5	6	7	8	9
特性1									
特性2									
…									
特性 n									

表4-20 质地检测结果统计表

样品：				
评价项目	第一轮平均值	第二轮平均值	第三轮平均值	总平均值
特性1				
特性2				
特性3				
…				
特性 n				

特性 i 第 j 轮的强度值：

$$T_{i,j} = \sum_{x=1}^{m} t_{i,x}/m \tag{4-3}$$

式中 $T_{i,j}$——特性 i 第 j 轮的强度值；

i——样品特性；

j——轮次；

x——评价员；

m——评价员人数；

$t_{i,x}$——评价员 x 对特性 i 的强度值。

特性 i 的最终强度值：

$$T_i = \sum_{j=1}^{s} T_{i,j}/s \tag{4-4}$$

式中 T_i——特性 i 的最终强度值；

i——样品特性；

j——轮次；

s——总轮数。

六、注意事项

小组讨论的过程中，尽量体现出每位评价员的意见，避免评价结果被少数评价员左右而影响最终结果。选择合适的参比样促使评价小组达成一致。评价过程中，评价员独立评价，避免相互讨论。

思考题

在选择参照样品时需要注意什么？

实验 4　风味检测

一、实验目的

食品感官质量特点中产品风味的描述和评估。

二、实验原理

参照 GB/T 12313—1990《感官分析方法　风味剖面检验》。

三、检测条件和要求

1. 检测环境

室温、通风，其他为感官实验室现有条件，满足《感官分析　建立感官分析实验室的一般导则》(GB/T 13868—2009)的要求。

2. 评价员

5 位及以上具有相关产品经验的优选评价员，1 位感官分析师或评价小组组长。

3. 实验材料

一次性品评用具、标签机、托盘、铅笔、纯净水等。

4. 检测实验方案设计与过程记录

检验前应该进行实验设计，实验中应该进行过程记录。应考虑确定实验方法、样品信息、评价员要求、环境要求、样品制备、过程控制等环境。

四、实验步骤

1. 特性强度参比样及样品制备

特性强度参比样及样品制备应考虑以下几点：

(1) 样品量：根据评价员人数和具体实验要求，制备足够量的样品，供评价员评价。

(2) 样品外形：根据样品特点，制备外形一致的样品。

(3) 制备程序：根据样品特点，确定和控制适宜的样品贮藏条件，尤其是温度和湿度等。按照统一方式制备样品，保持制备时间及制备完成暂存到提供前的时间长短一致。

(4) 对不能直接感官分析的样品，根据样品特点，可采用水或牛奶等液体适当稀释或添加到馒头、面包等中性食品载体中。

(5) 制备样品的器具和设备应洁净、无味。

特性强度参比样及样品制备具体要求见表4-21、表4-22。

表4-21 参比样制备表

参比样名称	参比样编码	参比样讨论随机编码	参比样训练随机编码	参比样考核随机编码
×××	×××	478，…	749，…	396，…
×××	×××	375，…	390，…	095，…
…	…	…	…	…

制样要求：

准备一定数目的品评杯(或其他容器如嗅瓶)，将参比样装入品评杯(或其他容器如嗅瓶)中并按上表随机编码将其标识，每个容器中样品量保持一致。

表4-22 样品制备表

日期： 轮次：

轮次	样品定义	分类	随机编码
第一轮	×××	A(1)	749，722，…
	×××	B(2)	264，938，…
	×××	C(3)	456，239，…
	…	…	…
第二轮	×××	A(1)	749，722，…
	×××	B(2)	264，938，…
	×××	C(3)	456，239，…
	…	…	…
第三轮	×××	A(1)	749，722，…
	×××	B(2)	264，938，…
	×××	C(3)	456，239，…
	…	…	…

制样要求：

1. 将样品分成A、B、C、D等几组。
2. 准备一定数目的品评杯(或其他容器如嗅瓶)，将A、B等样品分别装入品评杯(或其他容器如嗅瓶)中并按上表随机编码将其标识，每个容器中样品量保持一致。

2. 样品提供

样品提供时，不能使评价员从样品提供的方式中对样品的性质做出结论。采用按照随机顺序组合提供给每位评价员的样品，见表4-23。将所有样品按照同一方式(相同的样品量、样品外形和器具等)从左到右提供给评价员。

3. 样品感官特性描述词确定

提供一系列的同类样品，让评价员熟悉该类产品的特性，写出描述词。如果评价员描述出现困难，感官分析师或评价小组组长可将预先准备好的该类产品描述词表(表4-24)提供给评价员，令其从中选择。感官分析师或评价小组组长收集描述词，组织小组反复评价讨论至意见一致，最终确定出描述词(表4-25)。

表4-23　样品提供表

日期：	轮次：				
评价员编号	样品提供顺序	对应编码			
1	…	101	194	…	…
2	…	209	118	…	…
…	…	…	…	…	…

表4-24　描述词备选表

日期：	
描述词	××，××，…

表4-25　确定的描述词表

日期：	
描述词	××，××*，…

注：*若样品有余味，请在描述词中标示。

4. 特性感觉顺序的确定

将被检样品提供给每位评价员，要求独立地写出上述特性出现的顺序(表4-26)，经反复评价后，最终达到小组一致的感觉顺序(表4-27)。

表4-26　特性感觉顺序回答表

评价员：　　　　　　日期：
样品：　　　　　　　轮次：

提示语：
在答题之前仔细品尝产品；
请您品尝产品，记录显现和察觉到的各风味的特性所出现的顺序。

风味出现顺序	
1	
2	
3	
4	
5	
6	

表 4-27　特性感觉顺序汇总表

轮次 1				
评价员编号	特性 1	特性 2	…	特性 n
01	x_1	x_i	…	x_n
02	x_j	…	…	…
…	…	…	…	…
M	x_m	…	…	…
轮次 2				
评价员编号	特性 1	特性 2	…	特性 n
01	x_1	x_i	…	x_n
02	x_j	…	…	…
…	…	…	…	…
M	x_m	…	…	…
…				
轮次 m				
评价员编号	特性 1	特性 2	…	特性 n
01	x_1	x_i	…	x_n
02	x_j	…	…	…
…	…	…	…	…
M	x_m	…	…	…
最终特性感觉顺序				
最先				最后
特性 x				特性 y
感官分析师/日期：		监督员/日期：		

5. 特性强度参比样确定

根据确定的特性描述词，由感官分析师或评价小组组长收集并提供与该描述词对应的一系列参比样，尽可能涵盖该特性在该类产品可能的强度变化范围。经小组反复评价和讨论后，确定出各特性强度标度的参比样(表 4-28)。

6. 特性强度标度训练与考核

训练：将各特性不同强度的参比样分别提供给每一位评价员进行训练。要求评价员按照强度从弱到强依次品尝或嗅闻，熟悉并记忆各特性的感觉及对应的强度标度。

考核：取出每种特性任一标度的参比样作为考核样品(表 4-29)，若强度赋值正确，则考核通过。反之，仍需再次训练，直到评价小组内所有成员考核通过，方可进行实际样品的风味剖面检测。

表 4-28　特性强度标度及参比样

日期：　　年　　月　　日			
感官特性	强度标度	参比样	
		参比样编码	参比样名称
特性 1	0-不存在		
	1-弱		
	2-较弱		
	3-中等		
	4-较强		
	5-强		
特性 2	0-不存在		
	1-弱		
	2-较弱		
	3-中等		
	4-较强		
	5-强		
…	…	…	…

注：标度种类的选择根据检测要求由感官分析师确定。

表 4-29　特性强度考核回答表

评价员：		日期：	轮次：	
样品编号	1	2	…	*K*
描述词				
强度				

7. 样品感官特性强度及综合印象、余味、滞留度评价

评价员对样品各特性强度进行标度赋值；并按照三点标度分别对样品的综合印象(1-低，2-中，3-高)和滞留度(1-短、2-长、3-相当长)进行评估；若有余味，填上余味的描述词，并标示强度，若无填“无”。按照表 4-30 完成风味剖面检测回答表。

表 4-30　风味剖面检测回答表

评价员：　　　　日期：　　　　样品：　　　　轮次：	
感觉顺序	强度
特性 1	
特性 2	
…	
特性 *n*	
余味	
滞留度	
综合印象	

五、检测结果的处理与分析

首先由感官分析师或评价小组组长对评价结果进行汇总(表 4-31)；再对同一轮次所有评价员的结果按式(4-5)进行计算，求得评价小组对各特性的强度平均值；最后将各轮次的小组平均值按式(4-6)进行计算，得出各特性的最终强度值(表 4-32)。根据剖面构成和各特性强度值，绘制剖面图。

表 4-31 风味剖面检测结果汇总表

样品：				轮次：				
评价项目(按感觉顺序排列)	评价员							
	01	02	03	04	05	06	…	…
特性 1								
特性 2								
…								
特性 n								
余味								
滞留度								
综合印象								

表 4-32 风味剖面检测结果统计表

样品：				
评价项目(按感觉顺序排列)	第一轮小组平均值	第二轮小组平均值	第三轮小组平均值	总平均值
特性 1				
特性 2				
…				
特性 n				
余味				
滞留度				
综合印象				

特性 i 第 j 轮的强度值：

$$T_{i,j}=\sum_{x=1}^{m} t_{i,x}/m \tag{4-5}$$

式中 $T_{i,j}$——特性 i 第 j 轮的强度值；

i——样品特性；

j——轮次；

x——评价员；

m——评价员人数；

$t_{i,x}$——评价员 x 对特性 i 的强度值。

特性 i 的最终强度值：

$$T_i = \sum_{j=1}^{s} T_{i,j}/s \tag{4-6}$$

式中　T_i——特性 i 的最终强度值；

i——样品特性；

j——轮次；

s——总轮数。

六、注意事项

小组讨论的过程中，尽量体现出每位评价员的意见，避免评价结果被少数评价员左右而影响最终结果；选择合适的参比样促使评价小组达成一致；评价过程中，评价员独立评价，避免相互讨论。

思考题

滞留度和余味的区别是什么？

实验 5　食品感官品质特点——特性强度检测

一、实验目的

针对感官特性差异在差别阈以上的系列样品，进行特性强度评估。

二、实验原理

参照 GB/T 19547—2004《感官分析　方法学　量值估计法》。

三、检测条件和要求

1. 检测环境

室温、通风，其他条件为感官实验室现有条件，满足《感官分析　建立感官分析实验室的一般导则》(GB/T 13868—2009)的要求。

2. 评价员

5 位及以上在产品及特性评估方面经过专业培训的优选评价员，1 位感官分析师或评价小组组长。

3. 实验材料

一次性品评用具、标签机、托盘、铅笔、纯净水等。

4. 检测实验方案设计与过程记录

检验前应该进行实验设计，实验中应该进行过程记录。应考虑确定实验方法、样品信息、评价员要求、环境要求、样品制备、过程控制等环境。

四、实验步骤

1. 样品制备

样品制备应考虑以下几点：

(1)样品量：根据评价员人数和具体实验要求，制备足够量的样品，供评价员评价。

(2)样品外形：根据样品特点，制备外形一致的样品。

(3)制备程序：根据样品特点，确定和控制适宜的样品贮藏条件，尤其是温度和湿度等。按照统一方式制备样品，保持制备时间及制备完成暂存到提供前的时间长短一致。

(4)对不能直接感官分析的样品，根据样品特点，可采用水或牛奶等液体适当稀释或添加到馒头、面包等中性食品载体中。

(5)制备样品的器具和设备应洁净、无味。

样品制备具体要求见表 4-33。

表 4-33 样品制备表

日期：

轮次	样品定义	分类	随机编码
第一轮	×××	A(1)	749，722，…
	×××	B(2)	264，938，…
第二轮	×××	A(1)	749，722，…
	×××	B(2)	264，938，…
第三轮	×××	A(1)	749，722，…
	×××	B(2)	264，938，…

制样要求：

1. 将样品分成 A、B 两组。

2. 准备一定数目的品评杯(或其他容器如嗅瓶)，将 A 和 B 样品分别装入品评杯(或其他容器如嗅瓶)中并按上表随机编码将其标识，每个容器中样品量保持一致。

2. 样品提供

尽量使用均衡设计方法，可参考使用拉丁方表设计提供顺序(表 4-34)。如果不能使用均衡设计方法，则使用随机顺序提供样品。按照同一方式(相同的样品量、样品外形和器具等)向所有评价员提供样品。

表 4-34 样品提供表

样品提供员：　　日期：　　轮次：

评价员	提供顺序	对应编码			
1	ABCD				
2	BDAC				
3	CADB				
4	DCBA				
…					

3. 样品品评

具体品评要求见回答表(表4-35)。

表4-35　回答表

评价员：　　　　　　　　　日期：　　　　　　　　　轮次：

提示语：
请按从左到右的顺序品尝(或嗅闻)样品；
编号为"R"的样品模数为________，品尝(或嗅闻)并记住；
请对每个样品参照参比样"*R*"的值等比例给出评分值；
在品尝(或嗅闻)每个样品前，必须重新品尝(或嗅闻)参比样；
评价下一个样品前休息适当时间(1~2min)，记录回答。

样品编码					
评分值					

五、检测结果的处理与分析

统计评价员的估计值，并将其转化为自然对数(表4-36)。计算校正因子(表4-37)，统计校正后的自然对数值(表4-38)，计算平均值(表4-39)，进行方差分析(表4-40)，如果样品间存在显著差异，则选用多重比较来分析样品间是否具有显著差异。

表4-36　结果统计汇总表

评价员	轮次	样品——估计值(自然对数值)			
		1	2	…	*K*
1	1				
	2				
	3				
2	1				
	2				
	3				
…					
n	1				
	2				
	3				

表4-37　评价员评分数的自然对数值和校正值计算

评价员	轮次	样品——自然对数值				总量级平均值	校正因子
		1	2	…	*K*		
1	1						
	2						
	3						

（续）

评价员	轮次	样品——自然对数值				总量级平均值	校正因子
		1	2	…	*K*		
2	1						
	2						
	3						
…							
n	1						
	2						
	3						
全组算术平均值							

表 4-38　校正后的自然对数值

评价员	轮次	样品——校正后的自然对数值			
		1	2	…	*K*
1	1				
	2				
	3				
2	1				
	2				
	3				
…					
n	1				
	2				
	3				

表 4-39　校正后的自然对数值平均值

评价员	样品——校正后的自然对数值			
	1	2	…	*K*
1				
2				
…				
n				

表 4-40　方差分析结果

方差来源	自由度	平方和	均方	*F* 值	Sig.
评价员					
处理					
校正后的误差					

六、注意事项

小组讨论的过程中，尽量体现出每位评价员的意见，避免评价结果被少数评价员左右而影响最终结果；选择合适的参比样促使评价小组达成一致；评价过程中，评价员独立评价，避免相互讨论。

思考题

在完成一组图形的评定后，让评价员将各自评分结果与评价小组的平均值进行比较，如果这不可行，则将他们的评分结果与前一个评价小组的评分结果进行比较，这样做的目的是什么？

附：

三维随机编码													
919	899	247	207	253	846	566	688	522	826	146	603	687	835
200	692	912	529	215	379	696	481	583	208	211	182	662	493
658	159	915	301	505	277	272	167	745	645	612	813	638	831
338	846	248	472	334	216	273	169	963	772	149	734	172	802
495	215	542	541	440	460	911	316	847	666	330	941	827	721
904	674	616	999	962	732	379	217	822	505	330	572	157	711
991	348	118	677	528	792	135	720	364	281	699	600	995	803
657	472	638	233	815	876	240	471	703	814	290	635	859	638
219	400	737	901	641	536	366	512	143	722	525	265	582	894
595	680	977	480	127	483	927	698	618	875	963	957	715	583
704	815	733	874	686	705	317	278	764	529	461	700	441	606
596	323	867	619	459	360	782	183	463	426	575	358	646	279
435	379	396	861	735	273	835	320	807	661	259	157	494	508
957	485	500	285	189	705	596	591	867	881	142	331	238	512
874	475	124	454	971	782	693	577	289	783	496	608	884	899
250	565	733	158	611	249	263	621	353	762	287	292	502	292
841	509	587	830	779	433	880	603	559	195	991	366	722	664
532	939	364	499	959	979	208	191	938	290	562	355	620	610
502	335	572	101	813	384	810	553	874	196	885	353	110	378
380	222	235	758	957	925	862	438	363	449	901	211	720	833
253	879	598	729	905	574	702	742	282	588	171	511	968	151
789	970	215	293	125	830	683	756	292	751	507	285	267	706
244	373	422	314	278	408	147	333	774	737	452	700	810	186
522	154	786	970	338	454	447	849	967	856	312	855	802	299
794	259	714	268	411	644	451	793	987	626	115	295	312	420
774	670	483	287	305	846	898	305	377	135	846	685	872	492
982	332	148	428	792	708	814	145	357	861	513	176	431	819
318	591	529	554	471	408	114	195	816	895	225	947	750	957
583	598	182	674	807	808	980	472	872	733	895	397	179	879
129	429	567	297	171	362	542	391	135	839	788	271	250	218
431	939	396	706	931	461	776	378	976	430	581	498	436	226
475	287	986	627	691	741	463	346	469	573	309	694	929	755
908	490	105	953	806	403	669	272	181	243	430	607	985	163
829	254	121	808	405	464	997	166	312	408	885	471	143	396
620	374	137	113	523	249	763	361	563	637	159	148	151	988
640	133	585	707	267	421	933	224	666	923	105	369	145	223
979	165	394	704	269	631	832	373	901	776	415	200	129	751
854	634	325	195	559	831	247	875	501	500	689	301	573	883

第5章　分子生物学技术在食品分析检测中的应用

实验1　植物DNA的提取

一、实验目的

了解植物DNA提取的原理，掌握植物DNA提取的方法，熟练实验操作过程。

二、实验原理

植物DNA的提取首先要用液氮破坏植物细胞的细胞壁，然后再使用缓冲液进一步破坏细胞的细胞膜和核膜等。细胞壁、细胞膜及核膜破坏后，释放出细胞内含物至提取缓冲液，内含物中包括DNA、RNA和蛋白质等。将其他组分除去或降解，然后在溶液中加入乙醇或异丙醇使DNA呈絮状沉淀析出，絮状沉淀可用玻棒或牙签缠绕挑出或通过离心收获，并重新溶解于适量的TE缓冲液中备用。

三、材料和试剂

1. 材料

水稻幼苗或或其他禾本科植物，李(苹果)幼嫩叶子。

2. 试剂

(1)提取缓冲液Ⅰ：100mmol/L Tris · HCl，pH 8.0，20mmol/L EDTA，500mmol/L NaCl，1.5% SDS。

(2)提取缓冲液Ⅱ：18.6g葡萄糖，6.9g二乙基二硫代碳酸钠，6.0g PVP，240μL巯基乙醇，加水至300mL。

(3)氯仿-戊醇-乙醇(80+4+16)。

(4)RNaseA母液：将RNA酶A溶于10mmol/L Tris · HCl(pH 7.5)，15mmol/L NaCl中，配成10mg/mL的溶液，于100℃加热15min，使混有的DNA酶失活。冷却后用1.5mL离心管分装成小份保存于-20℃。

(5)其他试剂：液氮，异丙醇，TE缓冲液，无水乙醇，70%乙醇，3mol/L乙酸钠。

四、仪器和设备

(1)移液器。

(2)冷冻高速离心机。

(3)台式高速离心机。

(4)水浴锅。

(5)陶瓷研钵。

(6)离心管：50mL(有盖)、5mL 和 1.5mL。

(7)弯成钩状的小玻棒。

五、实验步骤

1. 水稻幼苗或其他禾本科植物基因组 DNA 提取

(1)在 50mL 离心管中加入 20mL 提取缓冲液Ⅰ，60℃水浴预热。

(2)水稻幼苗或叶子 5~10g，剪碎，在研钵中加液氮磨成粉状后立即倒入预热的离心管中，剧烈摇动混匀，60℃水浴保温 30~60min(时间长，DNA 产量高)，不时摇动。

(3)加入 20mL 氯仿-戊醇-乙醇溶液，颠倒混匀(需带手套，防止损伤皮肤)，室温下静置 5~10min，使水相和有机相分层(必要时可重新混匀)。

(4)室温下 5 000r/min 离心 5min。

(5)仔细移取上清液至另一 50mL 离心管，加入 1 倍体积异丙醇，混匀，室温下放置片刻即出现絮状 DNA 沉淀。

(6)在 1.5mL 离心管中加入 1mL TE。用钩状小玻棒捞出 DNA 絮团，在干净吸水纸上吸干，转入含 TE 的离心管中，DNA 很快溶解于 TE。

(7)如 DNA 不形成絮状沉淀，则可用 5 000r/min 离心 5min，再将沉淀移入 TE 管中。这样收集的沉淀，往往难溶解于 TE，可在 60℃水浴放置 15min 以上，以帮助溶解。

(8)将 DNA 溶液 3 000r/min 离心 5min，上清液倒入干净的 5mL 离心管。

(9)加入 5μL RNaseA(10μg/μL)，37℃水浴 10min，除去 RNA。

(10)加入 1/10 体积的 3mol/L 乙酸钠及 2 倍体积的冰乙醇，混匀，-20℃放置 20min 左右，DNA 形成絮状沉淀。

(11)用玻璃棒捞出 DNA 沉淀，70%乙醇漂洗，再在干净吸水纸上吸干。

(12)将 DNA 重溶解于 1mL TE，-20℃贮存。

2. 从李子(苹果)叶子提取基因组 DNA

(1)取 3~5g 嫩叶，液氮磨成粉状。

(2)加入提取缓冲液Ⅱ10mL，再研磨至溶浆状。10 000r/min 离心 10min。

(3)去上清液，沉淀加提取液Ⅰ20mL，混匀。65℃，30~60min，摇动。

(4)同本实验步骤 1 中的(3)~(12)。

六、结果处理

琼脂凝胶电泳，检测 DNA 的分子大小；紫外光下测定 OD_{260}/OD_{280}，检测 DNA 含量及质量。

七、注意事项

(1)样品在研磨时要迅速，并且研磨后要与缓冲液混合均匀，确保细胞膜能被彻底破坏，从而释放出其中的 DNA。

(2)去除样品中的蛋白质时，不宜剧烈摇晃，剧烈振荡可能会引起核酸变性，因而影响 DNA 收率和活性。

(3)为了防止染色体发生机械断裂，在分离制备过程中必须采用温和的条件，避免过酸过碱、剧烈地搅拌，防止热变性，同时还要避免核酸降解酶类的降解。

思考题

异丙醇、乙醇、乙酸钠预冷有什么作用?

实验 2　从动物组织提取基因组 DNA

一、实验目的

学习从动物组织中提取基因组 DNA 的原理，掌握从动物组织中提取基因组 DNA 的方法，熟悉从动物组织中提取基因组 DNA 实验中所涉及的操作技术。

二、实验原理

在 SDS 和 EDTA 等去污剂存在下，用蛋白酶 K 消化细胞，随后用酚抽提，可以得到哺乳动物基因组 DNA，用此法得到的 DNA 长度为 100~150kb，适用于噬菌体构建基因组文库和 DNA 印迹分析。

三、材料和试剂

1. 材料

哺乳动物新鲜组织。

2. 试剂

(1)分离缓冲液：10mmol/L Tris·HCl pH 7.4，10mmol/L NaCl，25mmol/L EDTA。

(2)其他试剂：10% SDS，蛋白酶 K（20mg/mL 或粉剂），乙醚，酚-氯仿-异戊醇(25+24+1)，无水乙醇及 70%乙醇，5mol/L NaCl，3mol/L 乙酸钠，TE。

四、仪器和设备

(1)移液管。

(2)高速冷冻离心机。

(3)台式离心机。

(4)水浴锅。

五、实验步骤

(1)切取组织5g左右，剔除结缔组织，吸水纸吸干血液，剪碎放入研钵。

(2)倒入液氮，磨成粉末，加10mL分离缓冲液。

(3)加1mL 10% SDS，混匀，此时样品变得很黏稠。

(4)加50μL或1mg蛋白酶K，37℃保温1~2h，直到组织完全解体。

(5)加1mL 5mol/L NaCl，混匀，5 000r/min离心数秒钟。

(6)取上清液于新离心管，用等体积酚-氯仿-异戊醇(25+24+1)抽提。待分层后，3 000r/min离心5min。

(7)取上层水相至干净离心管，加2倍体积乙醚抽提(在通风情况下操作)。

(8)移去上层乙醚，保留下层水相。

(9)加1/10体积3mol/L乙酸钠，及2倍体积无水乙醇颠倒混合沉淀DNA。室温下静止10~20min，DNA沉淀形成白色絮状物。

(10)用玻璃棒钩出DNA沉淀，70%乙醇中漂洗后，在吸水纸上吸干，溶解于1mL TE中，-20℃保存。

(11)如果DNA溶液中有不溶解颗粒，可在5 000r/min短暂离心，取上清；如要除去其中的RNA，可加5μL RNaseA(10μg/μL)，37℃保温30min，用酚抽提后，按步骤(9)~(10)重沉淀DNA。

六、结果处理

琼脂凝胶电泳，检测DNA的分子大小；紫外光下测定OD_{260}/OD_{280}，检测DNA含量及质量。

七、注意事项

(1)在使用酚-氯仿-异戊醇(25+24+1)抽提后取上清时不能将中间的蛋白质扰动，以防蛋白质污染。

(2)抽提时每一步都要柔和，防止机械剪切力对DNA的损伤。

(3)取上层清液时，注意不要吸取中间的蛋白质。

(4)乙醇漂洗除去乙醇时，不要荡起DNA。

思考题

在实验过程中，加入的EDTA、SDS分别起什么作用?

实验3 细菌基因组DNA的制备

一、实验目的

掌握抽提细菌DNA的一般方法。

二、实验原理

要进行重组 DNA 实验，就离不开外源基因的纯化，而外源基因主要来源之一就是直接从生物的染色体 DNA 上制备，所以制备高质量的染色体 DNA 样品经常为基因工程实验所需要。细菌染色体 DNA 抽提首先收集对数生长期的细胞，然后用离子型表面活性剂十二烷基磺酸钠(SDS)破裂细胞，SDS 具有的主要功能是：①溶解细胞膜上的脂类和蛋白质，因而溶解膜蛋白而破坏细胞膜；②解聚细胞膜上的脂类和蛋白质，有助于消除染色体 DNA 上的蛋白质；③SDS 能与蛋白质结合成为 $R_1—O—SO_3^- \cdots R_2^+$—蛋白质的复合物，使蛋白质变性而沉淀下来。但是 SDS 能抑制核糖核酸酶的作用，所以在以后的提取过程中，必须把它除干净，以免影响下一步 RNase 的作用。破细胞后 RNA 经 RNase 消化除去，蛋白质经苯酚-氯仿-异戊醇抽提除去，经酒精沉淀回收 DNA。

三、材料和试剂

1. 材料

细菌培养物。

2. 试剂

(1)CTAB/NaCl 溶液：4.1g NaCl 溶解于 80mL H_2O，缓慢加入 10g CTAB，加水至 100mL。

(2)其他试剂：氯仿-异戊醇(24+1)，苯酚-氯仿-异戊醇(25+24+1)，异丙醇，70%乙醇，TE，10% SDS，蛋白酶 K (20mg/mL 或粉剂)，5mol/L NaCl。

四、仪器和设备

(1)移液管。

(2)高速冷冻离心机。

(3)台式离心机。

(4)水浴锅。

五、实验步骤

(1)100mL 细菌过夜培养液，5 000r/min 离心 10min，去上清液。

(2)加 9.5mL TE 悬浮沉淀，并加 0.5mL 10% SDS，50μL 20mg/mL(或 1mg 干粉)蛋白酶 K，混匀，37℃保温 1h。

(3)加 1.5mL 5mol/L NaCl，混匀。

(4)加 1.5mL CTAB/NaCl 溶液，混匀，65℃保温 20min。

(5)用等体积苯酚-氯仿-异戊醇(25+24+1)抽提，5 000r/min 离心 10min，将上清液移至干净离心管。

(6)用等体积氯仿-异戊醇(24+1)抽提，取上清液移至干净管中。

(7)加 1 倍体积异丙醇，颠倒混合，室温下静止 10min，沉淀 DNA。

(8)用玻璃棒捞出 DNA 沉淀，70%乙醇漂洗后，吸干，溶解于 1mL TE，-20℃保存。如 DNA 沉淀无法捞出，可 5 000r/min 离心，使 DNA 沉淀。

六、注意事项

(1)加入裂解液后，吹吸溶液动作要轻缓，只要混匀即可。

(2)进行苯酚氯仿抽提时，提取上清液避免贪多，尽量不动蛋白质层。

(3)溶解尽量彻底，放在水浴中过夜较好，不要求快用枪吹打促溶。

思考题

进行何种操作有助于细菌的裂解?

实验4 核酸的含量测定——定磷法

一、实验目的

了解并熟悉定磷法的原理，掌握定磷法测定核酸含量的方法。

二、实验原理

核酸和核苷酸均为含磷化合物，纯的核酸含磷量为9%(RNA含磷量为8.5%~9.0%，DNA则含9.2%的磷)。从核酸中测得了总磷量，就可知样品中核酸的量，即每测得1mg有机磷，就表示有11mg的核酸，这就是定磷法的理论依据。磷的测定方法很多，但在生化研究中以比色法的应用最为广泛，该法量微、快速、准确。

三、材料和试剂

(1)标准磷试剂(含磷5μg/mL)：准确称取恒重的KH_2PO_4 0.438 9g，用水定容到100mL，用前稀释200倍，即为5μg/mL。

(2)2.5%钼酸铵：2.5g钼酸铵溶于100mL水中。

(3)10%抗坏血酸溶液：取10g抗坏血酸溶于100mL水中。棕色瓶4℃贮藏。

(4)催化剂：硫酸铜：硫酸钾=1：4，研磨成细末。

(5)30%过氧化氢，浓硫酸。

四、仪器和设备

(1)容量瓶。

(2)研钵。

(3)紫外分光光度计。

五、实验步骤

1. 制作磷标准曲线

取标准磷酸溶液(5μg/mL)0、0.5、1.0、1.5、2.0、2.5、3.0mL，用水补足

到 3mL，含磷量分别为 0、2.5、5、7.5、10、12.5、15μg，加定磷试剂 3mL 后摇匀，45℃放置 20min，测 OD_{660}。以含磷量为横坐标，OD_{660} 为纵坐标制作标准曲线。

2. 核酸中总磷量的测定

取 1mL 被测样品液（含 2.5～5mg 核酸，也可取固体样品），置于消化瓶中，加入 1mL 浓硫酸及 50mg 催化剂，在消化炉上加热至发白烟，样品由黑变成淡黄色，取下稍冷，加数滴 30%过氧化氢液，继续加热至溶液呈无色或淡蓝色为止，稍冷却，加 1mL 水，于 100℃加热 10min 使焦磷酸转变为磷酸。冷却至室温，用蒸馏水定容到 50mL。样品消化的同时做空白对照，空白瓶中不加样品，用水代替，其他完全相同。

取稀释后的消化液 1mL，加水 2mL，定磷试剂 3mL，摇匀，45℃放置 20min，于 660nm 处读取 *OD* 值。空白对照同样操作。

3. 样品中无机磷含量的测定

取未消化的核酸样品液 1mL，加 2mL 水，3mL 定磷试剂，摇匀后保温，然后读 OD_{660}。

六、结果处理

首先制作标准磷曲线，以消化和未消化的样品中的 OD_{660} 从标准曲线上查出各自对应的磷含量。

计算样品中核酸含量，按下式进行：

$$\text{双链 DNA 浓度} = 50\mu g/mL \times A_{260} \times \text{稀释倍数}$$

$$\text{单链 DNA 浓度} = 33\mu g/mL \times A_{260} \times \text{稀释倍数}$$

$$\text{单链 RNA 浓度} = 40\mu g/mL \times A_{260} \times \text{稀释倍数}$$

$$\text{核酸总量} = \text{样品浓度} \times \text{样品体积(mL)}$$

七、注意事项

10%抗坏血酸溶液颜色应为淡黄色，深黄色或棕色则不能用。

思考题

1. DNA 浓度测定时，A_{260}/A_{280} 大于或小于 1.8 是有什么因素造成？
2. RNA 浓度测定时，A_{260}/A_{280} 大于或小于 2.0 是有什么因素造成？

实验 5　凝胶电泳

一、实验目的

学习和掌握凝胶电泳鉴定 DNA 的原理和方法。

二、实验原理

DNA 凝胶电泳是根据 DNA 分子大小来分离和识别 DNA 片段的技术。将不同大小的 DNA 片段上样到由琼脂糖制成的多孔凝胶上，琼脂糖是一种从红藻中发现的碳水化合物。施加电场后，由于 DNA 上有携带负电荷的磷酸基团，片段会在凝胶中移动。较小的 DNA 片段在凝胶中的移动会比较大的片段要相对容易，较大的 DNA 片段在凝胶中的移动会更难。

三、材料和试剂

1. 材料

λDNA，重组 PBS 质粒或 pUC19 质粒，*Eco*RI 酶及其酶切缓冲液，*Hind*Ⅲ酶及其酶切缓冲液，琼脂糖。

2. 试剂

(1)5×TBE 电泳缓冲液。

(2)6×电泳载样缓冲液：0.25%溴粉蓝，40%蔗糖水溶液，贮存于 4℃。

(3)溴化乙锭(EB)溶液母液：将 EB 配制成 10mg/mL，用铝箔或黑纸包裹容器，贮存于室温即可。

四、仪器和设备

(1)水平式电泳装置。

(2)电泳仪。

(3)台式高速离心机。

(4)恒温水浴锅。

(5)微量移液枪。

(6)微波炉或电炉。

(7)紫外透射仪。

(8)照相支架。

(9)照相机及其附件。

五、实验步骤

1. DNA 酶切反应

(1)将清洁干燥并经灭菌的 eppendorf 管(最好 0.5mL)编号，用微量移液枪分别加入 DNA 1μg 和相应的限制性内切酶反应 10×缓冲液 2μL，再加入重蒸水使总体积为 19μL，将管内溶液混匀后加入 1μL 酶液，用手指轻弹管壁使溶液混匀，也可用微量离心机甩一下，使溶液集中在管底。此步操作是整个实验成败的关键，要防止错加、漏加。使用限制性内切酶时应尽量减少其离开冰箱的时间，以免活性降低。

(2)混匀反应体系后，将 eppendorf 管置于适当的支持物上(如插在泡沫塑料板上)，37℃水浴保温 2~3h，使酶切反应完全。

(3)每管加入2μL 0.1mol/L EDTA(pH 8.0)，混匀，以停止反应，置于冰箱中保存备用。

2. DNA分子量标准的制备

采用*Eco*RⅠ或*Hin*dⅢ酶解所得的λDNA片段作为电泳时的分子量标准。λDNA为长度约50kb的双链DNA分子，其商品溶液浓度为0.5mg/mL，酶解反应操作如上述。*Hin*dⅢ切割DNA后得到8个片段，长度分别为23.1、9.4、6.6、4.4、2.3、2.0、0.56、0.12kb。*Eco*RI切割DNA后得到6个片段，长度分别为21.2、7.4、5.8、5.6、4.9、3.5kb。

3. 琼脂糖凝胶的制备

(1)取5×TBE缓冲液20mL加水至200mL，配制成0.5× TBE稀释缓冲液，待用。

(2)胶液的制备：称取0.4g琼脂糖，置于200mL锥形瓶中，加入50mL 0.5×TBE稀释缓冲液，放入微波炉里(或电炉上)加热至琼脂糖全部溶化，取出摇匀，此为0.8%琼脂糖凝胶液。加热过程中要不时摇动，使附于瓶壁上的琼脂糖颗粒进入溶液。加热时应盖上封口膜，以减少水分蒸发。

(3)胶板的制备：将有机玻璃胶槽两端分别用橡皮膏(宽约1cm)紧密封住。将封好的胶槽置于水平支持物上，插上样品梳子，注意观察梳子齿下缘应与胶槽底面保持1mm左右的间隙。向冷却至50~60℃的琼脂糖胶液中加入溴化乙锭(EB)溶液使其终浓度为0.5μg/mL(也可不把EB加入凝胶中，而是电泳后再用0.5μg/mL的EB溶液浸泡染色)。用移液器吸取少量溶化的琼脂糖凝胶封橡皮膏内侧，待琼脂糖溶液凝固后将剩余的琼脂糖小心地倒入胶槽内，使胶液形成均匀的胶层。倒胶时的温度不可太低，否则凝固不均匀，速度也不可太快，否则容易出现气泡。待胶完全凝固后拨出梳子，注意不要损伤梳底部的凝胶，然后向槽内加入0.5×TBE稀释缓冲液至液面恰好没过胶板上表面。因边缘效应，样品槽附近会有一些隆起，阻碍缓冲液进入样品槽中，所以要注意保证样品槽中应注满缓冲液。

(4)加样：取10μL酶解液与2μL 6×载样液混匀，用微量移液枪小心加入样品槽中。若DNA含量偏低，则可依上述比例增加上样量，但总体积不可超过样品槽容量。每加完一个样品要更换枪头，以防止互相污染，注意上样时要小心操作，避免损坏凝胶或将样品槽底部凝胶刺穿。

(5)电泳：加完样后，合上电泳槽盖，立即接通电源。控制电压保持在60~80V，电流在40mA以上。当溴酚蓝条带移动到距凝胶前沿约2cm时，停止电泳。

(6)染色：未加EB的胶板在电泳完毕后移入0.5μg/mL的EB溶液中，室温下染色20~25min。

(7)观察和拍照：在波长为254nm的长波长紫外灯下观察染色后的或已加有EB的电泳胶板。DNA存在处显示出肉眼可辨的橘红色荧光条带。紫光灯下观察时应戴上防护眼镜或有机玻璃面罩，以免损伤眼睛。经照相机镜头加上近摄镜片和红色滤光片后将相机固定于照相架上，采用全色胶片，光圈5.6，曝光时间10~120s(根据荧光条带的深浅选择)。

(8)DNA分子量标准曲线的制作：在放大的电泳照片上，以样品槽为起点，用卡尺测量λDNA的*Eco*RⅠ和*Hin*dⅢ酶切片段的迁移距离，以厘米为单位。以核苷酸数的常用对数为纵坐标，以迁移距离为横坐标，坐标纸上绘出连接各点的平滑曲线，即为该电泳条件下 DNA 分子量的标准曲线。

(9) DNA 酶切片段大小的测定：在放大的电泳照片上，用卡尺量出 DNA 样品各片段的迁移距离，根据此数值，在 DNA 分子量标准曲线上查出相应的对数值，进一步计算出各片段的分子量大小(若用单对数坐标纸来绘制标准曲线，则可根据迁移距离直接查出 DNA 片段的大小)。反之，若已知 DNA 片段的大小也可由标准曲线上查出它预计的迁移距离。

(10) DNA 酶切片段排列顺序的确定：根据单酶切、双酶切和多酶切的电泳分析结果，对照 DNA 酶切片段大小的数据进行逻辑推理，然后确定各酶切片段的排列顺序和各酶切位点的相对位置。以环状图或直线图表示，即成该 DNA 分子的限制性内切酶图谱。

六、注意事项

(1) 酶切时所加的 DNA 溶液体积不能太大，否则 DNA 溶液中其他成分会干扰酶反应。

(2) 酶活力通常用酶单位(U)表示，酶单位的定义是：在最适反应条件下，1h 完全降解 1mg DNA 的酶量为一个单位，但是许多实验制备的 DNA 不像 DNA 那样易于降解，需适当增加酶的使用量。反应液中加入过量的酶是不合适的，除考虑成本外，酶液中的微量杂质可能干扰随后的反应。

(3) 市场销售的酶一般浓度很大，为节约起见，使用时可事先用酶反应缓冲液(1×)进行稀释。另外，酶通常保存在 50% 的甘油中，实验中，应将反应液中甘油浓度控制在 1/10 之下，否则，酶活性将受影响。

(4) 观察 DNA 离不开紫外透射仪，可是紫外光对 DNA 分子有切割作用。从胶上回收 DNA 时，应尽量缩短光照时间并采用长波长紫外灯(300~360nm)，以减少紫外光切割 DNA。

(5) EB 是强诱变剂并有中等毒性，配制和使用时都应戴手套，并且不要把 EB 洒到桌面或地面上。凡是沾染了 EB 的容器或物品必须经专门处理后才能清洗或丢弃。

(6) 当 EB 太多，胶染色过深，DNA 条带看不清时，可将胶放入蒸馏水冲泡，30min 后再观察。

(7) 在没有离子存在时，电导率最小，DNA 不迁移，或迁移极慢，在高离子强度的缓冲液中，电导很高并产热，可能导致 DNA 变性，因此应注意缓冲液的使用是否正确。

(8) 一般情况下，0.5cm 宽的梳子可加 0.5μg 的 DNA 量，加样量的多少依据加样孔的大小及 DNA 中片段的数量和大小而定，过多的量会造成加样孔超载，从而导致拖尾和弥散，对于较大的 DNA 此现象更明显。

思考题

在电场中，带负电荷的 DNA 向阳极迁移，该过程受哪些因素的影响？

实验 6　聚合酶链式反应(PCR)扩增

一、实验目的

通过本实验学习了解 PCR 扩增的原理，掌握 PCR 扩增的方法，熟悉 PCR 扩增的实验中所涉及的操作技术。进一步熟练凝胶电泳的操作过程。为后续具体成分的鉴定做准备。

二、实验原理

PCR(polymerase chain reaction，聚合酶链式反应)是一种选择性体外扩增 DNA 或 RNA 的方法。需要引物、4 种脱氧核糖核苷酸、模板、Mg^{2+}、Taq DNA 聚合酶以及反应缓冲液这六种主要成分。包括变性、退火、延伸三个步骤。这三个步骤构成一个循环，每一个循环产物可作为下一个循环的模板，几十个循环后，介于两个引物之间的特异性 DNA 片段得到大量复制，可达 $2\times10^{6\sim7}$拷贝。

三、材料和试剂

1. 材料

dNTP，*Taq* 酶，引物 1，引物 2，模板 DNA。

2. 试剂

重蒸水，10×PCR 反应缓冲液。

四、仪器和设备

(1)旋涡混合器。

(2)微量移液取样器。

(3)双面微量离心管架。

(4)PCR 仪。

(5)台式离心机。

(6)琼脂糖凝胶电泳系统。

(7)移液器吸头。

(8)0.2mL PCR 微量管。

五、实验步骤

1. 在 0.2mL 离心管内配制 50μL 反应体系

10×PCR 反应缓冲液 5μL；

dNTP(含 Mg^{2+})4μL；

Taq 酶 1U；

引物 1 1μL；
引物 2 1μL；
模板 DNA 2μL；
双蒸水补足至 50μL。

2. 按下列程序进行扩增

94℃预变性 5min；
94℃变性 30s；
50~60℃退火 30s；
72℃延伸，时间按照 1kb/min 计算；
重复步骤变性、退火、延伸 25~35 次；
72℃彻底延伸 10min。
琼脂糖凝胶电泳分析 PCR 结果。

六、注意事项

（1）操作多份样品时，制备反应混合液，先将 dNTP、缓冲液、引物和酶混合好，然后再分装，这样既可以减少操作次数，避免污染，又可以增加反应体系配制的速度。

（2）操作时设立空白对照和阴阳性对照，既可验证 PCR 反应的可靠性，又可以协助判断扩增系统的可信性。

思考题

降低退火温度对反应有何影响？

实验 7 实时荧光定量 PCR 技术

一、实验目的

学习和掌握实时荧光定量 PCR 的原理和操作过程。

二、实验原理

所谓实时荧光定量 PCR 技术，是指在 PCR 反应体系中加入荧光基团，利用荧光信号积累实时监测整个 PCR 进程，最后通过标准曲线对未知模板进行定量分析的方法。

1. SYBRGreen I 法

在 PCR 反应体系中，加入过量 SYBR 荧光染料，SYBR 荧光染料特异性地掺入 DNA 双链后，发射荧光信号，而不掺入链中的 SYBR 染料分子不会发射任何荧光信号，从而保证荧光信号的增加与 PCR 产物的增加完全同步。

2. Taqman 探针法

探针完整时，报告基团发射的荧光信号被淬灭基团吸收。PCR 扩增时，*Taq* 酶的

5′-3′外切酶活性将探针酶切降解，使报告荧光基团和淬灭荧光基团分离，从而荧光监测系统可接收到荧光信号，即每扩增一条 DNA 链，就有一个荧光分子形成，实现了荧光信号的累积与 PCR 产物的形成完全同步。

将标记有荧光素的 Taqman 探针与模板 DNA 混合后，完成高温变性、低温复性、适温延伸的热循环，并遵守聚合酶链反应规律，与模板 DNA 互补配对的 Taqman 探针被切断，荧光素游离于反应体系中，在特定光激发下发出荧光，随着循环次数的增加，被扩增的目的基因片段呈指数规律增长，通过实时检测与之对应的随扩增而变化荧光信号强度，求得 Ct 值，同时利用数个已知模板浓度的标准品作对照，即可得出待测标本目的基因的拷贝数。

三、材料和试剂

相关样品材料，核酸提取相关试剂，实时荧光 PCR 试剂。

四、仪器和设备

(1)离心机。

(2)实时荧光 PCR 仪。

(3)核酸蛋白测定仪。

(4)生物安全柜等。

五、实验步骤

(1)核酸的提取：方法参照 CTAB 法及相关试剂盒提取方法。

(2)实时荧光 PCR 反应体系的配制：见表 5-1 和表 5-2。

(3)反应条件：50℃ 2min，95℃ 10min；95℃ 15s，60℃ 1min 共 40 个循环。

(4)上机检测，读取结果。

表 5-1　实时荧光 PCR 反应体系(染料法)

试剂	使用量	试剂	使用量
SYBR Green Master Mix	12.5μL	模板 DNA	0.5μL
上游引物(10μmol/L)	1μL	双蒸水	10μL
下游引物(10μmol/L)	1μL	总体积	25μL

表 5-2　实时荧光 PCR 反应体系(探针法)

试剂	使用量	试剂	使用量
Probe qPCR Mix	10μL	探针(10μmol/L)	0.4μL
上游引物(10μmol/L)	0.4μL	模板 DNA	2μL
下游引物(10μmol/L)	0.4μL	双蒸水	6.4μL
ROX	0.4μL	总体积	20μL

六、结果处理

读取实时荧光仪结果，根据 Ct 值进行质量监控，其中：

(1)阴性对照：无 Ct 值显示。

(2)阳性对照：Ct 值≤30，根据具体方法进行调整。

(3)空白对照：无 Ct 值显示。

七、注意事项

(1)试剂置于冰上放置，注意避免强光照射，防止荧光猝灭。

(2)分样前，所有的样品进行瞬离，防止开盖时由于盖上粘有液体而增加污染的风险。

(3)加样时关闭生物安全柜里的照明，在冰盒上操作，尽量避免直射光源的照射下进行。

(4)反应体系配制完成后进行低速离心，避免产生气泡并应尽快上机。

思考题

如何防止实验过程中的污染？

实验 8　Southern 杂交

一、实验目的

学习和掌握 Southern 杂交的原理和操作过程。

二、实验原理

Southern 杂交可用来检测经限制性内切酶切割后的 DNA 片段中是否存在与探针同源的序列。

三、材料和试剂

1. 材料

(1)待检测的 DNA。

(2)已标记好的探针。

2. 试剂

(1)10mg/mL EB。

(2)50×Denhardt′s 溶液：5g Ficoll-40，5g PVP，5g BSA 加水至 500mL，过滤除菌后于-20℃贮存。

(3)1×BLOTTO：5g 脱脂奶粉，0.02%叠氮钠，贮存于 4℃。

(4)预杂交溶液：6× SSC，5× Denhardt，0.5% SDS，100mg/mL 鲑鱼精子 DNA，50%甲酰胺。

(5)杂交溶液：预杂交溶液中加入变性探针即为杂交溶液。

(6)0.2mol/L HCl。

(7)0.1% SDS。

(8)0.4mol/L NaOH。

(9)变性溶液：87.75g NaCl，20.0g NaOH 加水至 1 000mL。

(10)中和溶液：175.5g NaCl，6.7g Tris · HCl，加水至 1 000mL。

(11)20× SSC：3mol/L NaCl，0.3mol/L 柠檬酸钠，用 1mol/L HCl 调节 pH 至 7.0。

(12)2×、1×、0.5×、0.25×和 0.1× SSC：用 20× SSC 稀释。

四、仪器和设备

(1)电泳仪。

(2)电泳槽。

(3)塑料盆。

(4)真空烤箱。

(5)放射自显影盒。

(6)X-光片。

(7)杂交袋。

(8)硝酸纤维素滤膜或尼龙膜。

(9)滤纸。

(10)Parafilm 蜡膜。

五、实验步骤

(1)约 50μL 体积中酶切 $1\times10^{-5}\sim10\mu g$ 的 DNA，然后在琼脂糖凝胶中电泳 12~24h(包括 DNA 分子量标准物)。

(2)500mL 水中加入 25μL 10mg/mL EB，将凝胶放置其中染色 30min，然后照相。

(3)依次用下列溶液处理凝胶，并轻微摇动：500mL 0.2mol/L HCl 10min，倾去溶液(如果限制性片段>10kb，酸处理时间为 20min)，用水清洗数次，倾去溶液；500mL 变性溶液两次，每次 15min，倾去溶液；500mL 中和溶液 30min。如果使用尼龙膜杂交，本步可以省略。

(4)戴上手套，在盘中加 20× SSC 液，将硝酸纤维素滤膜先用无菌水完全湿透，再在 20× SSC 浸泡。将硝酸纤维素滤膜一次准确地盖在凝胶上，去除气泡。用浸过 20× SSC 液的 3 层滤纸盖住滤膜，然后加上干的 3 层滤纸和干纸巾，根据 DNA 复杂程度转移 2~12h。当使用尼龙膜杂交时，该膜用水浸润一次即可，转移时用 0.4mol/L NaOH 代替 20× SSC。简单的印迹转移 2~3h，对于基因组印迹，一般需要较长时间的转移。

(5)去除纸巾等，用蓝色圆珠笔在滤膜右上角记下转移日期，做好记号，取出滤膜，在 2× SSC 中洗 5min，凉干后在 80℃ 中烘烤 2h。注意在使用尼龙膜杂交时，只能空气干燥，不得烘烤。

(6)将滤膜放入含 6~10mL 预杂交液的密封小塑料袋中，将预杂交液加在袋的底部，前后挤压小袋，使滤膜湿透。在一定温度下(一般为 37~42℃)预杂交 3~12h，弃去预杂交液。

(7)制备同位素标记探针，探针煮沸变性 5min。

(8)在杂交液中加入探针，混匀。如步骤(6)将混合液注入密封塑料袋中，在与预杂交相同温度下杂交 6~12h。

(9)取出滤膜，依次用下列溶液处理，并轻轻摇动：在室温下，1× SSC/0. 1% SDS，15min，两次。在杂交温度下，0. 25× SSC/0. 1% SDS，15min，两次。

(10)空气干燥硝酸纤维素滤膜，然后在 X 光片上曝光。通常曝光 1~2d 后可见 DNA 谱带。对于≥108cpm/μg 从缺口平移所得探针，可很容易地从 10μg 哺乳动物 DNA 中检测到 1×10^{-5}μg 的单拷贝基因。

六、注意事项

(1)转移用的硝酸纤维素滤膜要预先在双蒸水中浸泡使其湿透，否则会影响转膜效果；不可用手触摸硝酸纤维素滤膜，否则影响 DNA 的转移及与膜的结合。

(2)转移时，凝胶的四周用 Parafilm 蜡膜封严，防止在转移过程中产生短路，影响转移效率，同时注意硝酸纤维素滤膜与凝胶及滤纸间不能留有气泡，以免影响转移。

(3)注意同位素的安全使用。

思考题

电泳后发现凝胶中 DNA 扩散，导致结果难以确定，如何解决这一问题？

实验 9 猪肉制品中植物成分定性 PCR 检测

一、实验目的

通过对动物性成分的鉴定，进一步熟悉 PCR 扩增技术和琼脂糖凝胶电泳的过程。

二、实验原理

样品经过提取 DNA 后，针对植物特异基因的序列设计引物，通过 PCR 技术，特异性扩增植物基因的 DNA 片段，根据 PCR 扩增结果，判断该样品中是否含有植物成分。

三、材料和试剂

除另有规定外，所用试剂为分析纯或生化试剂，水为符合 GB/T 6682—2016 规定的一级水。

(1)引物：检测猪肉制品内源和外源基因的引物及其信息见表 5-3。

表5-3　猪肉制品内、外源基因所需的引物信息

检测基因	引物序列	PCR产物大小/bp	基因性质	适用范围
tRNA Leu	正：5′-CGAAATCGGTAGACGCTACG-3′ 反：5′-TTCCATTGAGTCTCTGCACCT-3′	193	植物叶绿体	猪肉制品
mitochondrion	正：5′-AAGTTAGAGATCGGGAGCCTAA-3′ 反：5′-AAGGTGACAATAGGTAGTCC-3′	264	猪内源线粒体基因	猪肉制品

(2)琼脂糖(电泳纯)，Tris饱和酚，三氯甲烷，冰乙酸，无水乙醇，异戊醇，异丙醇，氢氧化钠，盐酸，TE缓冲液，蔗糖，溴酚蓝，乙酸钠，苯酚-三氯甲烷-异戊醇(25+24+1)，三氯甲烷-异戊醇(24+1)。

(3)乙酸钠溶液：3mol/L乙酸钠溶液，乙酸调节pH为5.2。

(4)1×TAE缓冲液：取50×TAE(242g Tris，57.1mL冰乙酸，100mL 0.5mol/L Na_2EDTA，用HCl或NaOH调节pH至8.0，定容至1L)按比例稀释。

(5)TE缓冲液：Tris 0.01mol/L，Na_2EDTA 0.001mol/L，用HCl或NaOH调节pH至8.0。

四、仪器和设备

(1)PCR仪。

(2)电泳仪。

(3)凝胶成像系统。

(4)离心机。

(5)涡旋振荡器。

(6)分析天平：感量为0.1g。

(7)微量可调移液器：0.5、2、10、20、100、200、1 000μL。

(8)紫外分光光度计。

五、实验步骤

1. 模板DNA的提取

(1)对照：

阳性对照：猪基因组DNA、植物基因组DNA；

阴性对照：已知以不含该基因的样品提取的DNA；

空白对照：双蒸水。

(2)提取步骤：

a. 样品DNA提取时设双平行；

b. 将样品粉碎，取适量样品放入2.0mL离心管，加入400μL TE缓冲液，于65℃水浴中溶解10min，上下颠倒混匀；

c. 加入与溶液等体积苯酚-三氯甲烷-异戊醇(25+24+1)，摇晃振摇10min；

d. 12 000r/min室温离心10min，将上清液转移至另一干净的1.5mL离心管中；

e. 加入上清液等体积三氯甲烷-异戊醇(24+1)，摇晃混匀10min；

f. 12 000r/min 室温离心 10min，小心吸取上清液；

g. 加入上清液 1/10 体积乙酸钠溶液，2~2.5 倍体积经-20℃预冷的无水乙醇，颠倒混匀后-20℃静置 1h；或加入等体积异丙醇，混匀后室温静置 10min；

h. 12 000r/min 室温离心 10min，弃去上清液；

i. 70%乙醇洗涤沉淀 2~3 次，干燥 DNA；

j. 50μL 0.1×TE 溶解沉淀，4℃保存。

2. DNA 质量的测定

样品中提取的 DNA 质量的测定用紫外分光光度计进行测定。取适量 DNA 溶液加 TE 缓冲液进行稀释，用紫外分光光度计分别测定 260nm 和 280nm 的吸光值，从而得到 DNA 的浓度。

DNA 浓度计算：

$$C=\frac{A\times N\times 50}{1\ 000} \tag{5-1}$$

式中 C——DNA 浓度，μg/μL；

A——260nm 处的吸光值；

N——核酸稀释倍数。

当 A_{260}/A_{280} 比值在 1.4 以上时，可用于 PCR 扩增，1.7~2.0 之间时，PCR 扩增效果好。

3. PCR 扩增

(1) PCR 反应体系：检测肉制品内、外源基因的 PCR 反应体系见表 5-4。每个反应体系应设置两个平行反应。同时设置阳性对照、阴性对照和空白对照。

(2) PCR 反应循环参数见表 5-5。

表 5-4 PCR 反应体系

试剂名称	储备液浓度	加入 PCR 反应体系的体积/μL
10×PCR 反应缓冲液	—	2.5
$MgCl_2$	25mmol/L	2.5
dNTP 混合液	2.5mmol/L	2.0
引物	20pmol/μL	正反向各 0.25
Taq 酶	5U/μL	0.15
模板 DNA	0.1~0.2μg/μL	1
双蒸水	—	补足反应体系总体积为 25

表 5-5 各基因检测 PCR 反应条件

基因	变性	扩增	循环数	后延伸
植物叶绿体 tRNA Leu 基因	94℃/5min	94℃/30s 60℃/30s 72℃/30s	35	72℃/5min

（续）

基因	变性	扩增	循环数	后延伸
猪内源基因	94℃/5min	94℃/30s 54℃/30s 72℃/30s	35	72℃/5min

4. PCR 扩增产物电泳检测

将适量的琼脂糖加入 1×TAE 缓冲液，配置成浓度为 2%（质量浓度）的溶液，加热溶解，然后加入 EB 溶液至最终浓度 0.5μg/mL 混匀，稍适冷却后，倒入电泳板上，插上梳板，室温下凝固后，放入盛 1×TAE 缓冲液的电泳槽中，轻轻垂直向上拔出梳板。在每个泳道中加入适量的 PCR 产物与上样缓冲液的混合液（10~20μL PCR 产物与上样缓冲液 2μL 混合），其中一个泳道中加入 DNA 分子质量标准品 5μL，接通电源电泳，按 2V/cm 的电压电泳至溴酚蓝迁移至 3~5cm 处结束。凝胶成像仪观察并分析记录。

六、结果处理

1. 内源基因的检测

用针对猪内源基因设计的引物对样品 DNA 提取液进行 PCR 测试，以猪肉 DNA 为阳性对照，阳性对照和待测样品均应被扩增出 264bp 的 PCR 产物。如未见有该 PCR 扩增产物，则说明 DNA 提取质量有问题，或 DNA 提取液中有抑制 PCR 反应的因子存在，应重新提取 DNA，直到扩增出该 PCR 产物。

2. 植物基因的检测

对样品 DNA 提取液进行植物特异基因的 PCR 测试，以植物 DNA 作为阳性对照，如果阴性对照和空白对照未出现扩增条带，阳性对照和待测样品均出现预期大小的扩增条带（扩增片段大小为 193bp），则可初步判定待测样品中含有可疑的植物成分，应进一步进行确认实验，依据确认实验的结果最终报告；如果待测样品未出现 PCR 扩增产物，则可断定待测样品中不含有植物成分。

3. 确证实验

当 PCR 检测结果为阳性时，可通过实时荧光 PCR 方法或其他方法（如测序比对）进行确证实验。

七、注意事项

（1）移液器吸头、PCR 微量管都要经过高压灭活。

（2）实验中使用的引物和 dNTP 应分装贮存，分装时应标明分装时间，以备发生污染时及时查找原因和追溯污染源头。

思考题

PCR 循环次数是否越多越好？为何？

实验10　食品中动物源性成分、过敏原成分、转基因成分实时荧光PCR检测

一、实验目的

学习和掌握检测食品中动物源性成分、过敏原成分和转基因成分的原理和方法操作。

二、实验原理

提取样品DNA后，通过实时荧光PCR技术对样品DNA进行筛选基因或结构基因特异性片段扩增，根据实时荧光扩增曲线，判断该样品中是否含有动物源性成分、过敏原成分、转基因成分。

三、材料和试剂

1. 材料

肉制品、含过敏原成分的食品、植物及其加工品。

2. 试剂

(1)CTAB裂解液(以200mL为例)：称取Tris-HCl(100mmol/L)3.15g，NaCl(1.4mol/L)16.38g，EDTA(20mmol/L)1.17g，CTAB(2%)4g于500mL无菌烧杯中，加水至200mL，在磁力搅拌器上搅拌溶解，并调pH为8.0后，定容至200mL，高压蒸汽灭菌。

(2)蛋白酶K。

(3)β-巯基乙醇

(4)氯仿-异戊醇(24+1，以100mL为例)：用无菌量筒量取96mL氯仿于无菌试剂瓶中，用移液枪加入4mL异戊醇，摇晃混匀。

(5)70%乙醇(以100mL为例)：用无菌量筒量取70mL无水乙醇于无菌试剂瓶中，加入30mL无菌的去离子水，摇晃混匀。

四、仪器和设备

(1)研钵。

(2)500mL烧杯。

(3)磁力搅拌器。

(4)高压蒸汽灭菌锅。

(5)量筒：100mL。

(6)移液枪：5mL。

(7)离心管：2mL。

(8)钢珠。

(9)样品破碎仪。
(10)涡旋振荡器。
(11)离心机。
(12)超净工作台。

五、实验步骤

1. 样品预处理

取适量样品于灭菌研钵或合适的粉碎装置中，将样品粉碎成粉末状或较细小的颗粒状。

2. DNA 提取

(1)取 100mg 样品与 2mL 离心管中，加入钢珠，放入样品破碎仪破碎均匀(一般 50r/min，3~5min，破碎至为糊状或糜状即可)。

(2)加入 1mL CTAB 裂解液，20μL β-巯基乙醇(经无菌滤膜过滤过)，2. 5μL 蛋白酶 K，涡旋振荡 30s。

(3)混匀后 65℃，1 000r/min 振荡 30min(注意：离心管要封好口，以防水浴过程中崩开)。

(4)取出冷却至室温后，12 000r/min 离心 5min。

(5)取离心后的上清于洁净 2mL 离心管中，加入 400μL 氯仿-异戊醇(24+1)，涡旋振荡 30s(注意：取上清时要极其小心，宁可少取，以避免取到中间层白色物质)。

(6)12 000r/min 离心 5min，取上清[若上清有颜色，则重复步骤(5)一次]于 1. 5mL 洁净离心管中，加入 0. 8 倍体积-20℃预冷的异丙醇，涡旋振荡 30s，放入-20℃冰箱静置 30min(注意：取上清时要极其小心，宁可少取，以避免取到中间层的白色物质)。

(7)12 000r/min 离心 5min，弃上清。

(8)向沉淀中加入 1mL 4℃预冷的 70%乙醇，倾斜离心管，轻轻转动数圈后，4℃，12 000r/min 离心 10min，小心弃去上清液。

(9)重复步骤(8)一次。

(10)在超净工作台内，倒置离心管于吸水纸上 15~20min。

(11)待干燥完全后，加入 100μL 无菌水，小转速涡旋振荡混匀，-20℃保存。

注：也可采用具有相同效果的基因组 DNA 提取试剂盒进行 DNA 提取。

3. 引物及探针序列信息(表 5-6~表 5-8)

表 5-6　动物源性成分检测引物及探针序列信息

成分名称		引物探针序列 5′-3′
猪	PORK-BJP	FAM-CTTCGCCTTCCACTTTATCCTGCCATTC-TAMRA
	PORK-F	CGACAAAGCAACCCTCACAC
	PORK-R	TGCGAGGGCGGTAATGAT
牛	COW-BJP	FAM-CCAGCCAATCCACTCAACACACCC-TAMRA
	COW-F	CTCCTCGGAGACCCAGATAAC
	COW-R	AGAAGTATCACTCGGGTTTG

（续）

成分名称		引物探针序列 5′-3′
羊	SHEEP-BJP	TCTTCCTCCACGAAACAGGATCCAACA
	SHEEP-F	CAGCCCTCGCCATAGTTCAC
	SHEEP-R	AGGGTGGAAGGGAATTTTATCTG

表 5-7　过敏原成分检测引物及探针序列信息

成分名称		引物探针序列 5′-3′
真核生物	18S-BJP	CCGTTTCTCAGGCTCCCTCTCCGGAATCGAACC
	18S-F	TCTGCCCTATCAACTTTCGATGGTA
	18S-R	AATTTGCGCGCCTGCTGCCTTCCTT
花生	HS-BJP	AGCTCAGGAACTTGCCTCAACAGTGCG
	HS-F	GCAACAGGAGCAACAGTTCAAG
	HS-R	CGCTGTGGTGCCCTAAGG
腰果	AnaO3-BJP	ACAGAAGGTGCCGCTGCCAGAA
	AnaO3-F	TGCCAGGAGTTGCAGGAAGT
	AnaO3-R	GCTGCCTCACCATTTGCTCTA
开心果	KXG-BJP	CAGAAGCATACGACCGACACCCGAC
	KXG-F	GTGCCTCCACCCGTGCTT
	KXG-R	AACGACGGGGCAATCGCAT
胡桃	Jugr2-BJP	TTGTGCCTCTGTTGCTCCTCTTCCC
	Jugr2-F	CGCGCAGAGAAAGCAGAG
	Jugr2-R	GACTCATGTCTCGACCTAATGCT
胡萝卜	HLB-BJP	TCAAAACAGCCTTGAAAAACCCCACCA
	HLB-F	CGACAAGCAAGCTTTACTCCAA
	HLB-R	CGTCTGACACCCATGAGTCTGT
榛果	oleosin-BJP	TCCCGTTCTCGTCCCTGCGGT
	oleosin-F	CCCCGCTGTTTGTGATAT
	oleosin-R	ATGATAATAAGCGATACTGTGAT
杏仁	Prudul-BJP	TCCATCAGCAGATGCCACCAAC
	Prudul-F	TTTGGTTGAAGGAGATGCTC
	Prudul-R	TAGTTGCTGGTGCTCTTTATG
虾	XIA-BJP	AGACTAATGATTATGCTACCTTCGCACGGTC
	XIA-F	AAGTCTAGCCTGCCCACTG
	XIA-R	GTCCAACCATTCATACAAGCC

（续）

成分名称		引物探针序列 5′-3′
蟹	XIE-BJP	TCTTTATTGCTTTACCATCCCTTCGCTT
	XIE-F	CAACTCCCTCATTAACCGCTAT
	XIE-R	TTGCATCGGCTTTAATACCTAA
鱼	FISH-BJP	TTTACGACCTCGATGTTGGA
	FISH-F	ATAACAGCGCAATCCTCTCCC
	FISH-R	GCTGCACCATTAGGATGTCCT
芝麻	Albumin-BJP	TCGCAGGTGCAACATGCGACC
	Albumin-F	CCAGAGGGCTAGGGACCTTC
	Albumin-R	CTCGGAATTGGCATTGCTG
小麦	GAG56D-BJP	TTCCCGCAGCCCCAACAACCGC
	GAG56D-F	CAACAATTTTCTCAGCCCCAACA
	GAG56D-R	TTCTTGCATGGGTTCACCTGTT
	Wx012-BJP	CAAGGCGGCCGAAATAAGTTGCC
	Wx012-F	GTCGCGGGAACAGAGGTGT
	Wx012-R	GGTGTTCCTCCATTGCGAAA
麸质-大麦	Hordein-BJP	TCCTCCAGCAGCAGTGCAGCCCT
	Hordein-F	AACAGCTAAACCCATGCAAGGTA
	Hordein-R	GTTCGGGGATTTGGGGTAGTTG
麸质-小麦	Gliadin-BJP	CATGCCGACACACATCAAGGTTGAC
	Gliadin-F	CCCAAAGTACGACGCAACGAC
	Gliadin-R	GGATTCGGTTATGCCTTCGTG
麸质-黑麦	Secl-BJP	TCACACCAACCATTTCCCACACCGC
	Secl-F	AAAAGAACAATCATATCCGCAGCA
	Secl-R	GAATTGGCTGTTGGGGCTGG
麸质-燕麦	Avenin-BJP	CCCACCGCAGTGCCCTGTCGC
	Avenin-F	CGGCGATGTGCGATGTATACG
	Avenin-R	AGCCCTTGTAGTGTTCTTAGAAGC
芹菜	QC-BJP	ATTACATGCTGAGTCACGATGAGCGTGTACTG
	QC-F	TTTGATCCACCGACTTACAGCC
	QC-R	ATAAAAACAGATAACGCTGACTCATCAC
芥末	Sin-BJP	CAGGGHCCACAGCAGAGACCA/GCC
	Sin-F	TGAGTTTGAT/GTTTGAAGACGAT/CATGG
	Sin-R	TGTRTAACSGCTTTGGATGCTC

（续）

成分名称		引物探针序列 5′-3′
羽扇豆	YSD-BJP	CCCCTCGTGTCAGGAGGCGC
	YSD-F	CCTCACAAGCAGTGCGA
	YSD-R	TTGTTATTAGGCCAGGAGGA
荞麦	QM-BJP	CGGGACGCGCTTC
	QM-F	CGCCAAGGACCACGAACAGAAG
	QM-R	CGTTGCCGAGAGTCGTTCTGTTT
大豆	Lectin-BJP	AGCTTCGCCGCTTCCTTCAACTTCAC
	Lectin-F	GCCCTCTACTCCACCCCCA
	Lectin-R	GCCCATCTGCAAGCCTTTTT

表 5-8　植物转基因成分检测引物及探针序列信息

成分名称		引物探针序列 5′-3′
18S rRNA 植物内源基因	18S-BJP	TGCGCGCCTGCTGCCTTCCT
	18S-F	CCTGAGAAACGGCTACCA
	18S-R	CGTGTCAGGATTGGGTAAT
油菜内源基因	HMG-BJP	CGGAGCCACTCGGTGCCGCAACTT
	HMG-F	GGTCGTCCTCCTAAGGCGAAAG
	HMG-R	CTTCTTCGGCGGTCGTCCAC
玉米内源基因	adh1-BJP	AATCAGGGCTCATTTTCTCGCTCCTCA
	adh1-F	CGTCGTTTCCCATCTCTTCCTCC
	adh1-R	CCACTCCGAGACCCTCAGTC
番茄内源基因	LAT52-BJP	CTCTTTGCAGTCCTCCCTTGGGCT
	LAT52-F	AGACCACGAGAACGATATTTGC
	LAT52-R	TTCTTGCCTTTTCATATCCAGACA
大豆内源基因	lectin-BJP	CCCTCGTCTCTTGGTCGCGCCCTCT
	lectin-F	CCTCCTCGGGAAAGTTACAA
	lectin-R	GGGCATAGAAGGTGAAGTT
水稻内源基因	PLD-BJP	TGTTGTGCTGCCAATGTGGCCTG
	PLD-F	TGGTGAGCGTTTTGCAGTCT
	PLD-R	CTGATCCACTAGCAGGAGGTCC
马铃薯内源基因	UGPase-BJP	CTACCACCATTACCTCGCACCTCCTCA
	UGPase-F	GGACATGTGAAGAGACGGAGC
	UGPase-R	CCTACCTCTACCCCTCCGC

（续）

成分名称		引物探针序列 5′-3′
棉花内源基因	SAH7-BJP	AAACATAAAATAATGGGAACAACCATGACATGT
	SAH7-F	AGTTTGTAGGTTTTGATGTTACATTGAG
	SAH7-R	GCATCTTGAACCGCCTACTG
甜菜内源基因	GluA3-BJP	CTACGAAGTTTAAAGTATGTGCCGCTA
	GluA3-F	GACCTCCATATTACTGAAAGGAAG
	GluA3-R	GAGTAATTGCTCCATCCTGTTTCA
小麦内源基因	GAG56D-BJP	TTCCCGCAGCCCCAACAACCGC
	GAG56D-F	CAACAATTTTCTCAGCCCCAACA
	GAG56D-R	TCTTGCATGGGTTCACCTGTT
转基因成分	CaMV35S-BJP	TGGACCCCCACCCACGAGGAGCATC
	CaMV35S-F	CGACAGTGGTCCCAAAGA
	CaMV35S-R	AAGACGTGGTTGGAACGTCTTC
转基因成分	NOS-BJP	CATCGCAAGACCGGCAACAGG
	NOS-F	ATCGTTCAAACATTTGGCA
	NOS-R	ATTGCGGGACTCTAATCATA
转基因成分	EPSPS-BJP	CCGCGTGCCGATGGCCTCCGCA
	EPSPS-F	CCGACGCCGATCACCTA
	EPSPS-R	GATGCCGGGCGTGTTGAG

4. 反应体系和上机反应条件（表 5-9）

表 5-9　实时荧光 PCR 反应体系及反应条件

总体积	20μL	F	0.4μL（10μmol/L）
Probe qPCR Mix	10μL	R	0.4μL（10μmol/L）
ROX	0.4μL	水	6.4μL
探针	0.4μL（10μmol/L）	模板	2μL
反应条件	50℃ 2min，95℃ 10min；95℃ 15s，60℃ 1min，40 个循环		

六、结果处理

1. 动物源性成分检测结果判定

测试样品检测 Ct 值≥40，则可判定该样品不含所检测的基因。

测试样品检测 Ct 值≤36，则可判定该样品含有所检测的基因。

测试样品检测 Ct 值在 36~40，应调整模板浓度，重做实时荧光 PCR。再次扩增后的外源基因检测 Ct 值仍小于 40，则可判定为该样品含有所检基因。再次扩增后外源基因检测 Ct 值≥40，则可判定为该样品不含所检测的基因。

2. 过敏原成分检测结果判定

空白对照、阴性对照无荧光对数增长；阳性对照、内参照有荧光对数增长，且荧光通道出现典型的扩增曲线，相应的 Ct 值<30。符合上述时，如 Ct 值≤35，则判定为被检样品阳性；如 Ct 值≥40，则判定为被检样品阴性；如 Ct 值在 35~40，则重复一次。如再次扩增后 Ct 值仍<40，则判定被检样品阳性；如再次扩增后 Ct 值≥40，则判定被检样品阴性。

3. 转基因成分检测结果判定

测试样品检测 Ct 值≥40，内源基因检测 Ct 值≤30，则可判定该样品不含所检测的基因。

测试样品检测 Ct 值≤36，内源基因检测 Ct 值≤30，则可判定该样品含有所检测的基因。

测试样品检测 Ct 值在 36~40，应调整模板浓度，重做实时荧光 PCR。再次扩增后的外源基因检测 Ct 值仍<40，则可判定为该样品含有所检测的基因。再次扩增后外源基因检测 Ct 值≥40，则可判定为该样品不含所检测的基因。

七、注意事项

(1)实验室分区：样品处理区、定量 PCR 反应制备区、扩增区。
(2)标准品的稀释最好使用独立的一套移液器。
(3)移液器使用带滤芯的枪头。
(4)先加阴性对照，后加样品，再由低浓度到高浓度加标准品，最后加阳性对照。
(5)反应后的 PCR 管应当直接废弃，切不可在实验区域内开启。
(6)PCR 管/8 联管/板上不可用记号笔标记。
(7)PCR 管/8 联管/板使用光学平盖或光学膜，不要用手触摸盖或膜表面。
(8)PCR 管或 8 联管要对称放置。

思考题

1. 造成重复性差的原因有哪些？
2. 如何判断扩增曲线是真正的扩增？

实验 11　致泻大肠埃希氏菌 PCR 试验

一、实验目的

掌握食品中致泻大肠埃希氏菌的检验方法。

二、实验原理

大肠埃希氏菌(*Escherichia coli*)通常被称为大肠杆菌，在相当长的一段时间内，一直被当作正常肠道菌群的组成部分，认为是非致病菌。直到 20 世纪中叶，才认识到一些特殊血清型的大肠杆菌对人和动物有病原性，尤其对婴儿和幼畜(禽)，常引起严重腹泻和败血症，它是一种普通的原核生物，根据不同的生物学特性将致病性大肠杆菌分为六类：肠致病性大肠杆菌(EPEC)、产肠毒性大肠杆菌(ETEC)、肠侵袭性大肠杆菌(EIEC)、肠出血性大肠杆菌(EHEC)、肠集聚性大肠杆菌(EAEC)和弥散黏附性大肠杆菌(DAEC)。

利用 PCR 反应扩增相关分型基因片段，通过琼脂糖凝胶电泳结果进行区分。

三、材料和试剂

营养肉汤，肠道菌增菌肉汤，麦康凯琼脂(MAC)，伊红美蓝琼脂(EMB)，三糖铁(TSI)琼脂，氰化钾(KCN)培养基，革兰染色液，BHI 肉汤，福尔马林，鉴定试剂盒，灭菌去离子水，生理盐水，TE，PCR 扩增试剂，引物，50×TAE 电泳缓冲液，琼脂糖，EB，Marker。

四、仪器和设备

(1)恒温培养箱。
(2)冰箱。
(3)恒温水浴锅。
(4)电子天平。
(5)显微镜。
(6)均质器。
(7)无菌吸管。
(8)无菌均质袋。
(9)无菌培养皿。
(10)pH 计
(11)微量离心管。
(12)接种环。
(13)低温高速离心机。
(14)微生物鉴定系统。
(15)PCR 仪。
(16)移液器。
(17)8 联排管和 8 联排盖。
(18)电泳仪。
(19)凝胶成像仪。

五、实验步骤

1. 样品制备

(1)固体或半固态样品：以无菌操作称取检样 25g，加入装有 225mL 营养肉汤的均质杯中，用旋转刀片式均质器以 8 000～10 000r/min 均质 1～2min；或加入装有 225mL 营养肉汤的均质袋中，用拍击式均质器均质 1～2min。

(2)液态样品：以无菌操作量取检样 25mL，加入装有 225mL 营养肉汤的无菌锥形瓶(瓶内可预置适当数量的无菌玻璃珠)，振荡混匀。

2. 增菌

将上述制备的样品匀液于(36±1)℃培养 6h。取 10μL，接种于 30mL 肠道菌增菌肉汤管内，于(42±1)℃培养 18h。

3. 分离

将增菌液划线接种 MAC 和 EMB 琼脂平板，于(36±1)℃培养 18～24h，观察菌落特征。在 MAC 琼脂平板上，分解乳糖的典型菌落为砖红色至桃红色，不分解乳糖的菌落为无色或淡粉色；在 EMB 琼脂平板上，分解乳糖的典型菌落为中心紫黑色带或不带金属光泽，不分解乳糖的菌落为无色或淡粉色。

4. 生化试验

(1)选取平板上可疑菌落 10～20 个(10 个以下全选)，应挑取乳糖发酵，以及乳糖不发酵和迟缓发酵的菌落，分别接种 TSI 斜面。同时将这些培养物分别接种蛋白胨水、尿素琼脂(pH 7.2)和 KCN 肉汤。于(36±1)℃培养 18～4 h。

(2)TSI 斜面产酸或不产酸，底层产酸，靛基质阳性，H_2S 阴性和尿素酶阴性的培养物为大肠埃希氏菌。TSI 斜面底层不产酸，或 H_2S、KCN、尿素有任一项为阳性的培养物，均非大肠埃希氏菌。必要时做革兰染色和氧化酶试验。大肠埃希氏菌为革兰氏阴性杆菌，氧化酶阴性。

(3)如选择生化鉴定试剂盒或微生物鉴定系统，可从营养琼脂平板上挑取经纯化的可疑菌落用无菌稀释液制备成浊度适当的菌悬液，使用生化鉴定试剂盒或微生物鉴定系统进行鉴定。

5. PCR 确认试验

(1)取生化反应符合大肠埃希氏菌特征的菌落进行 PCR 确认试验。

(2)使用 1μL 接种环刮取营养琼脂平板或斜面上培养 18～24h 的菌落，悬浮在 200μL 0.85%灭菌生理盐水中，充分打散制成菌悬液，于 13 000r/min 离心 3min，弃掉上清液。加入 1mL 灭菌去离子水充分混匀菌体，于 100℃水浴或者金属浴维持 10min；冰浴冷却后，13 000r/min 离心 3min，收集上清液；按 1∶10 的比例用灭菌去离子水稀释上清液，取 2μL 作为 PCR 检测的模板；所有处理后的 DNA 模板直接用于 PCR 反应或暂存于 4℃并当天进行 PCR 反应；否则，应在-20℃以下保存备用(1 周内)。也可用细菌基因组提取试剂盒提取细菌 DNA，操作方法按照细菌基因组提取试剂盒说明书进行。

(3)每次 PCR 反应使用 EPEC、EIEC、ETEC、STEC/EHEC、EAEC 标准菌株作为阳性对照。同时，使用大肠埃希氏菌 ATCC 25922 或等效标准菌株作为阴性对照，以灭菌去离子水作为空白对照，控制 PCR 体系污染。致泻大肠埃希氏菌特征性基因见表 5-10。

表 5-10　五种致泻大肠埃希氏菌特征基因

致泻大肠埃希氏菌类别	特征性基因	
EPEC	*escV* 或 *eae*、*bfpB*	*uidA*
STEC/EHEC	*escV* 或 *eae*、*stx* 1、*stx* 2	
EIEC	*invE* 或 *ipaH*	
ETEC	*lt*、*stp*、*sth*	
EAEC	*astA*、*aggR*、*pic*	

(4)PCR 反应体系配制：每个样品初筛需配置 12 个 PCR 扩增反应体系，对应检测 12 个目标基因，具体操作如下：使用 TE 溶液(pH 8.0)将合成的引物干粉稀释成 100μmol/L 贮存液。根据表 5-11 中每种目标基因对应 PCR 体系内引物的终浓度，使用灭菌去离子水配制 12 种目标基因扩增所需的 10×引物工作液(以 *uidA* 基因为例，如表 5-12)。将 10×引物工作液、10×PCR 反应缓冲液、25mmol/L $MgCl_2$、2.5mmol/L dNTPs、灭菌去离子水从-20℃冰箱中取出，融化并平衡至室温，使用前混匀；5U/μL *Taq* 酶在加样前从-20℃冰箱中取出。每个样品按照表 5-13 的加液量配制 12 个 25μL 反应体系，分别使用 12 种目标基因对应的 10×引物工作液。

表 5-11　五种致泻大肠埃希氏菌目标基因引物序列及每个 PCR 体系内的终浓度

引物名称	引物序列	菌株编号及对应 Genbank 编码	引物所在位置	终浓度 n/(μmol/L)	PCR 产物长度/bp
uidA-F	5′ - ATGCCAGTCCAGCGTTTTTGC-3′	*Escherichia coli* DH1Ec169 (accession no. CP012127.1)	1673870-1673890	0.2	1487
uidA-R	5′-AAAGTGTGGGTCAAT AATCAGGAAGTG-3′		1675356-1675330	0.2	
escV-F	5′ - ATTCTGGCTCTCTTC TTCTTTATGGCTG-3′	*Escherichia coli* E2348/69 (accession no. FM180568.1)	4122765-4122738	0.4	544
escV-R	5′-CGTCCCCTTTTACAA ACT-TCATCGC-3′		4122222-4122246	0.4	
eae-F	5′ - ATTACCATCCACACA GACGGT-3′	EHEC (accession no. Z11541.1)	2651-2671	0.2	397
eae-R	5′ - ACAGCGTGGTTGGAT CAACCT-3′		3047-3027	0.2	
bfpB-F	5′ - GACACCTCATTGCTGAAGTCG-3′	*Escherichia coli* E2348/69(accession no. FM180569.1)	3796-3816	0.1	910
bfpB-R	5′-CCAGAACACCTCCGT TAT-GC-3′		4702-4683	0.1	

（续）

引物名称	引物序列	菌株编号及对应 Genbank 编码	引物所在位置	终浓度 n/（μmol/L）	PCR 产物长度/bp
stx 1-F	5′ - CGATGTTACGGTTTGTTA CTGTGACAGC-3′	*Escherichia coli* EDL933（accession no. AE005174. 2）	2996445-2996418	0. 2	244
stx 1-R	5′ - AATGCCACGCTTCCCAGA ATTG-3′		2996202-2996223	0. 2	
stx 2-F	5′ - GTTTTGACCATCTTC GTC TGATTATTGAG-3′	*Escherichia coli* EDL933（accession no. AE005174. 2）	1352543-1352571	0. 4	324
stx 2-R	5′ - AGCGTAAGGCTTCTG CT-GTGAC-3′		1352866-1352845	0. 4	
lt-F	5′ - GAACAGGAGGTTTCT GC GTTAGGTG-3′	*Escherichia coli* E24377A（accession no. CP000795. 1）	17030-17054	0. 1	655
lt-R	5′-CTTTCAATGGCTTTT TTTT-GGGAGTC-3′		17684-17659	0. 1	
stp-F	5′ - CCTCTTTTAGYCAGA CA RCTGAATCASTTG-3′	*Escherichia coli* EC2173（accession no. AJ555214. 1）/*Escherichia coli* F7682（accession no. AY342057. 1）	1979-1950/14-43	0. 4	157
stp-R	5′ - CAGGCAGGATTACAA CA AAGTTCACAG-3′		1823-1849/170-144	0. 4	
sth-F	5′ - TGTCTTTTTCACCTTTCGC TC-3′	*Escherichia coli* E24377A（accession no. CP000795. 1	11389-11409	0. 2	171
sth-R	5′ - CGGTACAAGCAGGATTA-CAACAC-3′		11559-11537	0. 2	
invE-F	5′-CGATAGATGGCGAGA AAT TATATCCCG-3′	*Escherichia coli* serotype O164（accession no. AF283289. 1）	921-895	0. 2	766
invE-R	5′ - CGATCAAGAATCCCTAA-CAGAAGAATCAC-3′		156-184	0. 2	
ipaH-F	5′ - TTGACCGCCTTTCCG AT-ACC-3′	*Escherichia coli* 53638（accession no. CP001064. 1）	11471-11490	0. 1	647
ipaH-R	5′ - ATCCGCATCACCGCT CA-GAC-3′		12117-12098	0. 1	
aggR-F	5′-ACGCAGAGTTGCCTG ATA AAG-3′	*Escherichia coli* enteroaggregative 17-2（accession no. Z18751. 1）	59-79	0. 2	400
aggR-R	5′ - AATACAGAATCGTCA GC ATCAGC-3′		458-436	0. 2	

（续）

引物名称	引物序列	菌株编号及对应 Genbank 编码	引物所在位置	终浓度 n/(μmol/L)	PCR 产物长度/bp
pic-F	5′-AGCCGTTTCCGCAGA AGCC-3′	*Escherichia coli* 042 (accession no. AF097644. 1)	3700-3682	0. 2	1111
pic-R	5′-AAATGTCAGTGAACC GACGATTGG-3′		2590-2613	0. 2	
astA-F	5′ - TGCCATCAACACAGTATATCCG-3′	*Escherichia coli* ECOR33 (accession no. AF161001. 1)	2-23	0. 4	102
astA-R	5′-ACGGCTTTGTAGTCC TTCCAT-3′		103-83	0. 4	
16S rDNA-F	5′-GGAGGCAGCAGTGGG AATA-3′	*Escherichia coli* ST2747 (accession no. CP007394. 1)	149585-149603	0. 25	1062
16S rDNA-R	5′-TGACGGGCGGTGTGT ACAAG-3′		150645-150626	0. 25	

注：*escV* 和 *eae* 基因选作其中一个；*invE* 和 *ipaH* 基因选作其中一个；表中不同基因的引物序列可采用可靠性验证的其他序列代替。

表 5-12 每种目标基因扩增所需 10×引物工作液配制表

引物名称	体积/μL	引物名称	体积/μL
100μmol/L *uidA*-F	10×*n*	灭菌去离子水	100×(10×*n*)
100μmol/L *uidA*-R	10×*n*	总体积	100

注：*n*——每条引物在反应体系内的终浓度(详见表 5-11)。

表 5-13 五种致泻大肠埃希氏菌目标基因扩增体系配制表

试剂名称	加样体积/μL	试剂名称	加样体积/μL
灭菌去离子水	12. 1	10×引物工作液	2. 5
10×PCR 反应缓冲液	2. 5	5 U/μL *Taq* 酶	0. 4
25mmol/L $MgCl_2$	2. 5	DNA 模板	2. 0
2. 5mmol/L dNTPs	3. 0	总体积	25

(5)PCR 循环条件：预变性 94℃ 5min；变性 94℃ 30s，复性 63℃ 30s，延伸 72℃ 1. 5min，30 个循环；72℃延伸 5min。将配制完成的 PCR 反应管放入 PCR 仪中，核查 PCR 反应条件正确后，启动反应程序。

(6)称量 4. 0g 琼脂糖粉，加入至 200mL 的 1×TAE 电泳缓冲液中，充分混匀。使用微波炉反复加热至沸腾，直到琼脂糖粉完全融化形成清亮透明的溶液。待琼脂糖溶液冷却至 60℃左右时，加入 EB 至终浓度为 0. 5μg/mL，充分混匀后，轻轻倒入已放置好梳子的模具中，凝胶长度要大于 10cm，厚度宜为 3～5mm。检查梳齿下或梳齿间有无气泡，用一次性吸头小心排掉琼脂糖凝胶中的气泡。当琼脂糖凝胶完全凝结硬化后，轻轻拔出梳子，小心将胶块和胶床放入电泳槽中，样品孔放置在阴极端。向电泳槽中加入1×TAE 电泳缓冲液，液面高于胶面 1~2mm。将 5μL PCR 产物与 1μL 6×上样缓冲液混匀后，用微量移液器吸取混合液垂直伸入液面下胶孔，小心上样于孔中；阳性对照的 PCR 反应产物加入到最后一个泳道；第一个泳道中加入 2μL 分子量 Marker。接通电泳仪电源，根据公式：电压=电泳槽正负极间的距离(cm)×5V/cm 计算并设定电泳仪电压数值；启动电压开关，电泳开始以正负极铂金丝出现气泡为准。电泳 30~45min 后，切断电源。取出凝胶放入凝胶成像仪中观察结果，拍照并记录数据。

六、结果处理

电泳结果中空白对照应无条带出现，阴性对照仅有 *uidA* 条带扩增，阳性对照中出现所有目标条带，PCR 试验结果成立。根据电泳图中目标条带大小，判断目标条带的种类，记录每个泳道中目标条带的种类，在表 5-14 中查找不同目标条带种类及组合所对应的致泻大肠埃希氏菌类别。

表 5-14　五种致泻大肠埃希氏菌目标条带与型别对照表

致谢大肠埃希氏菌类别	目标条带的种类组合	
EAEC	*aggR*，*astA*，*pic* 中一条或一条以上阳性	*uidA*(+/-)
EPEC	*bfpB*(+/-)，*escV*(+)，*stx* 1(-)，*stx* 2(-)	
STEC/EHEC	*escV* (+/-)，*stx* 1(+)，*stx* 2(-)，*bfpB* (-) *escV* (+/-)，*stx* 1(-)，*stx* 2(+)，*bfpB* (-) *escV* (+/-)，*stx* 1(+)，*stx* 2(+)，*bfpB* (-)	
ETEC	*lt*，*stp*，*sth* 中一条或一条以上阳性	
EIEC	*invE* (+)	

注：在判定 EPEC 或 SETC/EHEC 时，*escV* 与 *eae* 基因等效；在判定 EIEC 时，*invE* 与 *ipaH* 基因等效；97%以上大肠埃希氏菌为 *uidA* 阳性。

根据生化试验、PCR 确认试验的结果，报告 25g(或 25mL)样品中检出或未检出某类致泻大肠埃希氏菌。

七、注意事项

(1)进行接种所用的吸管、平皿及培养基等必须经消毒灭菌，打开包装未使用完的器皿，不能放置后再使用，金属用具应高压灭菌或用 95%酒精点燃烧灼三次后使用。

(2)接种环和针在接种细菌前应经火焰烧灼全部金属丝，必要时还要烧到环和针与杆的连接处。

(3)处理和接种样品时，进入无菌间操作，不得随意出入，如需要传递物品，可通过小窗传递。

(4)经培养的污染材料及废弃物应放在严密的容器或铁丝筐内，并集中存放在指定地点，待统一进行高压灭菌。

思考题

1. 降低退火温度对反应有何影响?
2. PCR 循环次数是否越多越好？为何?

附：本实验培养基和试剂配制方法

A. 1　营养肉汤

A. 1. 1　成分

蛋白胨	10. 0g
牛肉膏	3. 0g
氯化钠	5. 0g
蒸馏水	1 000mL

A. 1. 2　制法

将以上成分混合加热溶解，冷却至25℃左右调节 pH 至 7. 4±0. 2，分装适当的容器，121℃高压灭菌 15min，备用。

A. 2　肠道菌增菌肉汤

A. 2. 1　成分

蛋白胨	10. 0g
葡萄糖	5. 0g
牛胆盐	20. 0g
磷酸氢二钠	8. 0g
磷酸二氢钾	2. 0g
煌绿	0. 015g
蒸馏水	1 000mL

A. 2. 2　制法

将以上成分混合加热溶解，冷却至25℃左右调节 pH 至 7. 2±0. 2，分装每瓶 30mL，115℃灭菌 20min，备用。

A. 3　麦康凯琼脂(MAC)

A. 3. 1　成分

蛋白胨	20. 0g
乳糖	10. 0g
3 号胆盐	1. 5g
氯化钠	5. 0g
中性红	0. 03g
结晶紫	0. 001g
琼脂	15. 0g
蒸馏水	1 000mL

A. 3. 2 制法

将以上成分混合加热溶解，冷却至25℃左右调节pH至7. 2±0. 2，121℃高压灭菌15min，冷却至45~50℃，倾注平板。

注：如不立即使用，在2~8℃条件下可贮存两周。

A. 4 伊红美蓝(EMB)琼脂

A. 4. 1 成分

蛋白胨	10. 0g
乳糖	10. 0g
磷酸氢二钾	2. 0g
琼脂	15. 0g
2%伊红Y水溶液	20. 0mL
0. 5%美蓝水溶液	13. 0mL
蒸馏水	1 000mL

A. 4. 2 制法

在1 000mL蒸馏水中煮沸溶解蛋白胨、磷酸盐和乳糖，加水补足，冷却至25℃调节pH至7. 1±0. 2，再加入琼脂，121℃高压灭菌15min，冷却至45~50℃，加入2%伊红Y水溶液和0. 5%美蓝水溶液，摇匀，倾注平板。

A. 5 三糖铁琼脂(TSI)

A. 5. 1 成分

蛋白胨	20. 0g
牛肉浸膏	5. 0g
乳糖	10. 0g
蔗糖	10. 0g
葡萄糖	1. 0g
硫酸亚铁铵	0. 2g
氯化钠	5. 0g
硫代硫酸钠	0. 2g
酚红	0. 025g
琼脂	12. 0g
蒸馏水	1 000mL

A. 5. 2 制法

除酚红和琼脂外，将其他成分加于400mL蒸馏水中，搅拌均匀，静置约10min，加热使其完全溶化，冷却至25℃调节pH至7. 4±0. 2。另将琼脂加于600mL蒸馏水中，静置约10min，加热使其完全溶化。将两溶液混合均匀，加入5%酚红水溶液5mL，混匀，分装小号试管，每管约3mL，于121℃高压灭菌15min，制成高层斜面，冷却后呈橘红色。如不立即使用，在2~8℃条件下可贮存一个月。

A. 6 蛋白胨水、靛基质试剂

A. 6. 1 成分

胰蛋白胨	20. 0g

氯化钠	5.0g
蒸馏水	1 000mL

A.6.2　制法

将以上成分混合加热溶解，冷却至 25℃左右调节 pH 至 7.4±0.2，分装小试管，121℃高压灭菌 15min，备用。

注：此试剂在 2~8℃条件下可贮存一个月。

A.6.3　靛基质试剂

A.6.3.1　柯凡克试剂：将 5g 对二甲氨基苯甲醛溶解于 75mL 戊醇中，然后缓慢加入浓盐酸 25mL。

A.6.3.2　欧-波试剂：将 1g 对二甲氨基苯甲醛溶解于 95mL 95%乙醇内，然后缓慢加入浓盐酸 20mL。

A.6.4　试验方法

挑取少量培养物接种，在 36℃±1℃培养 1~2d，必要时可培养 4~5d。加入柯凡克试剂约 0.5mL，轻摇试管，阳性者于试剂层呈深红色；或加入欧-波试剂约 0.5mL，沿管壁流下，覆盖于培养液表面，阳性者于液面接触处呈玫瑰红色。

A.7　半固体琼脂

A.7.1　成分

蛋白胨	1.0g
牛肉膏	0.3g
氯化钠	0.5g
琼脂	0.3~0.5g
蒸馏水	100.0mL

A.7.2　制法

按以上成分配好，加热溶解，冷却至 25℃左右调节 pH 至 7.4±0.2，分装小试管。121℃灭菌 15min，直立凝固备用。

A.8　尿素琼脂

A.8.1　成分

蛋白胨	1.0g
氯化钠	5.0g
葡萄糖	1.0g
磷酸二氢钾	2.0g
0.4%酚红	3.0mL
琼脂	20.0g
20%尿素溶液	100.0mL
蒸馏水	1 000mL

A.8.2　制法

除酚红、尿素和琼脂外的其他成分加热溶解，冷却至 25℃左右校正 pH 至 7.2±0.2，加入酚红指示剂，混匀，于 121℃灭菌 15min。冷至约 55℃，加入用 0.22μm 过滤膜除菌后的 20%尿素水溶液 100L，混匀，以无菌操作分装灭菌试管，每管约 3~4mL，制成斜面后放冰箱备用。

A.8.3 试验方法

挑取琼脂培养物接种，在36℃±1℃培养24h，观察结果。尿素酶阳性者由于产碱而使培养基变为红色。

A.9 氰化钾(KCN)培养基

A.9.1 成分

蛋白胨	10.0g
氯化钠	5.0g
磷酸二氢钾	0.225g
磷酸氢二钠	5.64g
0.5%氰化钾	20.0mL
蒸馏水	1 000mL

A.9.2 制法

将除氰化钾以外的成分加入蒸馏水中，煮沸溶解，分装后121℃高压灭菌15min。放在冰箱内使其充分冷却。每100mL培养基加入0.5%氰化钾溶液2.0mL(最后浓度为1∶10 000)，分装于无菌试管内，每管约4mL，立刻用无菌橡皮塞塞紧，放在4℃冰箱内，至少可保存两个月。同时，将不加氰化钾的培养基作为对照培养基，分装试管备用。

A.9.3 试验方法

将琼脂培养物接种于蛋白胨水内成为稀释菌液，挑取1环接种于氰化钾(KCN)培养基。并另挑取1环接种于对照培养基。在36℃±1℃培养1~2d，观察结果。如有细菌生长即为阳性(不抑制)，经2d细菌不生长为阴性(抑制)。

注：氰化钾是剧毒药，使用时应小心，切勿沾染，以免中毒。夏天分装培养基应在冰箱内进行。试验失败的主要原因是封口不严，氰化钾逐渐分解，产生氢氰酸气体逸出，以致药物浓度降低，细菌生长，因而造成假阳性反应。试验时对每一环节都要特别注意。

A.10 氧化酶试剂

A.10.1 成分

N,*N*′-二甲基对苯二胺盐酸盐或 *N*,*N*,*N*′,*N*′-四甲基对苯二胺盐酸盐	1g
蒸馏水	100mL

A.10.2 制法

少量新鲜配制，于2~8℃冰箱内避光保存，在7d内使用。

A.10.3 试验方法

用无菌棉拭子取单个菌落，滴加氧化酶试剂，10s内呈现粉红或紫红色即为氧化酶试验阳性，不变色者为氧化酶试验阴性。

A.11 革兰氏染色液

A.11.1 结晶紫染色液

A.11.1.1 成分

结晶紫	1.0g

95%乙醇　　　　　　20.0mL

1%草酸铵水溶液　　80.0mL

A.11.1.2　制法

将结晶紫完全溶解于乙醇中，然后与草酸铵溶液混合。

A.11.2　革兰氏碘液

A.11.2.1　成分

碘　　　　1.0g

碘化钾　　2.0g

蒸馏水　　300mL

A.11.2.2　制法

将碘与碘化钾先行混合，加入蒸馏水少许充分振摇，待完全溶解后，再加蒸馏水至 300mL。

A.11.3　沙黄复染液

A.11.3.1　成分

沙黄　　　　0.25g

95%乙醇　　10.0mL

蒸馏水　　　90.0mL

A.11.3.2　制法

将沙黄溶解于乙醇中，然后用蒸馏水稀释。

A.11.4　染色法

A.11.4.1　涂片在火焰上固定，滴加结晶紫染液，染 1min，水洗。

A.11.4.2　滴加革兰氏碘液，作用 1min，水洗。

A.11.4.3　滴加 95%乙醇脱色约 15～30s，直至染色液被洗掉，不要过分脱色，水洗。

A.11.4.4　滴加复染液，复染 1min，水洗、待干、镜检。

参考文献

中华人民共和国国家卫生和计划生育委员会，2016. 食品安全国家标准　食品中水分的测定：GB 5009. 3—2016[S]. 北京：中国标准出版社 .

中华人民共和国国家卫生和计划生育委员会，2016. 食品安全国家标准　食品中灰分的测定：GB 5009. 4—2016[S]. 北京：中国标准出版社 .

中华人民共和国国家卫生和计划生育委员会，2014. 食品安全国家标准　食品中膳食纤维的测定：GB 5009. 88—2014[S]. 北京：中国标准出版社 .

中华人民共和国国家食品药品监督管理总局，国家卫生和计划生育委员会，2016. 食品安全国家标准　食品中蛋白质的测定：GB 5009. 5—2016[S]. 北京：中国标准出版社 .

中华人民共和国国家卫生和计划生育委员会，2016. 食品安全国家标准　食品中还原糖的测定：GB 5009. 7—2016[S]. 北京：中国标准出版社 .

中华人民共和国国家食品药品监督管理总局，国家卫生和计划生育委员会，2016. 食品安全国家标准　食品中脂肪的测定：GB 5009. 6—2016[S]. 北京：中国标准出版社 .

中华人民共和国国家卫生和计划生育委员会，国家食品药品监督管理总局，2016. 食品安全国家标准　食品中脂肪酸的测定：GB 5009. 168—2016[S]. 北京：中国标准出版社 .

中华人民共和国国家食品药品监督管理总局，国家卫生和计划生育委员会，2017. 食品安全国家标准　食品中硒的测定：GB 5009. 93—2017[S]. 北京：中国标准出版社 .

中华人民共和国国家质量监督检验检疫总局，2008. 食品安全国家标准　分析实验室用水规格和试验方法：GB/T 6682—2008[S]. 北京：中国标准出版社 .

中华人民共和国国家标准化管理委员会，国家质量监督检验检疫总局，2007. 食品安全国家标准　动物源性食品中硝基呋喃类药物代谢物残留量检测方法　高效液相色谱/串联质谱法：GB/T 21311—2007[S]. 北京：中国标准出版社 .

中华人民共和国国家标准化管理委员会，国家质量监督检验检疫总局，2007. 食品安全国家标准　动物源性食品中四环素类兽药残留量检测方法　液相色谱-质谱/质谱法与高效液相色谱法：GB/T 21317—2007[S]. 北京：中国标准出版社 .

中华人民共和国国家标准化管理委员会，国家质量监督检验检疫总局，2008. 食品安全国家标准　动物源性食品中氯霉素类药物残留量测定：GB/T 22338—2008[S]. 北京：中国标准出版社 .

中华人民共和国国家标准化管理委员会，国家质量监督检验检疫总局，2007. 食品安全国家标准　动物源性食品中 14 种喹诺酮药物残留检测方法　液相色谱-质谱/质谱法：GB/T 21312—2007[S]. 北京：中国标准出版社 .

农业部，2008. 其他国内标准　动物源性食品中 β-受体激动剂残留检测　液相色谱-串联质谱法：农业部 1025 号公告-18-2008[S]. 北京：中国标准出版社 .

中华人民共和国国家卫生和计划生育委员会，国家食品药品监督管理总局，2016. 食品安全国家标准　饮用天然矿泉水检验方法：GB 8538—2016[S]. 北京：中国标准出版社.
中华人民共和国国家质量监督检验检疫总局，2008. 食品安全国家标准　原料乳与乳制品中三聚氰胺检测方法：GB/T 22388—2008[S]. 北京：中国标准出版社.
中华人民共和国国家卫生和计划生育委员会，2014. 食品安全国家标准　食品中总汞及有机汞的测定：GB 5009. 17—2014[S]. 北京：中国标准出版社.
中华人民共和国国家卫生和计划生育委员会，2014. 食品安全国家标准　食品中镉的测定：GB 5009. 15—2014[S]. 北京：中国标准出版社.
中华人民共和国国家质量监督检验检疫总局，国家标准化管理委员会，2006. 食品安全国家标准　水产品中孔雀石绿和结晶紫残留量的测定　高效液相色谱荧光检测法：GB/T 20361—2006[S]. 北京：中国标准出版社.
卫生部，2003. 食品安全国家标准　植物性食品中有机磷和氨基甲酸酯类农药多种残留的测定：GB/T 5009. 145—2003[S]. 北京：中国标准出版社.
农业部，中华人民共和国国家食品药品监督管理总局，国家卫生和计划生育委员会，2016. 食品安全国家标准　水果和蔬菜中 500 种农药及相关化学品残留量的测定　气相色谱-质谱法：GB 23200. 8—2016[S]. 北京：中国标准出版社.
农业部，2008. 农业标准　蔬菜和水果中有机磷、有机氯、拟除虫菊酯和氨基甲酸酯类农药多残留的测定：NY/T 761—2008[S]. 北京：中国标准出版社.
中华人民共和国国家质量监督检验检疫总局，国家标准化管理委员会，2007. 食品国家标准　小麦粉与大米粉及其制品中甲醛次硫酸氢钠含量的测定：GB/T 21126—2007[S]. 北京：中国标准出版社.
中华人民共和国国家食品药品监督管理总局，国家卫生和计划生育委员会，2016. 食品安全国家标准　食品中邻苯二甲酸酯的测定：GB 5009. 271—2016[S]. 北京：中国标准出版社.
中华人民共和国国家卫生和计划生育委员会，国家食品药品监督管理总局，2017. 食品安全国家标准　食品中铅的测定：GB 5009. 12—2017[S]. 北京：中国标准出版社.
中华人民共和国国家卫生和计划生育委员会，2014. 食品安全国家标准　食品中总砷及无机砷的测定：GB 5009. 11—2014[S]. 北京：中国标准出版社.
中华人民共和国国家卫生和计划生育委员会，国家食品药品监督管理总局，2016. 食品安全国家标准　食品中脱氧雪腐镰刀菌烯醇及其乙酰化衍生物的测定：GB 5009. 111—2016[S]. 北京：中国标准出版社.
中华人民共和国国家食品药品监督管理总局，国家卫生和计划生育委员会，2016. 食品安全国家标准　食品中苯甲酸、山梨酸和糖精钠的测定：GB 5009. 28—2016[S]. 北京：中国标准出版社.
中华人民共和国国家标准化管理委员会，国家质量监督检验检疫总局，2008. 食品国家标准　食品中纳他霉素的测定　液相色谱法：GB/T 21915—2008[S]. 北京：中国标准出版社.
中华人民共和国国家食品药品监督管理总局，国家卫生和计划生育委员会，2016. 食品安全国家标准　食品中 9 种抗氧化剂的测定：GB 5009. 32—2016[S]. 北京：中国标准出版社.

中华人民共和国国家质量监督检验检疫总局，2001. 小麦粉中过氧化苯甲酰的测定方法：GB/T 18415—2001[S]. 北京：中国标准出版社.
中华人民共和国国家卫生和计划生育委员会，国家食品药品监督管理总局，2017. 食品安全国家标准　食品中铝的测定：GB 5009.182—2017[S]. 北京：中国标准出版社.
中华人民共和国国家卫生和计划生育委员会，2016. 食品安全国家标准　食品中环己基氨基磺酸钠的测定：GB 5009.97—2016[S]. 北京：中国标准出版社.
中华人民共和国国家食品药品监督管理总局，国家卫生和计划生育委员会，2016. 食品安全国家标准　食品微生物学检验　乳酸菌检验：GB 4789.35—2016[S]. 北京：中国标准出版社.
中华人民共和国国家卫生和计划生育委员会，2013. 食品安全国家标准　食品微生物学检验　副溶血性弧菌检验：GB 4789.7—2013[S]. 北京：中国标准出版社.
中华人民共和国国家食品药品监督管理总局，国家卫生和计划生育委员会，2016. 食品安全国家标准　食品微生物学检验　单核细胞增生李斯特氏菌检验：GB 4789.30—2016[S]. 北京：中国标准出版社.
中华人民共和国国家卫生和计划生育委员会，国家食品药品监督管理总局，2016. 食品安全国家标准　食品微生物学检验　大肠菌群计数：GB 4789.3—2016[S]. 北京：中国标准出版社.
卫生部，2012. 食品安全国家标准　食品微生物学检验　志贺氏菌检验：GB 4789.5—2012[S]. 北京：中国标准出版社.
中华人民共和国国家卫生和计划生育委员会，国家食品药品监督管理总局，2016. 食品安全国家标准　食品微生物学检验　沙门氏菌检验：GB 4789.4—2016[S]. 北京：中国标准出版社.
中华人民共和国国家食品药品监督管理总局，国家卫生和计划生育委员会，2016. 食品安全国家标准　食品微生物学检验　菌落总数测定：GB 4789.2—2016[S]. 北京：中国标准出版社.
中华人民共和国国家卫生和计划生育委员会，2014. 食品安全国家标准　食品微生物学检验　蜡样芽胞杆菌检验：GB 4789.14—2014[S]. 北京：中国标准出版社.
中华人民共和国国家食品药品监督管理总局，国家卫生和计划生育委员会，2016. 食品安全国家标准　食品微生物学检验　金黄色葡萄球菌检验：GB 4789.10—2016[S]. 北京：中国标准出版社.
中华人民共和国国家卫生和计划生育委员会，2016. 食品安全国家标准　食品微生物学检验　霉菌和酵母计数：GB 4789.15—2016[S]. 北京：中国标准出版社.
中华人民共和国国家卫生和计划生育委员会，国家食品药品监督管理总局，2016. 食品安全国家标准　食品中黄曲霉毒素 B 族和 G 族的测定：GB 5009.22—2016[S]. 北京：中国标准出版社.
中华人民共和国国家卫生和计划生育委员会，国家食品药品监督管理总局，2016. 食品安全国家标准　食品中玉米赤霉烯酮的测定：GB 5009.209—2016[S]. 北京：中国标准出版社.
中华人民共和国国家食品药品监督管理总局，国家卫生和计划生育委员会，2016. 食品

安全国家标准 食品中赭曲霉毒素 A 的测定：GB 5009.96—2016[S]. 北京：中国标准出版社.
中华人民共和国国家标准化管理委员会，国家质量监督检验检疫总局，2012. 感官分析方法 三点检验：GB/T 17321—2012[S]. 北京：中国标准出版社.
中华人民共和国国家质量监督检验检疫总局，2008. 感官分析 方法学 排序法：GB/T 12315—2008[S]. 北京：中国标准出版社.
中华人民共和国国家技术监督局，1997. 感官分析方法 质地剖面检验：GB/T 16860—1997[S]. 北京：中国标准出版社.
中华人民共和国国家技术监督局，1990. 感官分析方法 风味剖面检验：GB/T 12313—1990[S]. 北京：中国标准出版社.
中华人民共和国国家质量监督检验检疫总局，2004. 感官分析 方法学 量值估计法：GB/T 19547—2004[S]. 北京：中国标准出版社.
中华人民共和国国家质量监督检验检疫总局，国家标准化管理委员会，2009. 猪肉制品中植物成分定性 PCR 检测方法：GB/T 23815—2009[S]. 北京：中国标准出版社.
商务部，2012. 商业标准 肉及肉制品中动物源性成分的测定 实时荧光 PCR 法：SB/T 10923—2012[S]. 北京：中国标准出版社.
国家质量监督检验检疫总局，2016. 进出口行业标准 植物及其加工产品中转基因成分实时荧光 PCR 定性检验方法：SN/T 1204—2016[S]. 北京：中国标准出版社.
中华人民共和国国家质量监督检验检疫总局，2007. 进出口行业标准 食品中过敏原成分检测方法 第 2 部分：实时荧光 PCR 法检测花生成分：SN/T 1961.2—2007[S]. 北京：中国标准出版社.
中华人民共和国国家质量监督检验检疫总局，2013. 进出口行业标准 出口食品过敏原成分检测 第 4 部分：实时荧光 PCR 方法检测腰果成分：SN/T 1961.4—2013[S]. 北京：中国标准出版社.
中华人民共和国国家质量监督检验检疫总局，2013. 进出口行业标准 出口食品过敏原成分检测 第 5 部分：实时荧光 PCR 方法检测开心果成分：SN/T 1961.5—2013[S]. 北京：中国标准出版社.
中华人民共和国国家质量监督检验检疫总局，2013. 进出口行业标准 出口食品过敏原成分检测 第 6 部分：实时荧光 PCR 方法检测胡桃成分：SN/T 1961.6—2013[S]. 北京：中国标准出版社.
中华人民共和国国家质量监督检验检疫总局，2013. 进出口行业标准 出口食品过敏原成分检测 第 7 部分：实时荧光 PCR 方法检测胡萝卜成分：SN/T 1961.7—2013[S]. 北京：中国标准出版社.
中华人民共和国国家质量监督检验检疫总局，2013. 进出口行业标准 出口食品过敏原成分检测 第 8 部分：实时荧光 PCR 方法检测榛果成分：SN/T 1961.8—2013[S]. 北京：中国标准出版社.
中华人民共和国国家质量监督检验检疫总局，2013. 进出口行业标准 出口食品过敏原成分检测 第 9 部分：实时荧光 PCR 方法检测杏仁成分：SN/T 1961.9—2013[S]. 北京：中国标准出版社.

中华人民共和国国家质量监督检验检疫总局，2013. 进出口行业标准　出口食品过敏原成分检测　第 10 部分：实时荧光 PCR 方法检测虾蟹成分：SN/T 1961. 10—2013[S]. 北京：中国标准出版社.
中华人民共和国国家质量监督检验检疫总局，2013. 进出口行业标准　出口食品过敏原成分检测　第 11 部分：实时荧光 PCR 方法检测麸质成分：SN/T 1961. 11—2013[S]. 北京：中国标准出版社.
中华人民共和国国家质量监督检验检疫总局，2013. 进出口行业标准　出口食品过敏原成分检测　第 12 部分：实时荧光 PCR 方法检测芝麻成分：SN/T 1961. 12—2013[S]. 北京：中国标准出版社.
中华人民共和国国家质量监督检验检疫总局，2013. 进出口行业标准　出口食品过敏原成分检测　第 13 部分：实时荧光 PCR 方法检测小麦成分：SN/T 1961. 13—2013[S]. 北京：中国标准出版社.
中华人民共和国国家质量监督检验检疫总局，2013. 进出口行业标准　出口食品过敏原成分检测　第 14 部分：实时荧光 PCR 方法检测鱼成分：SN/T 1961. 14—2013[S]. 北京：中国标准出版社.
中华人民共和国国家质量监督检验检疫总局，2013. 进出口行业标准　出口食品过敏原成分检测　第 15 部分：实时荧光 PCR 方法检测芹菜成分：SN/T 1961. 15—2013[S]. 北京：中国标准出版社.
中华人民共和国国家质量监督检验检疫总局，2013. 进出口行业标准　出口食品过敏原成分检测　第 16 部分：实时荧光 PCR 方法检测芥末成分：SN/T 1961. 16—2013[S]. 北京：中国标准出版社.
中华人民共和国国家质量监督检验检疫总局，2013. 进出口行业标准　出口食品过敏原成分检测　第 17 部分：实时荧光 PCR 方法检测羽扇豆成分：SN/T 1961. 17—2013[S]. 北京：中国标准出版社.
中华人民共和国国家质量监督检验检疫总局，2013. 进出口行业标准　出口食品过敏原成分检测　第 18 部分：实时荧光 PCR 方法检测荞麦成分：SN/T 1961. 18—2013[S]. 北京：中国标准出版社.
中华人民共和国国家质量监督检验检疫总局，2013. 进出口行业标准　出口食品过敏原成分检测　第 19 部分：实时荧光 PCR 方法检测大豆成分：SN/T 1961. 19—2013[S]. 北京：中国标准出版社.
中华人民共和国国家卫生和计划生育委员会，国家食品药品监督管理总局，2016. 食品安全国家标准　食品微生物学检验　致泻大肠埃希氏菌检验：GB 4789. 6—2016[S]. 北京：中国标准出版社.